今 日 人 类 学 民 族 学 论 丛
Anthropology and Ethnology Today Series

吴新智　名誉主编

21世纪中国人类学的发展

The Development of Chinese Anthropology in the 21st Century

席焕久　刘　武　陈　昭◎主编

Edited by **Xi Huanjiu, Liu Wu and Chen Zhao**

知识产权出版社
全国百佳图书出版单位

图书在版编目（CIP）数据

21 世纪中国人类学的发展／席焕久，刘武，陈昭主编. —北京：知识产权出版社，2015. 1

ISBN 978-7-5130-2999-5

Ⅰ. ①2… Ⅱ. ①席… ②刘… ③陈… Ⅲ. ①人类学-文集 Ⅳ. ①Q98-53

中国版本图书馆 CIP 数据核字（2014）第 215766 号

内容提要

本书从人类学各个分支领域全面回顾了我国人类学的发展历程，根据全球人类学发展趋势，结合我国的实际展望了 21 世纪我国人类学发展前景。对于学科交叉与融合、推动我国人类学研究、开展相关领域合作具有重要意义，对于提升我国人类学研究水平、提高人类健康水平、更好的为国民经济服务具有重要应用价值。

责任编辑：纪萍萍

21 世纪中国人类学的发展

席焕久　刘　武　陈　昭　主编

出版发行：知识产权出版社有限责任公司　　网　址：http：//www. ipph. cn
社　址：北京市海淀区马甸南村 1 号　　邮　编：100088
责编电话：010-82000860 转 8387　　责编邮箱：jpp99@ 126. com
发行电话：010-82000860 转 8101/8102　　发行传真：010-82000893/82005070/82000270
印　刷：北京中献拓方科技发展有限公司　　经　销：各大网上书店、新华书店及相关专业书店
开　本：720mm×960mm　1/16　　印　张：17. 5
版　次：2015 年 1 月第 1 版　　印　次：2015 年 1 月第 1 次印刷
字　数：277 千字　　定　价：55. 00 元
ISBN 978-7-5130-2999-5

编写人员名单

（以姓氏笔划为序）

丁松涛　防化研究院第一研究所

王志理　中国人口与发展研究中心调查评估数据部

任　甫　辽宁医学院生物人类学研究所

刘　武　中国科学院古脊椎动物与古人类研究所

杜　靖　青岛大学

何玉秀　河北师范大学体育学院

李咏兰　内蒙古师范大学生命科学与技术学院

李海军　中央民族大学民族学与社会学学院

吴新智　中国科学院古脊椎动物与古人类研究所

杨圣敏　中央民族大学

张海国　复旦大学现代人类学教育部重点实验室

张继宗　公安部物证鉴定中心

张　鹏　中山大学人类学系

陈长平　中央民族大学

武丽杰　哈尔滨医科大学公共卫生学院

胡　荣　厦门大学

赵朝义　中国标准化研究院

席焕久　辽宁医学院生物人类学研究所

高　星　中国科学院古脊椎动物与古人类研究所

黄　石　中南大学医学遗传学国家重点实验室

赖立里　北京大学医学人文研究院

编务秘书　温有锋　李文慧　赵　宏

多学科交叉研究和科研的生长点

（代　前　言）

吴新智

中国科学院古脊椎动物与古人类研究所

在现代科学发展的早期，各门学科的内容比现在广泛得多。随着科学的发展，知识积累越来越多，同时也不可避免地使得本来综合性较强的学科分化成一个个范围比较狭窄的学科。例如，从博物学中分化出动物学和植物学，又从动物学中分化出解剖学、生理学等，再从解剖学中分离出神经解剖学、组织学、胚胎学等。这样的分化有利于对世界上各种事物更加细致深入地研究，发现前所未知的大量信息；但是也难免使研究者在深入研究某个问题时，只去研究问题的某一方面，忽略了其他方面，只见一斑，难窥全豹，只见树木，不见森林，甚至只见树叶，就轻易地以为可以代表全局。但是，事实上研究的对象往往是很复杂的。在这样的情况下，只有通过学科之间的交叉研究才能在研究工作方面有所进展。学科的交叉往往是科学发展的生长点所在，处于新的前沿，最有可能产生重大的突破，使科学发生革命性的变化，应当给予高度关注。

在一个学科发展的初期以及后来的长时期中，往往利用某些特定的技术和思维理念，在一定的范围内，的确能发掘出相当大量的信息供研究。但是，事实上只凭一个学科固有的研究手段已经很难解决复杂的现实问题。有些具有比较广阔学识基础的研究者不满足于也不局限于常规技术的局面，开始将其他学科的技术引进来，研究本学科的许多未解之谜；或者有的研究人员主动地将自己专长的技术投入其他学科的科研中。其结果都能开拓出一片广阔的新天地。

事实上，在科学技术的发展史中，科学前沿的很多重大突破产生于不同学科之间的交叉融合。有人统计，近百年来获得诺贝尔自然科学奖的334项成果中，近半数是学科交叉融合的结果。例如DNA分子双螺旋结构的发现，就是依靠物理学、生物学、化学交叉融合取得的。近年来各国越来越重视对学科交叉领域的研究，美国、英国、德国等发达国家相继成立了学科交叉研究中心，为前沿学科开辟道路。2003年，美国科学院学会为描绘交叉科学未来发展蓝图，设立了金额达到4000万美元、为期15年的“国家科学院凯克未来计划”（NAKFI）项目。在国内，中国科学院高能物理研究所设立了拥有200多名研究人员的多学科研究中心，已经取得一批重要的成果（据《中国科学报》7月30日登载的钟科平的文章）。近年来，我国高校与研究机构相继成立交叉学科研究中心。国内大学在网上展示本校几十个跨学科研究中心的并不少见。然而，这些中心虽然在学科间的协同创新方面发挥了一定的作用，但是多数还处于初级阶段。

目前，人类学的许多分支学科也是学科交叉研究的产物。古人类学以人体解剖学为主，纳入与具体化石有关的地质学、古脊椎动物学、古植物学、年代学、考古学的内容，才能得出人类起源与进化的推论和结论。古人类学早先利用体质人类学多年来采用的直脚规和弯脚规等测量工具测得一系列数值，将一些形态细节用一系列数值进行表达。古脊椎动物学也大抵如此。随着其他科学和有关工业的发展，CT等仪器的日趋普及，古脊椎动物与古人类研究所近年购置了CT等新仪器，使得研究人员可以用多种更新的手段来揭示蕴藏在化石中的更加深刻的形态细节，这也是一种交叉研究的成果。古分子人类学是古人类学与分子生物学交叉的产物。法医人类学是人类学与法医学交叉的产物，人体组成学是体质人类学家在其固有领域的基础上引进新的研究手段和理念发展而成的，等等。

总之，正如中国科技信息研究所副所长武夷山研究员所言：“专业化分工导致科学研究采取‘分科治学’，但显示问题往往需要‘整合解决’。”

2013年，中国工程院院士增选，要求加强对交叉学科候选人的评审；国家自然科学基金会“十二五”发展规划，加大了对个体交叉学科研究者的资助力度；2012年，国家社会科学基金专门设立自然科学和社会科学交叉的重大项目，每个项目80万元。国家层面对于交叉学科的大力支持让研究者们欣喜。

将其他学科的技术和理念移植进自己的研究领域虽然已经有了多年的经验和先例，但是还是具有很广阔的潜力。不过要充分发挥潜力，做起来并不容易，研究人员在精神上需要有敢为人先、不怕失败的勇气；还需要有广阔和深厚的人文和科学素养，知识面宽，又能懂得其他学科的“语言”，具有前瞻性和开放的思维，特别是要能找到具有共同兴奋点、愿意与之合作或者交流的兄弟学科的研究人员，共同努力，寻找合适的切入点。同样很重要的是，要能够有效地争取领导和各方面的支持，持之以恒，一定能取得意想不到的成绩。

此次被邀请出席会议的诸位专家大多是人类学各个分支学科的年富力强的带头人。我期待在会上听到诸位的发言，也满怀信心地相信与会诸君能从这些发言和讨论中得到启发，扩大视野，迸发出新点子，适当引进其他学科的理念和技术，开阔与其他学科的交叉研究，取得前所未有的新成绩，甚至或许会发展出新的生长点和新学科。以学科交叉为本学科提供新的活力，开拓新的领域，进而可能产生新的交叉学科，总会给我们带来“山重水复疑无路，柳暗花明又一村”的喜悦。

最后，我愿意引用《中国科学报》2013 年 7 月 31 日一篇关于交叉学科的文章的结语来结束我的发言：“‘分化’是小学科时期科学发展的主要动力，‘交叉’则是大科学时代科学发展的主要表征，正如李四光先生所言，要‘打破科学割据的旧习，作一种彻底联合的努力’。”

2013 年 10 月 11 日

目　　录

多学科交叉研究和科研的生长点（代前言）……………………………吴新智（1）

第一章　古人类学

1　考古学与人类学：关于构建中国人类学体系的思考……………高　星（3）
2　早期现代人出现与演化过程中健康与生存适应活动的化石证据
——新研究方法与手段在研究中的应用
…………………………………………………………刘　武　吴秀杰　邢　松（14）
3　牙齿生长发育研究在古人类学中的应用 ……………………………胡　荣（23）

第二章　体质人类学

4　回纥人的种族特征试析
——兼评维吾尔族与其先民回纥之区别…………………………杨圣敏（57）
5　山西汉族体质特征 …………………………李咏兰　陆舜华　郑连斌等（69）
6　民族侧面轮廓形态初探 ………………………………………………李海军（87）
7　重视我国儿童青少年的体质与健康问题 ……………………………武丽杰（89）
8　体质人类学对运动科学的影响
——以竞技运动为例 ………………………………………………何玉秀（99）

第三章　法医人类学

9　容貌特征与法庭科学 ……………………………………………………张继宗（111）
10　我国民族肤纹学的梦想
……………………………………………………张海国　谭婧泽　王玲娥等（122）
11　颅面复原技术研究进展…………………………………任　甫　翟桂英（137）

第四章　医学人类学

12　生物医学人类学的发展现状……………………………………席焕久（145）

13　多点、合作的民族志研究：来自女性主义的启示…………赖立里（158）

第五章　分子人类学

14　用与种系发生相关的DNA序列解读人类起源…………………黄　石（167）

第六章　其　他

15　人类工效学标准及数据的进展……………………………………赵朝义（187）

16　陆军人体测量研究现状综述
……………………………………………………丁松涛　郑晓慧　袁晓华等（198）

17　人类学者为什么需要了解灵长类…………………………………张　鹏（205）

18　中国人口复合生态位势的时空变化与调控路径分析
…………………………………………………………………王志理　王如松（225）

19　从西南8个民族村寨调查看人口流动对民族地区社会经济的
影响……………………………………………………………………陈长平（240）

20　体质、文化与历史
——中国现代体质人类学研究中的观念问题……………………杜　靖（251）

后记…………………………………………………………………………（267）

第一章

古人类学

1　考古学与人类学：关于构建中国人类学体系的思考

高　星

中国科学院古脊椎动物与古人类研究所

一、引言

有幸受邀参加席焕久先生发起和主持的“21 世纪中国人类学发展高峰论坛”，聆听各位专家的演讲，参与研讨和互动，本人所学良多，受益匪浅。在这一过程中有机会把自己从旧石器时代考古学的小圈子中解放出来，接触到更广泛的学术内容和更深刻的科学问题，也促使自己把对相关问题的所学所思整理成文，以此就教于各领域前辈和同仁，并想在学科发展方面谈一点儿看法，以期抛砖引玉。

本人在北京大学读本科时先入历史学系（考古专业），后进入新成立的考古学系（1983 年）；考入中国科学院（古脊椎动物与古人类研究所和中科院研究生院）攻读硕士学位时学科方向是古人类学，专业是旧石器时代考古学；后来到美国亚利桑那大学攻读博士学位，进入人类学系，主专业（major）是考古学，副专业（minor）是文化人类学。由于这样的教育背景和个人的兴趣，我在将考古学作为自己的专业领域之余，对历史学、人类学也有点儿皮毛程度的一知半解，对相邻领域的科学问题和学科发展也时常给予一定的关注。我曾经幻想并呼吁中国能发展出美国那样的人类学体系，考古学、体质人类学、文化人类学和语言人类学等作为其分支学科，能相互补充、渗透、交叉与协作，分别从人类生物属性、社会属性的不同侧面开展研究，共同探讨与解决人类（尤其是中国人群）的起源、演化与发展问题，既提供基础科学问题的答案，又提供现实社会问题的解决方案，成为一门综合性的、集基础学科与应用学科于一身、合自然科学与人文科学于一体的重点学科体系。但现实的发展却是各分支学科各自为战，渐行渐远，很少交集；人类学被虚化，相关内容被肢解，该有的学科作用与意义无法体现。中国要不要、能不能发展出一个整合、强大的人类学体系，值得深思与探讨。

二、考古学在中国的发展及其学科定位、作用

考古学（Archaeology）通过发掘和分析古代人类生产与生活遗留下来的物质遗存复原人类演化历史，探究人类适应生存的过程、动因和规律。在我国的学科分类中它被划入人文科学，很长时间被放置于历史学，2011年成为独立的国家一级学科。世界其他国家多将其归属于人类学，也有的将其划归艺术史。

考古学的根系源远流长，但近代才发展成为一门科学。在欧洲，它与地质古生物学有密切的渊源关系，而在中国，北宋以来的金石学是其前身。真正意义的近现代考古学发祥于欧洲，20世纪20年代从西方传入中国，与传统的金石学相结合，催生了具有中国特色的考古学体系。这一学科不断成长，由小到大，由弱变强，至今成为深受重视的一门显学，成为一项国家层面的行业或事业。据不完全统计，目前我国考古界的专业人员不少于3000人，各省、自治区、直辖市和多个大都市都设有专门的考古研究机构，其名称各异，包括考古研究所、考古研究院、文物研究所、文物考古研究所、遗产研究院、博物馆等；还有全国性的“中国考古学会”及其专业委员会及地方行业组织；近30所大学设置考古院系或专业；文物考古类出版物遍及各省市，信息与成果呈现爆炸式的增长……

考古学在中国诞生以来一直受到不同程度的重视，在学术研究和社会发展中发挥着越来越重要的作用。20世纪二三十年代发现和发掘安阳殷墟、渑池仰韶和宁夏水洞沟、北京周口店，将中国的古史由传说变为信史（至少对商、周而言），将古人类在这片土地上生存的时间推前至遥远的旧石器时代；即使在“文革”动乱时期，考古工作也得以推进，只是出土的材料被作为马列学说的注脚和阶级教育的素材。在经济建设的大潮中，考古工作者更是大

显身手，在各种基本建设工地上，比如三门峡水库、小浪底水库、三峡库区、南水北调库区和沿线、公路—铁路建设，发掘和抢救濒危的文化遗产。在国家进入全面建设小康社会、文化软实力的意义凸显的今天，文物考古工作又被赋予新的功能和任务：承担中华文明探源工程等国家级科技支撑项目、科技基础性工作专项、重大文物保护科技项目，申报世界文化遗产，筹建博物馆，建设考古遗址公园，在国际会议上展示灿烂的华夏文明……

中国考古学得以持续发展、兴旺发达，有多重历史和社会原因，包括：中华民族悠久的历史、丰富的文化遗产的积淀和支撑；根深蒂固的金石学传统的依托；民族自豪感和爱国主义教育的需求；在社会科学领域内的独特性，例如纯学术色彩更浓——与社会环境、政治体制的兼容性更强；强烈的交叉学科特点——在实证和研究手段方面接近自然科学；容易产生看得见摸得着乃至轰动性的成果——重大考古发现；当代经济发展、社会富裕带来的文物收藏热的烘烤；就业市场的导向和引力；具有很强的实用性，包括遗产的抢救、发掘、保护、展示，文物鉴定，文化产业发展及相关设施建设等。由于这样多重的学术和社会功能，该学科在人文科学中受到更多的青睐，得到更多的国家政策与资金支持。

循着学科自身的发展规律，在特定的社会背景下，中国考古学的发展呈现新的趋势：越来越成为独立的学科和体系，剥离历史学、脱离人类学的趋势越来越明显；与博物馆学关系越来越紧密；分支领域不断拓展，学科逐渐深化、细化；区域性发展、地方化特点越来越突出；科技手段得到重视、强化乃至流行化；从“考物”变为“考人”，透物见人成为主旨，亦即从器物的类型（演变或器物排队）、形态、技术、功能、区系类型、文化界定到理论探讨，包括中国人的来源、农业的起源、文明的起源、国家的起源、人与环境的交互作用等；在公众考古的旗帜下走向社会，走向公众，走向媒体，成为显学；跨越国门，与国际接轨。

就我国史前考古学而言，未来的发展潜力和学术、社会作用或许会聚焦、体现在下述方面：

（1）人类在从动物大类中分化出来的过程中文化与社会行为所起的作用及其方式；

（2）中国直立人的来源、现代人的起源、多民族人群的形成过程（文化遗存与行为方式的视角）；

（3）特点鲜明的中国史前文化成因及其反映的东西方古人群适应生存方式的多样性与复杂性；

（4）特定类型的农业（旱作农业、稻作农业、具有可食的根茎植物的栽培、家畜驯养）起源过程与动因；

（5）多元、多彩的中华文明的孕育、形成过程和机制；

（6）中国国家的起源；

（7）特定事物、行为能力（用火）、器物工具（细石器、陶器）、技术工艺（居住建筑）的起源与变化。

对这些学术问题的探讨与研究乃至破解将使中国考古学的成果产生能力、国际影响力和社会地位更加提高，对于社会发展和文化建设的作用更加彰显。

三、人类学在中国的发展现状

人类学顾名思义就是研究人类这一物种的学科，其研究范畴应该包括人类的生物属性和社会属性。这一学科也有很长的发展历史，最早发端于古希腊哲学家亚里士多德对具有高尚道德品质及行为的人的兴趣与描述。19世纪前，人类学基本局限在体质人类学范畴，主要是对人体解剖学和生理学的研究。19世纪后，欧洲的一些学者及探险家、传教士、海员等开始对古文化遗存和民族志材料感兴趣，使得人类学研究逐渐突破解剖学和生理学的藩篱，扩展到对体质、文化、语言和民族多方面的综合研究。由于各国地域材料的不同和学术传统的差异，其后人类学的含义和发展路径在各个国家和区域有所不同。在欧洲大陆，“人类学”一词一般是个狭义的概念，专指体质人类学，对文化方面的研究则被称为民族学。而在北美，人类学是个广义的概念，既包含对人类体质或生物属性的研究，也包含对人类文化或社会属性的研究，成为一个重要的学科门类，并发展出几个相互关联的分支学科，包括考古学、生物（或体质）人类学、文化人类学和语言人类学。近来在几个传统的学科之外，又衍生出新的领域，包括应用人类学、医学人类学等。

中国的人类学发展走的是一条多源、混杂、曲折的道路[1]。先是一些欧美的地质、考古学家（安特生、桑志华、德日进、步达生等）到中国从事化石采集和考古调查、发掘，催生了化石人类学（狭义的古人类学）和史前考古学，其后丁文江、李济、裴文中、费孝通、吴定良、夏鼐、吴汝康等从欧美留学归来，引入田野考古、人体测量、民族学调查等现代理念与方法，使西方的人类学体系在中国本土化，学科的基础初奠并沿着西方的道路迅速发展。细观李济、吴定良、费孝通等奠基—开拓者的学术功底与研究实践，他们大都是“全能者”，兼通体质人类学和文化（社会）人类学，在两个分支领域皆有建树。其实这正体现了欧美的学术思想与传统，认为人的两重属性不可分割，相关的研究也不能割裂。20 世纪 30 年代在中央研究院史语所成立的“人类学组”，40 年代在浙江大学成立的“人类学系”，都将体质人类学和文化人类学、民族学囊括其中，很多调查、研究项目也是几方面并重，不存在文、理上的沟壑，也不存在纯学术与应用研究的分野。

这其中的发展有学科自身的惯性和规律，也有人为、社会因素的干预。周口店、仰韶、殷墟的工作因材料的重要性而使学科壮大，考古学、古人类（体质）学由此而变得树大根深。而抗战时期蒋介石国民政府支持的民族素质研究项目，则推动了对不同区域、不同族群的生物基础、营养环境、文化习俗、优生优育等多方面的考察和研究，促进了体质（当代）人类学、文化（社会）人类学、民族学的发展与交叉融合，也使人类学成果对当代社会问题的应用、实用作用与功能得以挖掘和显现。

新中国成立后，人类学的发展轨迹发生了重大转向、改变。吴定良在浙江大学建立的综合性的人类学体系（很像目前美国人类学的雏形）被肢解，吴定良转到复旦大学生物系。考古学归并到社会科学系统，体质人类学归入自然科学系统，二者越来越井水不犯河水。而文化人类学、社会学、民族学这些与当代社会敏感的政治问题关系密切的学科则日渐凋零。“人类学”这个学科名词只在“古人类学”这一细小的分支上得以残存，作为一个大的学科门类基本消失。改革开放、拨乱反正后，一些学者和机构曾尝试恢复综合性的人类学体系，费孝通先生举起社会学的大旗，吴汝康、吴新智两位先生在古人类学之外又尝试开辟“今人类学”，中山大学和厦门大学成立了“人类学系”，“中国人类学会”也被发起成立。但人类学发展并不强劲、顺利，似乎再没有了当初那样的底气、功力和凝聚力。近二十年来，文化人类学得到一定的发展，体质人类学出现复苏，语言人类学也渐露头角，加之方兴未艾的考古学，学科发展的新时代似乎曙光乍现。只是它们各自有自己的名号，各自有自己的专属区，彼此没有什么交集。人类学这面大旗仍然闲置着、落寞着。

在这样的局面下，宏观的人类学框架没有着落，各分支领域发展也受到制约和影响。其中可能存在的问题包括：

（1）由于缺乏统一的旗帜、组织架构和交流平台，分支学科间无法有效地开展交流、合作和争取重大资源项目，无法将科研队伍、研究内容、资源手段和成果数据有效整合与集成，携手攻关、共同破解重大学术与社会问题的能力被消解、削弱，各自获得的研究成果难免出现只见树木不见森林的局面，总体成果的显示度和影响力降低。

（2）学科内关系混乱，层级不清，定位不明，有的领域被肢解、边缘化。考古学曾经隶属历史学、人类学，如今似乎一支独大，成为独立学科。古人类学被划归地质学的二级学科——古生物学（含古人类学）（一个“含”字道出了古人类学的边缘化和尴尬地位），或者在第四纪地质学下成为三级学科，在考古学成为一级学科后，古人类学在高等教育系统中会被划归考古学的二级学科。

（3）画地为牢，文、理分割。由于我国学科体制过于强调人文（社会）科学与自然科学的区别，习惯于条块分割的管理方式，致使新近复兴的文化人类学、语言人类学虽然仍根植于西方的学术思想，但却在很大程度上游离于人类学的体系之外，与考古学、生物人类学等姊妹学科几无往来。

（4）在国家学科发展计划、基金项目中找不到归属和合理的出口。例如在国家自然科学基金申报系统中，人类学课题的申报须到“地质学”下的“古生物（含古人类）”方向、“第四纪地质学”方向，或新近增加的“古人类”方向。

（5）在学科规划、学位点设立、研究计划与项目设立、行业评估——评审、奖项与人才推荐等方面不能作为一个统一强大的学科发声，无法引起政府和社会的充分重视。

（6）与西方的学术体系无法有效接轨，交流合作渠道不畅。

四、考古学与历史学、人类学的关系：剪不断理还乱

考古学与历史学、人类学关系都很密切，内容上有内在关联，皆无法真正割裂。但目前的考古学越来越独立，呈现一枝独秀的局面，先后发生了脱离历史学、脱离人类学的过程和趋势。

中国考古学本身的发展与其他学科关系的变化是与欧美学术思想与学科的发展变化密切相关的[2]。考古学在其发展的早期阶段深受地质学和古生物学的影响，出土标本被视同古生物中的“标准化石”，以此来标记人类的演化和文化的发展阶段，因而被称为“进化考古学”。进入20世纪初叶，简单、直线进化的思维模式变得式微，辨识和界定具有地域性差异的考古学文化的工作模式逐渐将其取代，关注的重点是考古学文化的年代和文化间的渊源关系，考古学进入“文化历史考古学”的阶段。在这两个阶段中，考古学的宗旨是复原人类的历史过程，尤其是重建没有文字记录的史前史，自然与历史学关系密切，成为广义的历史学的有机组成部分。但20世纪中叶，泰勒、克拉克、宾福德等英美学者发起“新考古学”，摈弃文化历史传统，而引入文化生态学理论，将探究人类生存方式与生态环境的关系、诠释人类演化和考古学文化形成的动因与过程、研究人类社会的普遍规律作为考古学要义，并宣布考古学脱离历史学而归属人类学。其后，“后过程主义”等学派对“新考古学”进行反思和批判，强调考古学的独立性，提出考古学就是考古学，否则什么都不是。于是出现考古学脱离人类学，成为独立学科体系的倾向。

中国考古学演变为独立学科的过程当然受到欧美学术发展的影响，但更多还是自身的发展和所处的社会环境及其被赋予的使命使然。如前所述，考古学在历史悠久、文化灿烂、遗产遍地的中国有其特别适宜的土壤，有重大的社会需求，这使其如鱼得水，不断强化。另外，当代中国历史学和人类学界没能产生强大的统合力量，缺少一呼百应的大师级人物，也是分支学科得以做大、独立的重要原因。

但学科的划分与归位都是人为的、形式上的，不应该掩盖或者改变学科自身的内容特点和与邻近学科的关系。从构建人类史前史、用实物资料补史证史的角度，考古学与历史学密不可分，完全可以划归一个学科群；而从通

过文化遗存、人类行为方式（社会属性）研究人类的演化事件、过程和动因的角度，它与人类学关系也很密切，与体质人类学、文化人类学、语言人类学、社会学、民族学等有内容目标的重叠，完全可以划归到一个学科群中。因而，考古学与历史学、人类学的区别主要体现在研究时段、对象和方法手段上，而不是大的学术方向、研究内容和目标上。切不可因为人为的划分和设置而模糊了学科的要义、共性和相互关系。

五、构建综合性的人类学体系

在目前的各分支领域各自为战，尤其是考古学一支独强，成为独立的国家一级学科，拥有独立的学术体系、组织架构和出版物的情况下，我们已不太可能再按照西方的模式整合出单一、完整、层级明确的人类学体系（一级学科）。这是由历史传统不同、学术环境与体制不同、学科发展道路不同、国家或社会需求不同等诸多因素决定的（除非有强大的顶层设计方可改变局面）。

在此情况下，不必强求改变局面，不必生拉硬拽将隶属于各自系统的各个分支学科放到一个筐子里。我们可以有所为有所不为，构建内容紧密而形式松散的中国人类学体系：强化学科内容上的内在联系，以学科的宗旨将各分支联结在一起，以科学问题的提出和解决作为合作联合的抓手，创造平台加强交流和互动，并在时机成熟时建立综合性的研究实体。

在破解人类的起源、演化、生存与发展各方面问题的宗旨下，各个学科可以找到自己的归属和定位，包括研究人类从古到今生长发育体质特征的生物人类学，分析人类遗传变异与演化内在驱动力的遗传人类学，研究先民文化、技术与生存方式的考古学，研究当代人类文化现象、社会结构与族群—人际关系的文化人类学或社会人类学，通过人类语言变异追溯和研究特定族群的历史、目标人群的关系及生存环境和演化过程的语言人类学，对当代人群营养、健康、体质变异、社会问题加以分析和解决的应用人类学等。

将这些学科整合、促使其协作互动的一个重要抓手是提出宏观、重大的有关人类演化与发展的科学问题，推动设立国家研究计划或重大项目。在此方面须瞄准国际热点和具有国家、社会重大需求的科学问题，而这类问题的解决能明显提高国家实力和国际影响力、竞争力，而且这类问题（例如中国人起源）的破解需要多学科交叉与协作。这样重大项目的设立需要高屋建瓴式的顶层设计，需要发挥大师和学术带头人的作用，也需要宣传和舆论造势引起社会的关注和支持。

加强行业内学科间的交流、协作与协调的一个重要方式与纽带是建立行业社团组织。“中国人类学会”是个很好的平台，应该将其扩展、整合和完善，使其成为包容性强、认可度高、凝聚力大、影响面广的全国性人类学社团机构，完善组织架构，定期开展学术研讨和交流活动，提出事关行业发展的政策建议和科学计划，定期举办专业培训和科普活动，建立学会网站和交流平台，并与国际同类机构建立交流互动关系。

策划和筹建综合性的国家人类学研究机构（研究中心、研究所或研究院）是一个重大的目标和举措。可循序渐进，依托现有的从事人类学研究的机构，由松散单元联合到实体建设，最终形成集体质与文化、形态与功能、远古与现今、宏观与微观、基础与应用研究于一体，跨越自然科学与社会科学鸿沟的研究实体。在此方面，德国马普学会进化人类学研究所（莱比锡）是很好的参照样板。要达此愿，顶层支持与设计至关重要！

出版能反映、代表国内行业最高水准并在国际学术界得到高度认可的权威专业期刊也是一个行业重要的纽带和黏合剂。这样的刊物能集中发布和展示行业的最新发展动态、科研进展和研究成果，能为行业同仁提供交流学术思想与信息的平台，也能据此吸引国外同行的关注和参与。目前中科院古人类研究所主办的《人类学学报》是个很好的起点和选项。如果它能拓展以包容人类学各分支学科的内容，将会获得更大的生命力和影响力，并有望在不远的将来成为具有国际学术影响力的 SSCI 期刊，成为我国人类学的品牌刊物和对外延展的窗口。

六、建立和发展中国的应用人类学体系

人类学的很多工作不仅属于基础科学研究领域，还有很强的应用属性，即利用人类学研究的数据、成果解决具体的社会问题，服务于人类的生存与发展。在西方已有“应用人类学”（Applying Anthropology）这一术语来界定这方面工作的性质和作用。应用人类学较其他分支是一个新领域，旨在运用

人类学的方法和理论来分析和解答人类社会中的实际问题。在过去的十几年中，这一领域在美国和其他西方发达国家得到了很好的发展，人类学的研究成果和方法被政府、企业和技术部门采纳的事例持续增加。很多应用人类学工作者就业于公共卫生部门、疾病控制中心、文博考古机构、学区办公室、印第安部落自治区、公园景区及政府决策部门和企业，为社会的发展作出了显著的贡献。实践证明人类学的每个分支学科都有其独特的应用价值和潜能。目前，中国进入全面建设小康社会的发展阶段，遇到很多瓶颈和挑战，人口、健康、就业、贫富分化、社会骚动、环境恶化……这些转型、发展中出现的问题并不能靠经济增长和法制建设完全加以解决，迫切需要从人类学的角度提供科学依据、标准数据和解决方案[3]。

我国当代人类学的领军人物——吴汝康和吴新智两位院士在20世纪80年代初就在应用人类学的开创和推动方面做了很多努力，代表性的成果是古脊椎动物与古人类研究所同当时的国家标准化研究所在80年代中后期联合完成的第一次全国成年人体测量项目。古人类研究所根据人类学的研究方法与成果，为该项目制订了科学的计划和技术标准，并领导和参与了人体测量队员的培训和人体测量数据的采集。该项目为中国的建筑和制造业提供了不同地区人群人体数据的宝贵资料（一直被沿用至今），首开中国应用人类学的先河。

目前，要拓展应用人类学学科及开展相关工作，我认为可以从下面几个方面着手：

（1）对中国不同地区、不同族群、不同性别、不同年龄的人体进行测量，据此建立不同指数（身高、体重、身体比例、各项围度等）的数据库，建立动态的人体标准，为与人体相关的服装、家具、武器、工具、医疗器械、车辆等的设计制造提供数据，为国家相关政策（例如外贸出口）的制定提供科学依据。

（2）对特定环境下（城市、农村、高海拔、环境污染、贫困山区等）特定人群生长发育、营养健康情况及其随环境变换而发生的改变进行研究，以分析和解决诸如儿童生长发育中的早熟、肥胖现象，中年人过劳死现象，老年人骨质疏松问题等，为幼儿园、学校、老年公寓、工作场所的营养配餐、营养品配方等工作提供科学依据，为改善乃至消除贫困地区、环境恶劣地区的营养不良、毒素摄入等提供政策建议。

（3）从人体工效学的角度对运动员、航天员、潜水员等特殊行业从业人员的选拔和培养提供数据和评估意见。

（4）研究基因技术在遗传信息检测、疾病预防与控制等方面的应用与服务。

（5）对直接服务于密集人群的企业或政府人事、民政部门提供专项调查数据和分析报告，提供政策上的咨询与建议。

（6）承担文化遗产保护工程以及博物馆、考古遗址公园、文物景区建设项目的规划业务，为文化产业、事业发展提供专业的咨询与建议。

可做的事情很多，可发挥的作用很大。如果我们能扎扎实实开展一些力所能及而又影响深远的工作，取得好的成效并得到社会的广泛认可，我们将为自己铺就道路，产生造血功能，进而做强做大，使应用人类学成为具有高度社会关注度和需求性的显学和热门行业。如果我们能在此基础上建立起国家层级的"中国应用人类学中心"，这一行业将能稳步和持续发展，不断发挥科学造福于人类的本质作用与功能，并为人类学中其他领域的研究成果找到出口或孵化器，进而提高学科和行业的地位，带动我国人类学学科的整合与长足发展。

中国梦是绚烂多彩的。人类学事业的发展及其对中国社会的贡献，也应该是其中一道靓丽的彩虹。

说明：本文某些方面的内容作者与陈昭博士做了有益的交流，吸纳了她的一些观点和想法。

注释：

［1］杜靖. 2013. 中国体质人类学史研究. 北京：知识产权出版社.

［2］Bruce G. Trigger. 2006. *A History of Archaeological Thought*（Second Edition）. Cambridge：Cambridge University Press.

［3］陈淳. 2003. 考古学的理论与研究. 上海：学林出版社.

2 早期现代人出现与演化过程中健康与生存适应活动的化石证据

——新研究方法与手段在研究中的应用

刘 武 吴秀杰 邢 松

中国科学院脊椎动物演化与人类起源重点实验室、
中国科学院古脊椎动物与古人类研究所

一、引言

近年的研究显示早期现代人的出现与演化主要发生在中更新世晚期到晚更新世早期[1-3]，这一时间段也是人类行为模式和生存适应活动非常复杂多样化的时期。这些生存适应活动往往在化石上留下痕迹，尤其人类的健康状况、疾病、创伤、暴力行为等记载了早期现代人生存活动的重要信息[4]。东亚地区的古人类化石资源及相关的研究积累在整个现代人起源研究中占有非常重要的地位。近年来国内古人类学界围绕现代中国人起源开展了多方面的研究，取得了一系列重要进展。本文将在回顾这些研究进展的基础上，重点就早期现代人在中国的出现与演化的相关问题进行讨论。

作为古人类骨骼和牙齿形态与结构信息的承载体，古人类化石除保存了骨骼和牙齿外表及内部形态或结构信息外，很多情况下还能够保留当时人类健康状况、疾病、生存适应活动在骨骼或牙齿上留下的各种痕迹。对这些痕迹的研究，可以从另外的侧面揭示古人类健康、环境、食物、生存活动等方面的信息。以往对中国古人类化石的研究也曾注意过病理或其他异常现象，如山顶洞人和资阳人牙齿疾病、蓝田人头骨表面异常痕迹和下颌骨呈现的牙周病等[5-8]。但开展的相关研究零散，大多作为化石形态描述的补充，缺乏对这些异常现象的专门研究。近年来，中国古人类学界对古人类化石上保留的反映古人类演化过程中健康与生存适应活动的各种证据的关注日益增多，并开展了一些相关研究，其中许多研究与早期现代人在中国的出现与演化密切相关。

二、崇左早期现代人下颌骨及牙齿疾病

发现于广西崇左木榄山智人洞距今10万～11.3万年的人类下颌骨和牙齿化石因出现一系列现代人类的衍生特征，同时还具有一些相对原始的特征，被认为是迄今东亚最古老的早期现代人，处于古老型智人向现代智人演化的过渡阶段[9]。研究发现崇左下颌骨和牙齿呈现一些病理现象。吴秀杰等[10]在对化石标本进行传统观测的基础上，采用高清晰度 CT 技术对崇左人类下颌和牙齿进行了扫描，分析了内部结构的形态变化，尤其是不同疾病在下颌骨和牙齿上造成的细微组织结构变化。研究发现，智人Ⅰ号牙齿齿根大部分暴露，牙槽骨萎缩，个体生前患有严重的牙周炎；智人Ⅱ号牙齿龋病严重伴随齿根部大区域突起的白色钙化状的牙骨质增生，个体生前可能患有严重的牙周组织炎症；智人Ⅲ号下颌骨牙列拥挤，双侧中门齿扭转，双侧前臼齿对称性出现根尖周炎症状，最大可能个体生前双侧前臼齿具有畸形中央尖，突出

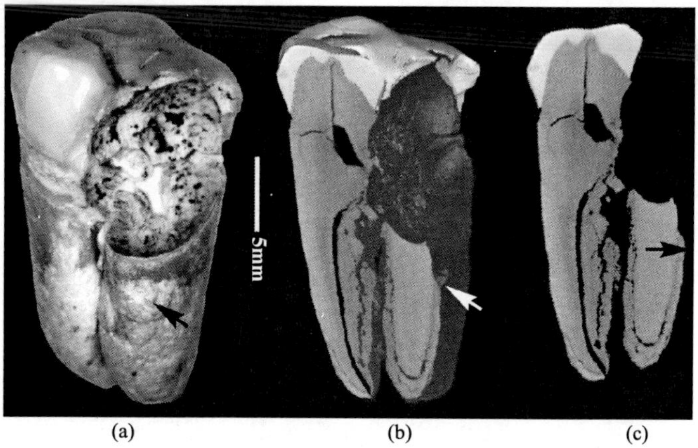

(a) (b) (c)

图 2-1 高清晰度 CT 扫描揭示的崇左早期现代人龋齿病变

的牙尖折断后牙髓感染导致根尖部牙槽腔扩大。更新世古人类出现龋病的情况非常罕见，智人洞发现的人类龋齿是目前我国乃至东亚地区报道的最早的龋病病例。

高清晰度 CT 在这项研究中发挥了重要作用。通过 CT 扫描和复原，准确地展示了龋齿、牙周病对下颌骨和牙齿的侵蚀情况、下颌骨和牙齿炎症性反应和血管分布。

三、黄龙洞更新世晚期人类牙齿使用痕迹

除承担咀嚼功能在牙齿表面造成磨耗痕迹外，人类牙齿有时还被用于其他用途，在牙齿表面造成使用痕迹，如啃咬、叼衔、剔牙、牙齿修饰等。2004 年发现的湖北省郧西黄龙洞更新世晚期遗址经过 3 次发掘出土了 7 枚人类牙齿。初步研究证实这是一处距今 10 万年左右的更新世晚期古人类遗址[9]。对这些牙齿的初步研究发现黄龙洞人类前部牙齿切缘局部有粗糙面，在齿冠咬合面及附近呈现出许多釉质表面破损、崩裂，我们怀疑这些釉质破损反映

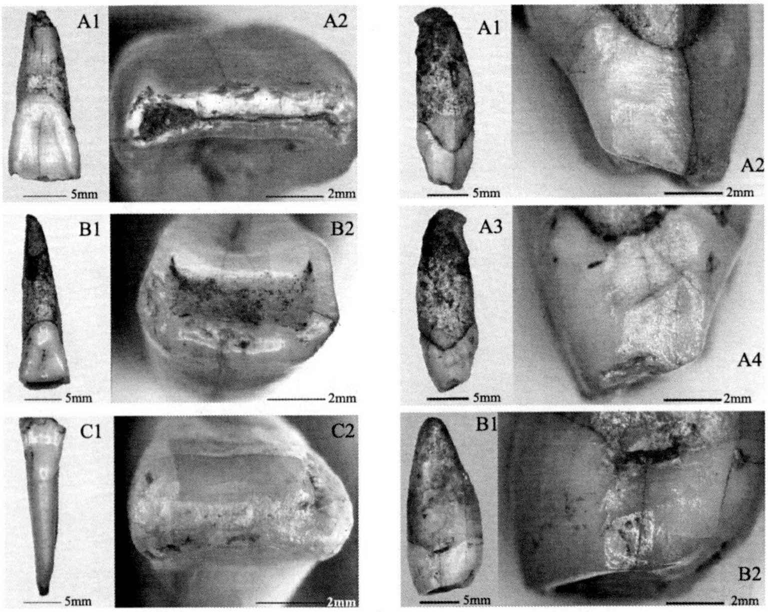

图 2-2　啃咬坚硬物在门齿切缘留下的破损、迸裂痕迹（左侧）；剔牙行为形成齿间邻接面沟（右侧）

了当时人类食物质地比较粗糙或将牙齿作为工具使用等行为特征。

进一步分析发现黄龙洞人类前部牙齿表面具有釉质破损与崩裂、齿冠唇面破损、齿间邻接面沟三种类型的使用痕迹。根据这些牙齿使用痕迹的分布和表现特点，推测生活在黄龙洞的更新世晚期人类经常使用前部牙齿从事啃咬、叼衔或剥离坚韧的食物或非食物物品等活动，并可能将前部牙齿作为工具使用；齿间邻接面沟提示当时人类经常从事剔牙活动。结合已经在黄龙洞发现的其他人类活动证据，认为当时人类可能从事狩猎活动，食物构成中包含有较多的肉类及粗纤维植物。[11，12]

四、创伤与暴力行为

近年国际古人类学界对古人类化石上保存的各种创伤痕迹的关注日益增多，并开展了相关研究[4]。这些在古人类化石上保留的创伤痕迹大多与当时人类生存适应活动有关，包括人类之间的暴力行为，因而可以从另外的侧面提供人类演化和生存活动的重要信息。最近，吴秀杰等[13]采用CT扫描手段对马坝人和许家窑人头骨表面痕迹及骨壁结构的分析发现，呈现在

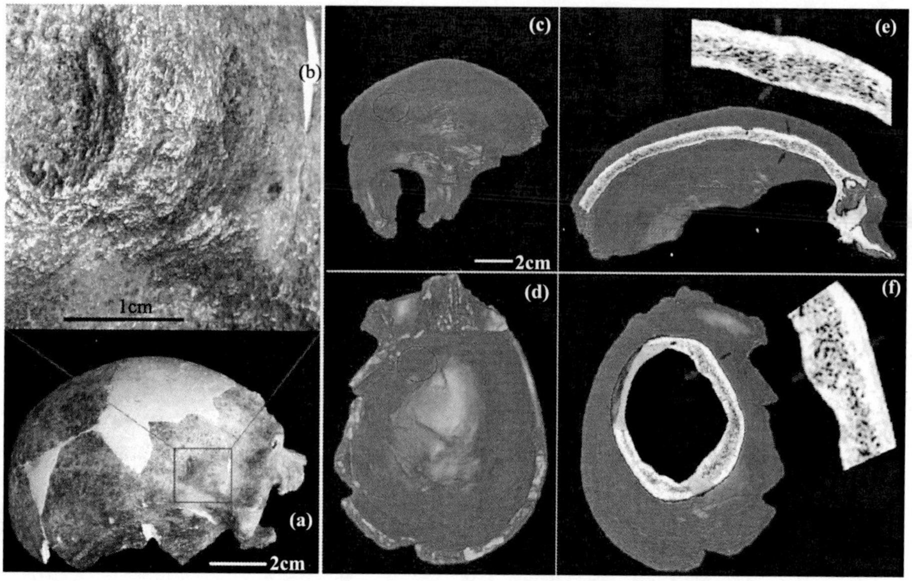

图 2-3　马坝人头骨表面的创伤痕迹，CT扫描显示马坝人颅骨外板和板障区域明显增厚及其附近呈现的愈合的证据

马坝人和许家窑人头骨表面的痕迹都是生前受到外力造成创伤愈合后形成的。

1958 年发现于广东的马坝人头骨化石是华南地区最完整的中更新世晚期人类化石，年代测定大约为 13 万年前。自发现以来，马坝人化石在东亚地区古人类演化研究中一直发挥着重要的作用。马坝人头骨所呈现的一些特征，如鼻骨和眼眶形状曾被认为是继承了东亚更新世中期人类的特点，但同时也具有反映与欧洲尼安德特人基因交流的证据。马坝化石发现后，曾经有学者注意到其右侧额骨表面有一个凹陷的痕迹，没有进行过深入的研究。形态观测、CT 扫描和病理分析发现马坝人右侧额骨的痕迹表面粗糙，呈现波纹状隆起的细脊。痕迹对应的颅骨内面呈凸出状。在痕迹周边可见有明显的伤后愈合迹象。CT 扫描显示痕迹及其附近呈现明显的愈合证据，包括颅骨外板和板障区域明显增厚等。与相关标本和数据对比，马坝人头骨的痕迹符合局部受到钝性物体打击的表现，可能是受到局部钝性力量冲击造成的外伤愈合后所致。根据外伤痕迹的形态和部位，这种痕迹很可能是当时人类之间暴力行为的结果。同时，马坝人头骨外伤痕迹的愈合显示了当时人类在受到严重暴力伤害后具有长时间生存能力[13]。此后，对许家窑三件头骨化石表面痕迹的分析证实这些痕迹同样是生前受到外力打击所致[14]。

五、生长发育异常及先天畸形

最近，Wu 等[15]发现距今大约 11 万年的许家窑人具有罕见的先天发育异常——巨顶孔。许家窑 11 号化石为一成年个体双侧顶骨中后部残片，其后方有一个直径 2cm 左右的异常穿孔，穿孔边缘处外板光滑转向内板，无受伤愈合迹象，穿孔后方的矢状缝斜行偏向右侧顶骨，颅内面加宽的上矢窦静脉压迹延伸到巨顶孔后缘。研究显示，穿孔为先天形成的穿过矢状缝的单巨顶孔，个体血管系统可能异常，此缺陷虽然没有导致个体死亡，但是有可能导致次生的神经系统异常。巨顶孔在现代人群的出现率仅为 1/25 000，孔直径 10mm 左右。许家窑 11 号标本是迄今为止发现的更新世古人类唯一巨顶孔病例。

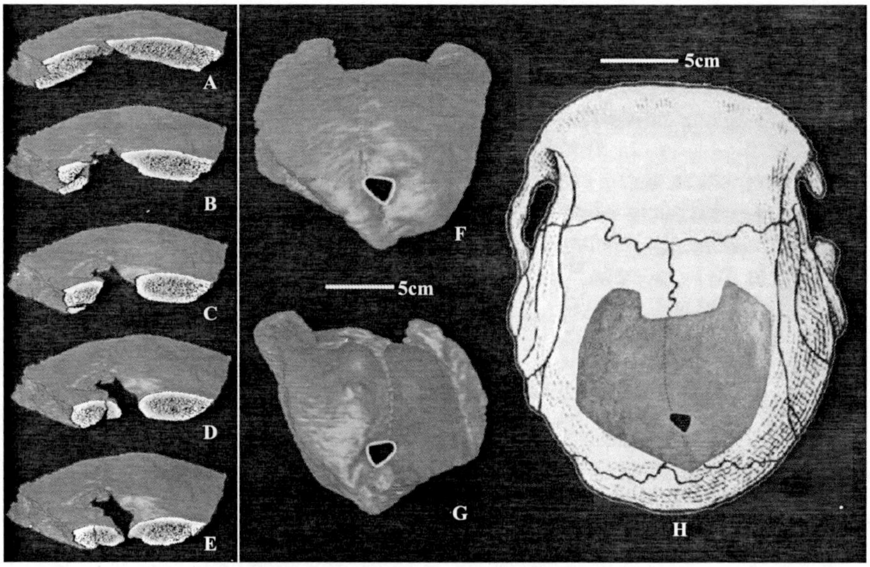

图 2-4 CT 扫描 3D 复原许家窑 11 号标本

A–E：通过巨顶孔的冠状面连续切片，显示从外板到内板之间的过渡区光滑，无板障层暴露或愈合痕迹；F–G：巨顶孔复原；H：巨顶孔在头骨位置复原图

近年，更新世晚期古人类化石相继被发现一系列生长发育异常导致的病例，如骨膜炎、牙釉质发育不全、弥漫性头面部损伤、人字缝先天闭合、斜颈、耳迷路骨化伴随顶骨增大、腰椎脊柱后凸畸形、脊椎滑脱、唇样骨赘增生综合征、成年个体前囟区不愈合、不规则椎骨软组织愈合、先天股骨畸形、脆骨症、腭裂、侏儒症、关节松弛症、软骨症、巨颅症、骶和骨盆不对称、齿槽肉芽肿、肢骨不规则弯曲等。这些异常有些对人体危害较轻，还有一些对人体健康有严重影响。这些异常虽然在现代人群中出现，但通常出现率非常低，有些甚至极其罕见，如果对比这些异常的出现率，那么在更新世稀少的古人类化石中发现这些病例的概率应该低到几乎不可能。但目前的研究证据显示各种先天发育异常导致的疾病在更新世中、晚期人类的出现率似乎很高。造成各种先天发育异常和疾病的原因可能与更新世人群内部遗传密切、人口不稳定有关。小群体、高密度近亲交配的结果是人口出现高比例的先天异常或疾病。各种先天缺陷和疾病即便不致命，也会造成人群健康水平、生存竞争能力、平均寿命的降低，最终导致人群灭绝或被外来群体替代。马坝

人，许家窑5号、8号、12号头骨及世界其他地区古人类头骨表面的创伤痕迹表明，更新世中、晚期人与人之间曾经发生过激烈的面对面的争斗现象，不排除这些创伤痕迹是当地居民与入侵者发生冲突而导致的结果。根据现有的资料可以推测，生活在东亚大陆更新世晚期的某些人群由于近亲繁殖或激烈的生存竞争最终灭绝了。

六、初步认识

从近年开展的相关研究看，对病理、创伤、各种生存活动，以及生长发育异常等现象在古人类化石上保留的痕迹的研究已经成为近年早期现代人在中国出现与演化研究的一个重要组成部分。这方面的研究有可能成为未来中国古人类学研究的一个重要分支领域。尽管对这些研究发现在理解早期现代人出现与演化上的确切价值还有待进一步理解与认识，但已经开展的研究在揭示中国中更新世晚期到更新世晚期人类的健康状况、某些生存适应活动方面已经发挥了独特的作用。现有的研究证据显示早期现代人在中国形成与演化的过程似乎经历了复杂的生存适应活动，面临很大的生存压力。这些研究发现和认识提供了古人类健康、环境和生存适应活动的信息，对于研究论证早期现代人在中国的出现和演化发挥了重要作用。古人类化石上保留的各种病理、创伤、生长发育异常，以及一些生存适应活动的证据对于包括现代人起源在内的人类演化研究是一个重要的信息补充，将在未来早期现代人在中国出现与演化研究中发挥重要的作用。尤其值得一提的是，高清晰度传统CT、三维激光扫描、数字图像分析等方法在这些研究中得到应用，展示了这些新的研究方法和手段在发掘化石中蕴藏的各种信息方面发挥了不可替代的作用。

说明：本文是根据作者近年在相关学术期刊上发表的研究论文编写的研究进展介绍，其中的一些插图在相关文章中使用过。特此说明。

注释：

[1] Clark JD，Beyene Y，WoldeGabriel G，Hart WK，Renne PR，et al. 2003.

Stratigraphic，chronological and behavioural contexts of Pleistocene *Homo sapiens* from Middle Awash，Ethiopia. Nature，423：747–452.

［2］McDougall I，Brown F H and Fleagle J. 2005. Stratigraphic placement and age of modern humans from Kibish，Ethiopia. Nature，433：733–736.

［3］White TD，Asfaw B，DeGusta D，Gilbert H，Richards GR，et al. 2003. Pleistocene *Homo sapiens* from Middle Awash，Ethiopia. Nature，2003，423：742–747.

［4］Zollikofer CPE，Ponce De Leon MS and Vandermeersch B，Lévêque F. 2002. Evidence forinterpersonal violence in the St. Cesaire Neanderthal. PNAS，99：6444–6448.

［5］Wu R. 1958. Tzeyang Paleolithic man-earliest representative of modern man in China. American Journal of Physical Anthropology，16：459–471.

［6］吴汝康. 1964. 陕西蓝田发现的猿人下颌骨化石. 古脊椎动物与古人类，8：1–12.

［7］吴汝康. 1966. 陕西蓝田发现的猿人头骨化石. 古脊椎动物与古人类，（10）：1–16.

［8］吴新智. 1961. 周口店山顶洞人化石的研究. 古脊椎动物与古人类，（3）：181–203.

［9］Liu Wu，Wu Xianzhu，Pei Shuwen et al. 2010. A preliminary report on Huanglong Cave：A Late Pleistocene human fossil site in Hubei Province，China. Quaternary International，211：29–41.

［10］吴秀杰，金昌柱，蔡演军，等. 2013. 广西崇左智人洞早期现代人下颌骨和牙齿的病理现象及形态异常. 人类学学报，（32）：293–301.

［11］刘武，武仙竹，吴秀杰，等. 2008. 古人类牙齿表面痕迹与古人类生存适应及行为特征——湖北郧西黄龙洞更新世晚期人类牙齿使用痕迹. 第四纪研究，（28）：1014–1022.

［12］刘武，武仙竹，吴秀杰，等. 2010. 湖北郧西黄龙洞更新世晚期人类牙齿磨耗与使用痕迹. 人类学学报，（29）：1–14.

［13］Wu XJ，Schepartz L，Liu W，et al. 2011. Antemortem trauma and survival in the late Middle Pleistocene human cranium from Maba，South China.

PNAS，108：19558–19562.

[14] Wu XJ and Trinkaus E. 2012. Neurocranial trauma in the late archaic human remains from Xujiayao， Northern China. International Journal of Osteoarchaeology，DOI：10.1002/oa.2283.

[15] Wu XJ，Xing S and Trinkaus E. 2013. An enlarged parietal foramen in the late archaic Xujiayao 11 neurocranium from Northern China. PLoS ONE，8（3）：1–10（e59587）.

3 牙齿生长发育研究在古人类学中的应用

胡 荣

厦门大学

牙齿结构坚硬，抗变形、抗破裂能力强，死后因化学成分和结构稳定而得以长久保存，是化石材料中非常重要、数量较为庞大的组成部分，可以提供很多信息。从外部观察牙齿由牙冠、牙根及牙颈三部分组成，从纵剖面观察则由牙釉质、牙骨质、牙齿质和牙髓组成。对牙齿最基本的研究包括观察其形态、分辨其（齿）种类、测量其尺寸、观察牙齿表面的一些划痕等，但往往化石牙齿在长期埋藏中会有一些损坏，而且牙齿因咀嚼食物、牙病或者埋藏环境等因素让我们所得到的化石牙齿往往会有一定的损耗而损失很多有用的信息。早在 19 世纪初，光学显微镜就被应用于牙齿的研究，人们开始关注牙齿的内部微观结构特征。在 19 世纪 30 年代到 40 年代之间有很多重要的报道出现，其中最主要的是关于牙齿组织切片的研究。直到 1860 年偏光显微镜开始应用，人们对于牙齿微结构及生长发育特征才有了进一步的认识：在牙齿表面和内部保留着周期性的发育记录，即牙齿生长线，可以反映牙齿生长发育特征。牙釉质是牙齿组织中甚至是动物机体中最坚硬的组织，而且牙釉质微结构最易在镜下被观察到，因此对于牙齿生长发育的研究主要集中于牙釉质。牙齿生长的记录保留在化石牙齿里，牙釉质细胞分泌釉质和齿质的速率以及在分泌阶段活跃的时间都能够从牙齿生长发育的研究中知道，从而提供了一种研究灭绝物种牙齿演化过程的途径。过去几十年，牙齿生长发育研究发展迅速，研究跨度从现生灵长类到最早灵长类的化石记录。古人类学家研究这些牙齿生长发育特征旨在增加人猿超科发育学、生活历史以及系统分类学的知识。近年来，随着光学显微镜的发展以及 CT 等新技术的引入，对于牙齿微观结构及生长发育的了解越来越深入，主要包括牙齿微结构、牙齿生长发育、釉质厚度以及釉质齿质交界面形态等，可应用于牙齿的功能适应、系统发育关系的重建、生活历史和个体发育的研究。

一、牙釉质微结构

随着光学显微镜的技术发展，牙齿内部的微结构可以很容易地在扫描电镜下直接观察到。微晶为釉质最基本的单位，是一种特殊的羟基磷灰石，包括18个离子：10（Ca）、6（PO_4）和2（OH）。釉质微晶大约厚10～40nm，宽30～60nm，长100～1000nm[1]。大量的微晶按一定方向排列组成釉质的基本单位——釉柱，微晶的方向与釉柱长轴方向为 0°～70°角。微晶直径相对一致，大约是一万个微晶组成一个釉柱[2]（见图3-1）。

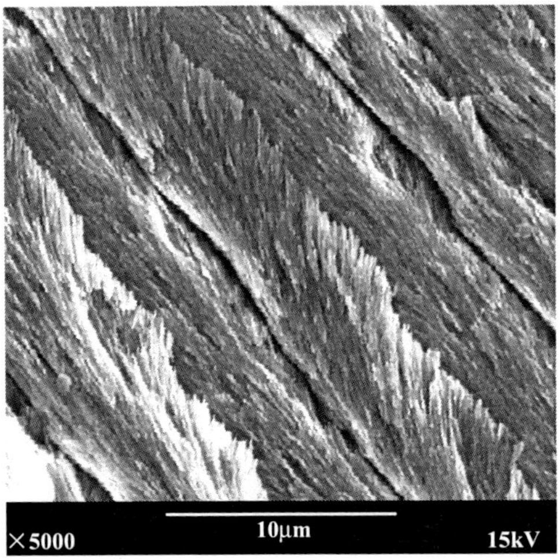

图3-1　釉柱[3]

釉柱为细长的柱状结构，起自釉质齿质交界面，贯穿釉质全层，达到牙齿表面。微晶特殊的方向伴随着一种特殊的釉柱排列模式。釉柱排列主要有三种模式[2]，每种釉柱排列样式的形成是由于微晶方向突然改变。研究发现釉柱型具有很好的分类学意义：1型釉柱横截面界限是闭合的圆形，主要出现在食虫目和翼手目；2型釉柱界限不闭合，呈纵向排列，主要出现在有蹄类和有袋类；3型釉柱界限不闭合，相互之间呈横向排列，主要出现于灵长类和现代人，人猿超科中又分为3A型和3B型：3A型釉柱横截面呈“蝌蚪状”，尾部细窄；3B型釉柱横截面呈“鱼尾状”，尾部较宽。Gantt认为3B型釉柱是人科成员的一个特征性状，可与其他化石和现生类人猿区别开来（见图3-2）。南方古猿和人类具有3B型釉柱，其他化石猿类和现生猿类只有3A型釉柱。

图 3-2 釉柱排列模式分类图[2]

3A 型釉柱尾部较窄，3B 型尾部较宽

釉柱在靠近釉质齿质交界处弯曲交叉较多，在釉质表面排列平行，走行较直。釉柱的长度和釉质分泌的速率与时间有关。因为釉柱的螺旋和弯曲，釉柱的长度并不是从釉质齿质交界面到釉质表面的直线距离。很多研究者在研究化石和现生灵长类的时候利用 1.15 作为校正因子[4]，但这个值是从测量现代人前臼齿侧面釉质得来的。

釉柱走向的另外一个特点是釉柱交叉。釉柱以不同的角度穿过彼此而形成交叉。釉柱交叉主要类型有：施氏明暗带（Hunter-Schreger bands）、不规则釉质（irregular enamel）和拉锁釉质（Zipper enamel）。施氏明暗带（Hunter-Schreger bands，简称 HSB），是由釉柱在光镜下出现明暗交替的带状结构而得名，由连续的釉柱以不同的角度从釉质齿质交界面走向釉质表面而形成[5]（见图 3-3）。根据 HSB 分叉规则，每组 HSB 分叉只有一个方向。在

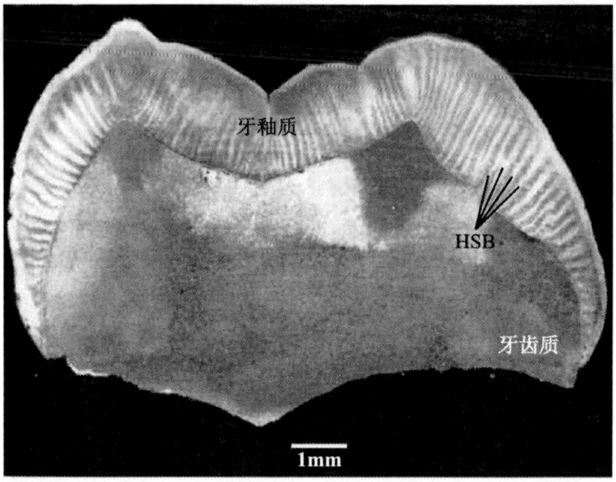

图 3-3 施氏明暗带

灵长类中，个体体型越大，HSB越清晰分明。HSB的出现被解释为对逐渐增加的咀嚼压力的保护。不规则釉质最主要的特点就是釉柱不规则交叉，并不形成规则的层面。拉锁釉质一般出现在牙齿边缘很窄的区域内，不会进一步延伸[6]。

二、牙齿生长发育

牙齿表面和内部保留着周期性的发育记录，即牙齿生长线，可以反映牙齿生长发育的牙齿渐增特征。早在几个世纪以前组织学家和口腔生物学家就记录了牙齿的这种生物学节奏。牙齿生长的记录保留在化石牙齿里，牙齿细胞分泌釉质和齿质的速率以及在分泌阶段活跃的时间都能够从牙齿生长发育的研究中知道，从而提供了一种研究灭绝物种牙齿演化过程的途径。牙釉质致密坚硬，抗变形、抗破裂能力强，死后因为化学成分和结构稳定而得以长久保存，而且牙齿生长线在牙釉质更易于观察到，因此对于牙齿生长发育的研究主要集中在釉质。牙釉质生长线结构（见图 3-4）主要包括：釉柱横纹（Cross-striation）、芮氏线（Retzius line）及其釉质表面特征釉面横纹（Perikymata）。通过硬组织切片的方法获得牙齿组织学切片，在偏光显微镜下观察这些牙齿切片可以很清晰地看到大部分的牙齿生长线，也可以直接在扫描电镜下观察到牙齿生长线。

制作牙齿唇舌方向并通过近中牙尖的切片。

切片制作过程：

（1）清洗：清水超声清洁牙齿表面，并用0.5%磷酸对牙齿表面进行酸蚀20秒。

（2）包埋固化：将颗粒状聚酯树脂铺在包埋盒底，然后将牙齿放入盒内，倒入液体状聚酯树脂直至浸没牙齿，将包埋盒放入光固化仪（EXAKT 530），蓝光及黄光各照射6小时。

（3）切片：将标本从包埋盒中取出，修成合适大小。先用微距切片机（EXAKT E300CP）沿近中唇舌径将标本剖开，确保经过近中两个牙尖，切面大概垂直于牙颈边缘。P800砂纸磨平切面，P2500、P4000砂纸抛光。然后更换为较薄的刀片，切得厚约120～200μm的牙齿薄片。

（4）磨片：数控硬组织连续磨片机（EXAKT 400CS）、P800 砂纸磨片使其成为 80～100μm 厚的薄片，P2500、P4000 砂纸抛光。

（5）封片：去离子水冲洗切面，晾干，聚酯树脂封片。

釉柱横纹是沿着釉柱长轴可见的规律性间隔横纹。釉柱横纹最早是由 Retzius 于 1937 年发现并描述的，在透射光下他发现釉柱被一系列的小横线平分成很多份。1989 年 Boyde 给了釉柱横纹一个明确的定义：垂直于釉柱，间隔大约为 2～5μm，周期为 24 小时的明暗条或带。釉柱横纹的长度并不恒定，存在长短变化现象，从釉质齿质界面到外表面，釉柱横纹长度呈增长局势。釉柱横纹相比于釉质其他区域，钙化程度降低或有机物含量较高[2]。釉质微晶中心碳酸盐含量较高，酸蚀可能加深釉柱横纹。Boyde[7] 推测血 CO_2 可能影响釉质中碳酸盐的含量。在生长速度较快或较活跃的时候，碳酸盐含量更高，釉柱更宽。另外，他还发现在碳酸盐含量较高的区域镁含量也较高。因此他推测釉柱横纹可能是由钙和磷酸盐与镁和碳酸盐比例改变而产生的。在快速生长期，高浓度的镁和碳酸盐进入釉柱，平均原子数目和密度下降，在电镜下显示为一条暗带[7]。

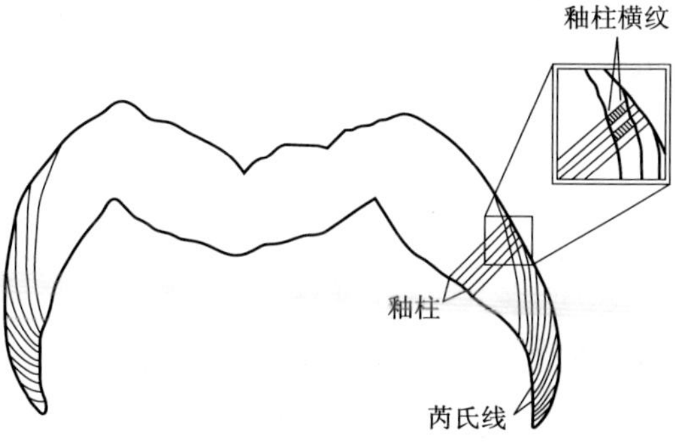

图 3-4　臼齿牙冠纵切面釉质生长线[7]

在人类和灵长类釉质中有一系列间隔规则的生长线从釉质齿质交界面走向侧面釉质和牙颈釉质的表面，被称为芮氏线，芮氏线为长周期生长线。芮氏线到达釉质表面表现为釉面横纹。关于芮氏线的形成看法很多：芮氏线可能是过度矿化或矿化不全，也有可能含有特殊物质，比如色素；也有可能与釉柱的弯曲或不连续性有关；也可能是一个矿化的节律。Gysi（1931）认为阶梯样的芮氏线是由线性排列的釉柱横纹组成。Gustafson & Gustafson（1967）

发现在偏光显微镜下芮氏线经常出现阳性双折射，但是也有一些个体同时显示阳性和阴性双折射，表示可能既有矿化不全也有过度矿化。Dean[8, 9]认为尽管芮氏线同时存在釉质矿化不全或者矿化不均，但是釉质的成熟可能降低了釉质初始形成的清晰度。釉质矿化不全或过度矿化可能发生在芮氏线形成之后，与芮氏线无关。Boyde[7]也支持芮氏线并不能代表釉质矿化程度的改变。芮氏线并不是均匀的，结构和成分的不同可能影响它们的可见度，内部釉质的芮氏线清晰度较低，尤其是牙颈内部釉质，在电镜和光镜下很难明确辨认。芮氏线代表了釉质形成速率的下降或者中断，导致釉质发育面和微晶方向的改变，最终影响釉柱间物质的成分，形成更少的但是更大的微晶。Schmidt & Keil（1971）发现芮氏线在釉质基质中形成，矿化之后更明显。Risnes（1986）推测在芮氏线形成时，成釉细胞暂停活动，目前还不清楚原因。近二十年来，大量的工作观察，研究了芮氏线间距、相对长度以及与釉质齿质交界面的角度等。Dean & Shelli（1998）发现在原康修尔猿、猩猩及长臂猿的釉质中，芮氏线为S形，从釉质齿质交界面到釉质表面为一条弯曲的路径，这可能是由釉柱宽度保持不变或者从釉质齿质交界面到釉质表面逐渐减小而引起的。

釉柱横纹和芮氏线可以反映牙釉质生长发育变量的特点：釉质日分泌率；芮氏线周期；釉面横纹或芮氏线的数目与分布等。这些变量的量化可以确定牙冠形成的速率和时间、釉质形成时间、牙齿尚未发育完全个体的死亡年龄、牙齿萌出年龄、牙齿开始形成的年龄以及牙齿在发育过程中经受的压力等。

1. 釉质日分泌（Daily secretion rate，DSR）

釉柱横纹的长度并不恒定，存在长短变化现象，从内层的釉质–齿质界面（Enamel-dentine junction，釉质齿质交界面）到外表面，釉柱横纹长度呈增长趋势。牙釉质日分泌率，代表了釉质形成的速率。计算日分泌率是用距离除以时间，对于牙釉质就是用两条釉质横纹之间的距离除以一天。研究显示DSR有两个特点：① DSR从釉质齿质交界面到牙齿表面逐渐增加；② DSR从尖部到颈部逐渐下降。通常为了更精确地估算日分泌率，有4个主要方法：① 测量一个或几个非特定区域釉柱横纹的分布；② 测量特定区域的平均值；③ 某个区域釉柱长度与时间的比值；④ 直接数固定位置点间的釉柱横纹数目。本研究选取第三种方法测量 DSR。将釉质分为牙尖、牙体和牙颈 3 个部分，每部分釉质、内、中、外 3 个部分（牙颈釉质分为两个部分）。沿着釉柱选选取 5 个釉柱横纹测量其长度得到一个平均釉柱横纹程度，每个部分重复 6 次以上，得到每个部分的平均 DSR 和标准差。内、中、外釉质平均 DSR 得到一个釉质平均 DSR（见图 3-5）。

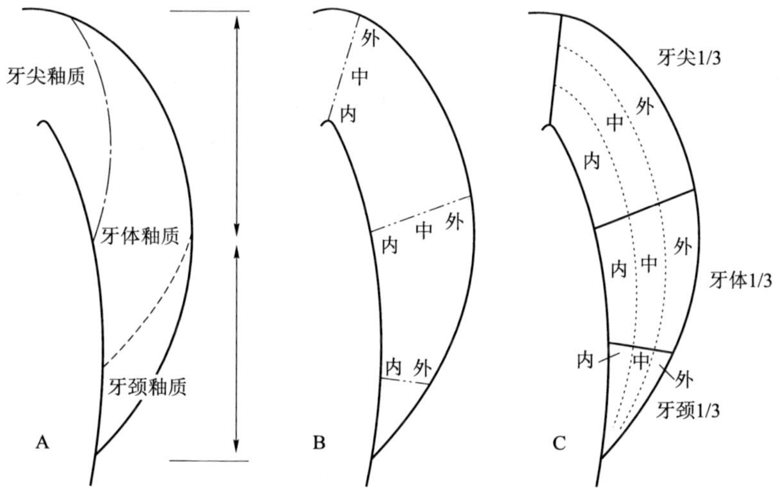

图 3-5　釉质分区（Rozzi and Lacruz，2007）

2. 芮氏线周期（Periodicity）

芮氏线周期是精确估计灵长类牙齿形成时间、幼年个体年龄判定及个体发育特征的重要参数，并具有分类学意义。芮氏线周期的确定是基于连续的芮氏线之间同样数目的釉柱横纹（见图 3-4）。传统计算周期的方法是直接输相邻芮氏线之间的釉柱横纹数目。此外可以利用芮氏线之间的距离除以釉柱横纹长度来计算。研究发现在灵长类中芮氏线周期与体重之间存在正相关关系。

3. 牙釉质延伸率（Enamel extension rate）

牙齿延伸率即为一天内被釉质所覆盖的牙本质表面长度。芮氏线与釉质齿质交界面（Enamel-Dentine Junction，EDJ）之间的角度代表了新细胞的分化率，角度越小表示分化速率越快。芮氏线与釉质齿质交界面的角度在靠近釉质齿质交界面的地方较小，朝向釉质表面快速增加。釉柱与釉质齿质交界面的角度较为恒定，一般大约垂直于釉质齿质交界面。Jay Kelley 和 Smith 等人推测芮氏线与釉质齿质交界面角度越小，釉质延伸率越快。

Boyde 1964 年提出了一个估计牙齿延伸率的方程式：

$$\text{Extension rate } c = d\left(\sin I / \tan D - \cos I\right)$$

式中：I——釉柱和 EDJ 的角度；

D——development front 和 EDJ 之间的角度；

C——一天内被釉质所覆盖的牙齿质长度；

d——釉柱在一天内生长的长度（釉柱横纹长度）。

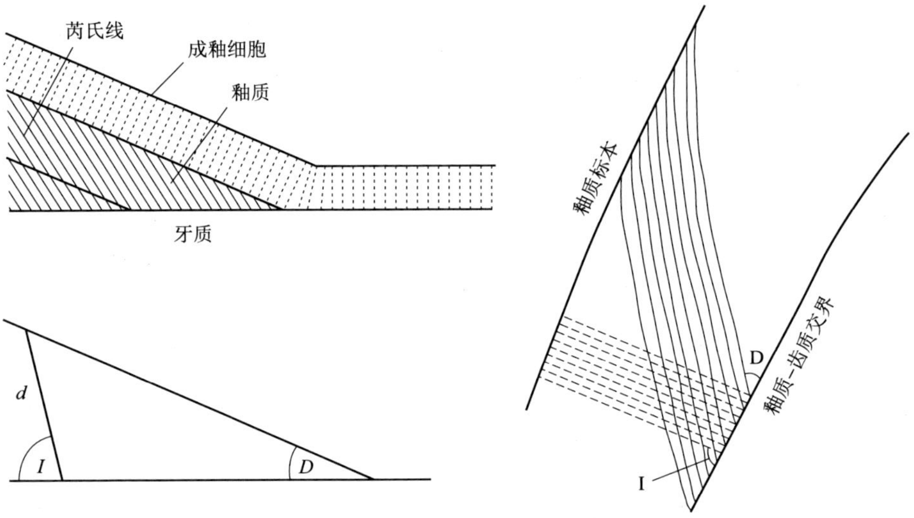

图 3-6　芮氏线、釉柱与 EDJ 的角度关系

4. 釉质–齿质交界（Enamel-dentine junction，EDJ）形态

研究发现臼齿纵切面 EDJ 形态具有系统分类学意义（Olejniczak，et al. 2004，2007），灵长类中不同种属的 EDJ 形态各异。在 EDJ 选取 9 个 Landmark（见图 3-7），利用 WinEDMA 软件，采用 EDMA-Πshape 方法分析 EDJ 形态，比较不同齿种或不同种属之间的 EDJ 形态差异（不可用于比较上颌牙齿与下颌牙齿之间的差异）。CT 扫描和组织学的切片的臼齿均可进行此项分析。

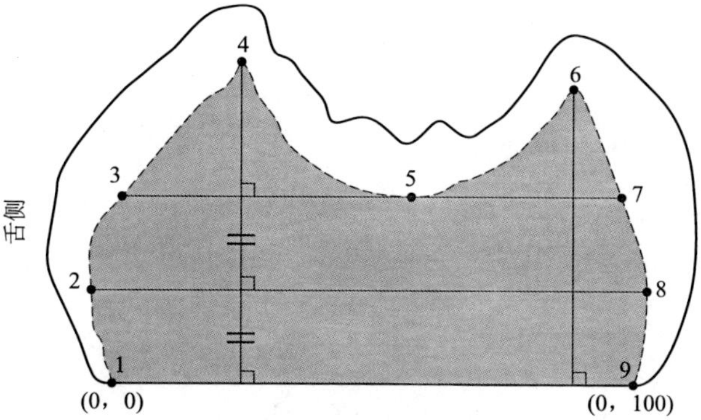

图 3-7 釉质齿质交界形态

1，9：牙颈釉质顶点；4，6：齿质角的顶点；5：EDJ 最低点；3，7：与 1–9 平行穿过 5 的平行线与 EDJ 的交点；2，8：与 1–9 平行，将 5–9 的距离一分为二的线与 EDJ 的交点。

5. 釉质形成时间

釉质生长主要有两种方式：① 成釉质细胞从釉质齿质交界面开始以外加生长形式（apposite-ional manner）形成牙尖部釉质（cuspal enamel）；② 新分化的成釉质细胞沿着釉质齿质交界面从齿质角向牙颈方向延伸形成牙侧面釉质（lateral enamel）（见图 3-8）。釉质冠形成时间等于牙尖釉质形成时间加上牙侧面釉质形成时间。牙尖釉质，尤其是靠近釉质齿质交界面的部分，釉柱交叉弯曲较多，而牙侧面釉质形成时间在已知个体芮氏线周期时，可用芮氏线周期乘以芮氏线数目得到，因此估算牙尖釉质形成时间比估算牙侧面釉质形成时间要困难，而计算牙尖釉质形成时间也是计算整个牙冠形成时间的关键。

近二十年来，发展出不少估算牙尖釉质形成时间的方法，主要包括：① 直接计数尖部釉质的釉柱横纹数目；② 计数牙尖釉质的芮氏线数目；③ 牙尖釉质厚度除以牙尖部釉质平均日分泌率。前两种方法对于切片质量要求较高，再加上牙尖釉质弯曲交叉较多，釉柱横纹或芮氏线经常难以完全清楚辨认，因此第三种方法是比较常用的方法。靠近釉质齿质交界面的釉柱走行弯曲，因此实际计算牙尖釉质形成时间时，还要乘以一个校正因子 1.15。

牙尖釉质厚度等于齿质角的顶点（见图 3-8 点 A）到牙尖釉质顶点（见图 3-8 点 B）之间的距离。实际情况中，保存完好无损，没有或几乎没有磨损的牙齿化石，牙尖一般多有磨损，因此测量从齿质角的顶点（见图 3-8 点 A）到第一芮氏线与釉质表面的交点（见图 3-8 点 C）之间的距离也为牙尖釉质厚度。但有一些标本磨损较为严重，第一条芮氏线与釉质表面的交点无法确认，用画图软件 Adobe Illustrator 补齐磨损部分（见图 3-9），再测量齿质角顶点到牙尖釉质顶点之间的距离可得牙尖釉质厚度。

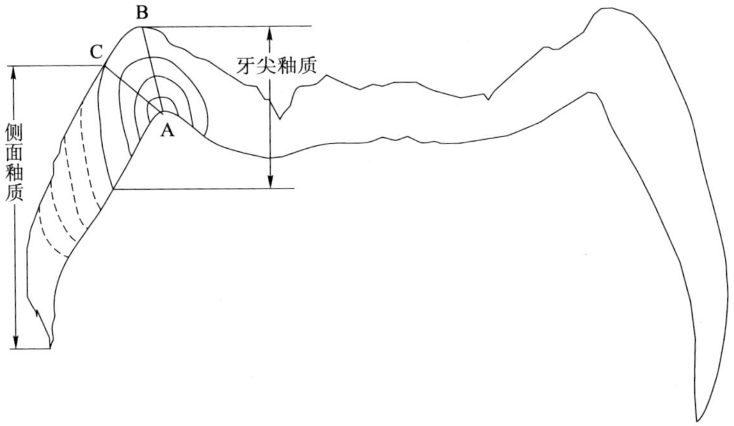

图 3-8 臼齿纵切面

虚线所示为芮氏线；A：齿质角顶点；B：牙尖釉质顶点；C：第一条芮氏线与釉质表面的交点

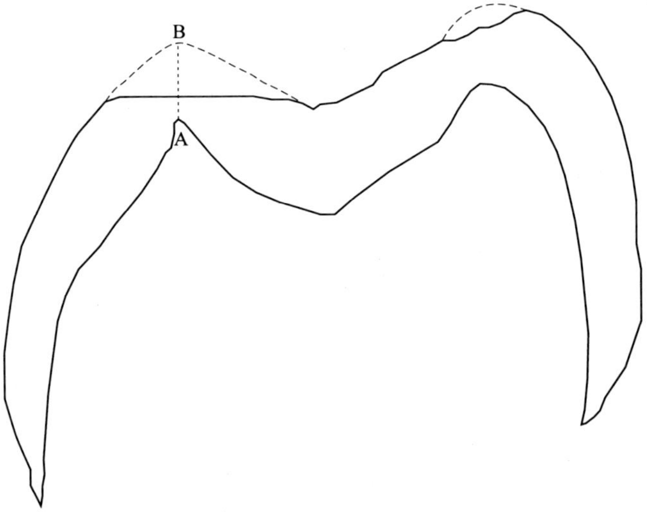

图 3-9 磨损严重臼齿修补图

黑色虚线所示为修补的牙尖；A：齿质角顶点；B：复原的牙尖釉质顶点

尖部釉质形成时间=尖部釉质厚度×1.15/釉质日分泌率

根据牙齿开始钙化的时间、牙冠形成的时间和牙齿形成完成与萌出之间的间隔可以估算幼年个体死亡年龄，这比通过骨骼发育来推测要准确。Bromage & Dean[10]最早利用牙冠形成时间推测了早期人类幼年个体的死亡年龄。牙冠形成时间与牙齿萌出年龄、顺序，个体生长发育的速率等有着密切的关系，可以为个体生活历史和系统发育提供很多信息。

6. 牙釉质表面特征

釉面横纹在扫描电镜下清晰可见，可以从牙尖到牙根直接计数。研究釉面横纹的分布有两种方法：① 数 1mm 冠高的釉面横纹数目[8, 11]；② 每 1/10 冠高的釉面横纹数目[12]。最近几年，第二种方法应用更为普遍，它可以比较不同大小牙齿的长周期线的分布特点。很多时候因为化石的宝贵性，我们并不能做损害标本的组织学研究，而釉面横纹的分布被认为是釉质微结构中更具有分类学意义的特征之一，此外釉面横纹的数目还可以用来计算侧面釉质形成时间，因此对釉面横纹的数目与分布的研究在化石研究中显得尤为必要。

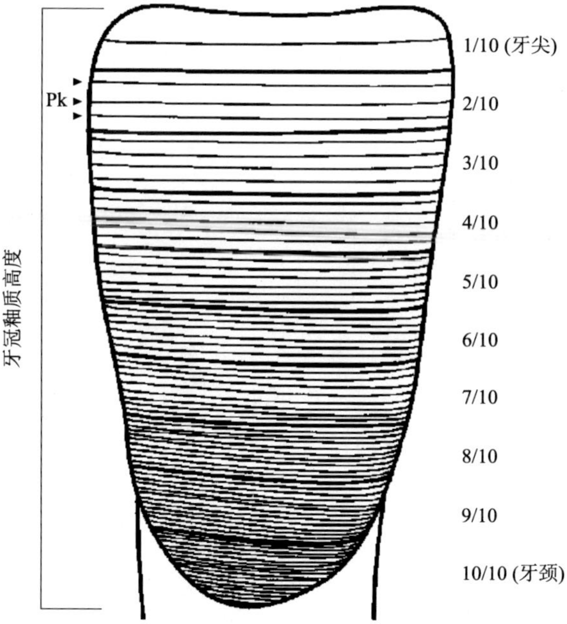

图 3-10 釉面横纹分布和釉质分区（Rozzi and Lacruz，2007）

三、牙齿微结构及生长发育研究在古人类学中的应用

1. 分类学意义

Boyde（1964）初次引入扫描电镜观察釉质微结构，提出牙齿生长发育特征可作为系统发育研究的一个潜在工具，釉质微结构可能成为研究人及化石古猿系统分类的关键。早期有关牙齿生长发育的一些研究[13]表明牙齿生长线结构能够将灵长类从其他哺乳动物中分辨出来，或者从狭鼻猴，或者人猿超科中分辨出阔鼻猴和原猴亚目。1985年*Nature*上发表了Martin、Bromage & Dean的两篇文章：Martin（1985）提出了一个基于釉质厚度与牙齿微观结构的化石及现生人科的发育分类系统；Bromage & Dean[10]则是运用牙齿生长线去推测牙冠形成时间及个体死亡年龄，发现早期人科发育模式与现生猿较相似。这两个研究在牙齿生长发育的研究中具有里程碑的意义，指出了牙齿生长发育在分类学中的重要作用。紧接着一系列有关牙齿生长发育的研究开辟了现生和化石大猿及现代人牙齿微观结构的新领域。这些研究表明人猿超科釉质日分泌率、长周期线周期、长周期线的分布、延伸率和齿冠形成时间具有分类学差异，釉柱横纹和芮氏线的形态也存在差异，同时指出釉质分泌率、釉面横纹分布及釉质厚度等特征的联合可能很好地分辨相近亲缘类属间的关系。

2. 预测幼年个体死亡年龄

根据牙齿生长线可以详细计算出牙冠形成时间，提供个体牙齿生长发育的时间表，这对于已经灭绝的化石种类的研究十分重要。详细地了解牙齿生长发育可以更容易地理解在牙齿演化过程中其形态是如何改变的。在幼年个体牙齿形成还未结束的情况下，根据牙冠形成时间和牙齿开始形成与出生之间的间隔可以计算出未成年个体的年龄，因此通过牙齿发育可以估计幼年个体死亡年龄，而且要比通过骨骼发育来推测更为准确。Bromage & Dean（1985）最早利用釉质微结构推测化石类人猿个体死亡年龄。Dean等重建了SK63的死亡年龄并证实早期人类牙齿发育与猿更相似——萌出较早、牙根生长迅速。

3. 与生活历史密切相关，推测化石个体生活历史

生活历史特征是反映一个动物一生的生殖活动的所有相关事件和特性的总和，包括关键的成熟事件，例如断奶、初潮、初次生殖年龄等繁殖情况的大概时间，后代数目，寿命，等等。身体大小、脑大小以及牙齿成熟度都可作为衡量生活历史的一个标准。Smith 认为应该把灵长类和类人猿生活历史作为支点去理解人类生长与发育的演化研究。Kelley 提出探索一种已经灭绝的猿样或猴样灵长类的一个方法是从化石牙齿组织的观察中得出一些它的生活历史的情况，牙齿发育尤可成为整个有机体的生物学基础。

4. 第一恒臼齿是几个生活历史变量中一个很好的全面的指标

例如，从 M1 冠形成的时间乳臼齿磨损的情况就能非常清楚地知道南方古猿粗壮种在 M1 萌出之间前断奶了，甚至灵长类断奶年龄与 M1 萌出年龄显著相关。Kelley 在一个未成年个体正在发育的下中门齿釉面横纹数目的基础上，提出化石古猿 *Sivapithec parvada*（10Mya）M1 萌出年龄已经在现生大猿的范围之内。当然也有很多关于生活历史并不能从牙齿发育时间中紧密预测的观察研究，牙齿发育只是为化石灵长类提供了一个大概的成熟时间。

四、釉质厚度的研究及其意义

牙釉质厚度是由成釉质细胞的日分泌率和分泌时间决定的，是牙釉质形态最重要的特征之一，被认为与现生和化石灵长类系统分类及食物硬度、咀嚼的压力有着重要的关系。最早有关牙釉质厚度的研究是 Gantt[14] 为了确定腊玛古猿的分类而进行的。早期釉质厚度的研究主要是在牙齿釉质磨损或自然破损的基础上，直接测量釉质的厚度[15]。Martin 认为利用这种方法测量釉质厚度是非常不准确的，在牙齿组织学切片的基础上提出了相对釉质厚度的概念[13]。绝对釉质厚度是在不考虑牙齿的大小和形态，直接测量釉质厚度。相对釉质厚度是将釉质厚度与牙齿大小和形态相联系，经过函数转换得到，后者可能对分析釉质功能适应和系统演化更可靠。但在研究化石种类釉质厚度时，因为切片对于化石的破坏性，样本量往往受到极大的限制，釉质厚度的准确性和代表性也大大受到了限制。另外在操作过程中的人为误差以及将一个立体结构简化为一个 2D 平面时结构复杂性降低等都会引起一些差异。因此亟须一种方法尽量去减少这些误差。近年来，随着三维显微成像技术的发展，这一问题得到了一定的解决。Kono 等（2004）利用二维（two-dimension，以下简称 2D）和三维（three-dimension，以下简称 3D）方法测量了现代人和现生大猿釉质厚度，并比较了两种方法的差异，认为 3D 方法测量釉质厚度不仅对化石不具破坏性，不受样本量的限制，而且能够将釉质厚度与釉质、齿质的比例联系起来，更能客观全面地反映牙齿釉质厚度的特点，值得广泛推广使用。到目前为止，牙釉质厚度研究的意义主要体现在三个方面：① 灵长类系统分类；② 利用釉质厚度解释古饮食；③ 不断改进方法学，以便釉质厚度研究能够广泛应用。

1. 2D 釉质厚度测量

2D 釉质厚度可以直接在牙齿组织学切片上面进行测量计算，也可以利用 CT 扫描重建牙齿后进行虚拟切片，在虚拟切片上进行测量计算。组织学切片的制作在上文中已介绍过，这里仅介绍如何利用计算机软件获得虚拟切片。

方法如下：标本清洗干净后，放入 CT 扫描仪中扫描，扫描精度在 25～50μm 之间；Mimics14.1 软件重建三维图像；三维图像重建好后进行虚拟切片。

臼齿[16]：首先以齿质最高的三个尖（通常在上臼齿为相对于釉质的前尖、后尖和原尖；在下臼齿为相对于釉质的下原尖、下后尖和下内尖）确定一个平面 a（见图 3-11）。然后再通过近中两个尖垂直于平面 a 确定另一个面 b（见图 3-12），即为最终需要的切面。以此切面分隔牙齿为两部分。最后，通过釉质齿质交界面最低两点垂直于平面 b 确定平面 c（见图 3-13），以平面 c 切割去多余的齿质（见图 3-14）。

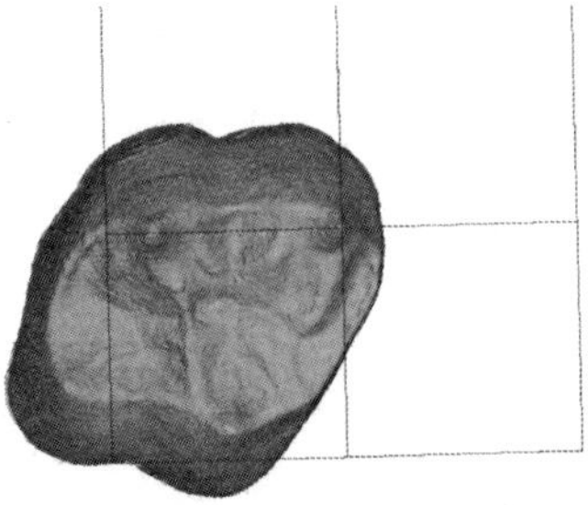

图 3-11　平面 a 的确定

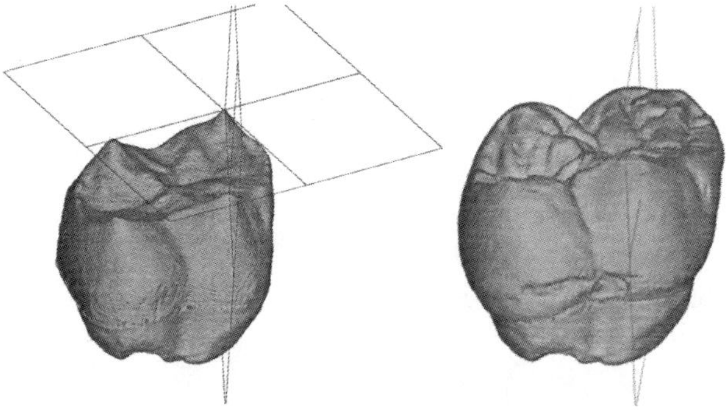

图 3-12 平面 b 的确定

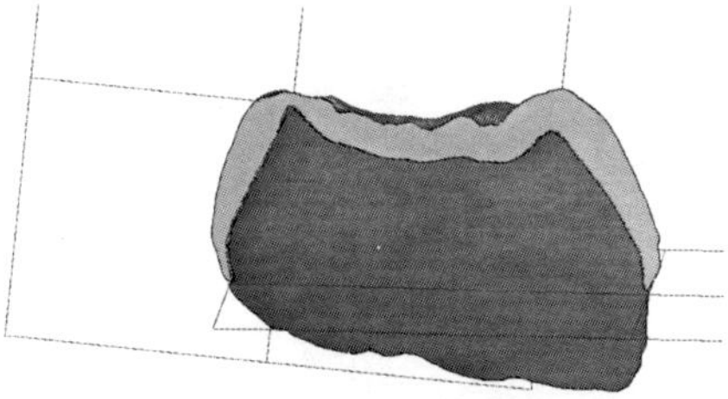

图 3-13 平面 c 的确定

图 3-14 臼齿近中唇舌径切面

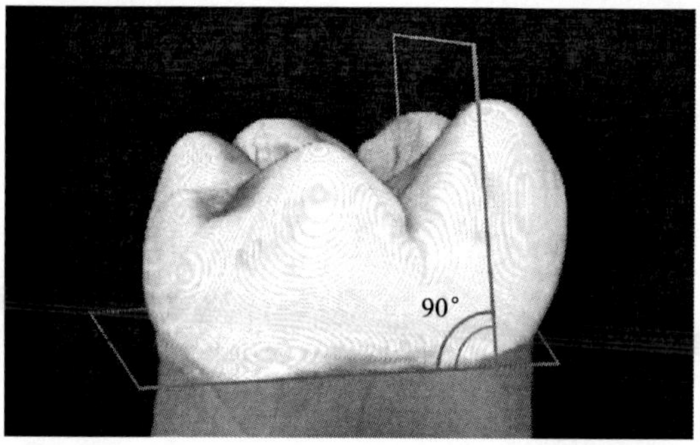

图 3-15 前臼齿近中唇舌径切面的确定[13]

$$\text{釉质绝对厚度 AET} = c/e$$

$$\text{釉质相对厚度 RET} = c/e \times 100/\sqrt{b}$$

式中，c 为釉质面积，e 为釉质齿质交界面长度，b 为齿质面积。

2. 3D 釉质厚度测量

选取牙颈釉质最低的三个点确定一个平面 1 通过釉质齿质交界最高的一

个点平行于此平面确定另一个平面 2，这两个平面之间的中间面 3 为我们需要的切面（见图 3-16），以此平面切割牙齿。

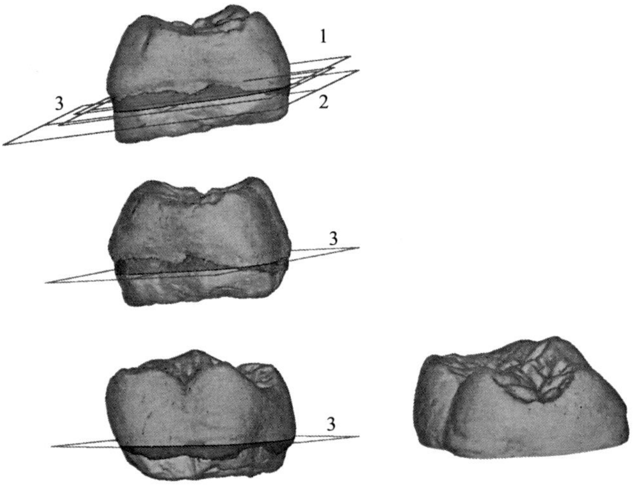

图 3-16 计算 3D 釉质厚度的所需齿冠模型

牙冠平均釉质厚度 AET=Evol/EDJSA

釉质相对厚度 RET=AET/Dvol1/3

式中，Evol 为釉质体积，Dvol 为本质体积（包括牙根管在内），EDJSA 为釉质齿质交界面表面积。

五、广西化石猩猩牙齿生长发育研究

现生猩猩 *Pongo pygmaeus* 的分类位置：

Order *Primates Linnaeus*，1758

Superfamily *Hominoidea Gray*，1825

Family *Hominidae Gray*，1825

Subfamily *Ponginae Elliot*，1913

Genus *Pongo Lacepede*，1799

Species *Pongo pygmaeus Hoppius*，1763

猩猩是亚洲唯一的现生大猿，现仅存于苏门答腊岛和加里曼丹岛的热带丛林里，分为两个亚种：苏门答腊的猩猩（*Pongo pygmaeus abelli*）和加里曼丹的猩猩（*Pongo pygmaeus pygmaeus*）。化石证据还显示更新世时期猩猩曾广泛分布于东亚和东南亚大陆，包括中国南部、越南、泰国、老挝、柬埔寨等（见图 3-17），一直到晚更新世末期越南仍有猩猩生存。19 世纪 80～90 年代，Dubois 在苏门答腊的 Padang 高地的几个早期全新世洞（Sibrambang，Lida Ayer 等）里面收集了几千颗猩猩亚化石牙齿[16]。这些牙齿尺寸相对较大，牙冠咬合面面积平均比现生猩猩大 15%左右[17]。这些猩猩的犬齿大小、牙齿差异、齿种的相对大小都与现生猩猩不一样，Hooijer 认为苏门答腊亚化石猩猩应归为一个新的亚种——*Pongo pygmaeus palaeosumatrensis*。Hooijer（1948）观察测量了大量来自中国华南和越南的猩猩化石、苏门答腊的猩猩亚化石以及现生猩猩牙齿，发现来自华南和越南的猩猩化石材料牙齿比现生猩猩要大 20%

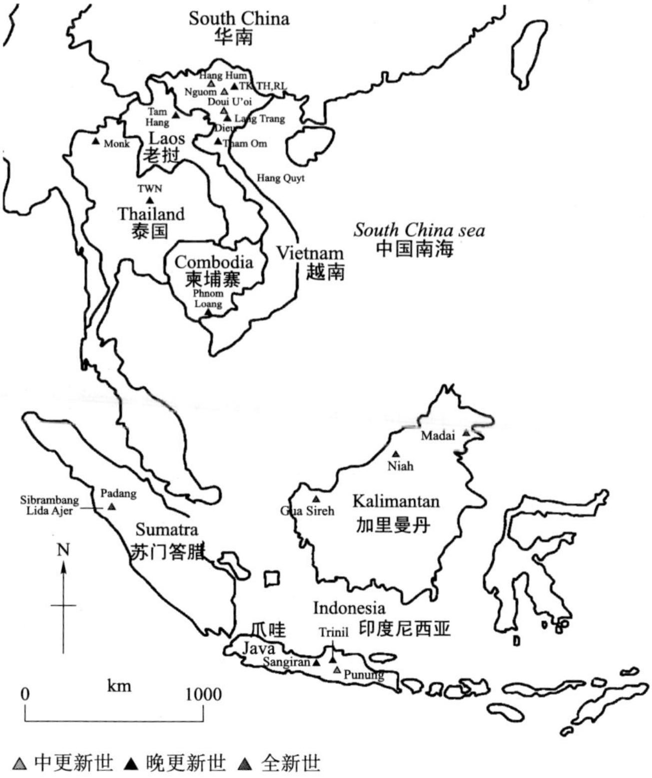

图 3-17　东南亚猩猩化石点

左右，并提出华南和越南的猩猩应归入一个新的亚种——*Pongo pygmaeus weidenreichi*，正型标本是一颗右下犬齿。最后他将猩猩分为一个种、四个亚种：*Pongo pygmaeus pygmaeus*，*Pongo pygmaeus abelii*，*Pongo pygmaeus weidenreichi*，*Pongo pygmaeus paleosumatrensis*。

最近几年华南发现更多的猩猩类化石新材料，目前已经发现牙齿数千枚，分布于华南30多个化石点（见图3-18），时代从早更新世到晚更新世。这批更新世猩猩类化石涉及晚中新世以来亚洲地区大型类人猿演化、分类及早期人类起源等重要学术问题，也是研究现生猩猩起源、演化及分类问题的重要材料。过去，对于华南猩猩化石的详细研究报告较少。顾玉珉、周国兴等人

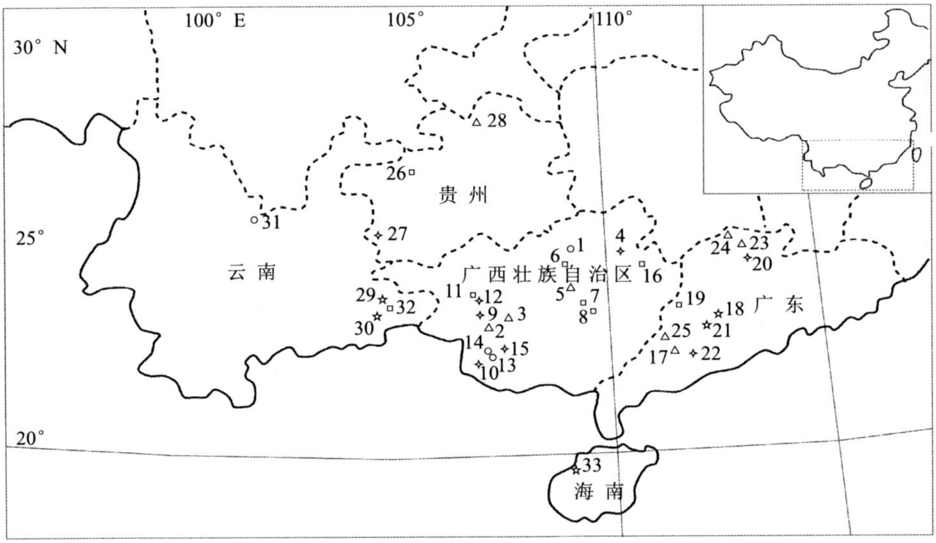

图3-18 华南猩猩化石分布（在王翠斌等2009的基础上修改）[18]

1. 柳城巨猿洞；2. 大新牛睡山洞；3. 巴马巨猿洞；4. 荔浦寨村浮风岩；5. 来宾通山洞；6. 柳江土博甘前岩；7. 柳江百朋；8. 柳江人化石地点；9. 大新锰矿；10. 凭祥；11. 田东定模洞；12. 田东雾云洞；13. 崇左三合大洞；14. 崇左缺缺洞；15. 崇左木兰屯；16. 平乐鸡母岩，17. 罗定苹塘山背岩；18. 肇庆七星岩；19. 封开黄岩洞；20. 英德双岩洞；21. 云浮飞鼠洞；22. 富林官塘；23. 曲江罗坑；24. 曲江马坝；25. 罗定苹塘下山洞；26. 黔西观音洞；27. 盘县大洞；28. 桐梓岩灰洞；29. 马关九龙洞；30. 马关山车仙人洞；31. 富民河上洞；32. 西畴仙人洞；33. 昌江红林采石场

圆形：早更新世；三角形：中更新世；正方形：晚更新世；星形：中更新世到晚更新世；

五角星：年代不确定

研究了少数地点出土的猩猩化石，并讨论了分类和演化问题。王翠斌等人通过对大量猩猩化石的测量及统计分析简单探讨了其分类问题。赵凌霞等人对广西崇左木榄山洞古人类遗址发现的猩猩化石做了较为详细的描述，认为其有别于印尼猩猩。不过以往所有这些研究都局限于牙齿形态学，本研究从牙齿生长发育入手，通过制作牙组织切片，在偏光显微镜下观察牙齿生长线结构（见图 3-19），扫描电镜观察及微 CT 扫描等方法重点研究了广西化石猩猩牙齿生长发育的特点，主要包括芮氏线周期，前部牙齿釉面横纹分布及牙冠形成时间、釉质厚度等（具体研究方法见上文相关介绍，具体结果见表 3-1、表 3-2、表 3-3）。另外，通过比较广西化石猩猩与现代人、现生灵长类、化石古猿和早期人类牙齿生长发育的差异，较为完整地呈现了广西化石猩猩牙齿生长发育特点，从微观角度为广西化石猩猩的分类、起源与演化提供了一些线索和证据，补充了广西化石猩猩牙齿大体形态研究的不足。

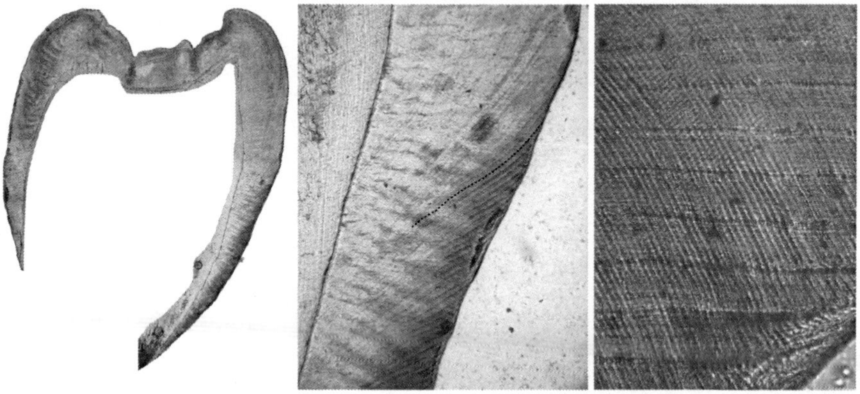

图 3-19 广西化石猩猩牙齿纵切面釉质（偏光显微镜下）

1. 广西化石猩猩牙齿生长发育及系统分类与演化

仔细比较广西化石猩猩、其他现生和化石类人猿以及现代人和早期人类的牙齿生长发育各项变量的变异范围，发现广西化石猩猩牙齿生长发育变量具有一定程度的变异幅度，并没有特别极端或奇异的值出现（见表 3-1）。由此认为，本研究中的广西化石猩猩可看做是一个单元。之前，研究者根据牙齿的形态大小将这批化石鉴定为猩猩。本研究结果也显示，广西化石猩猩

表 3-1　广西化石猩猩牙齿生长发育与现生及化石人猿超科的比较

	芮氏线周期（天）	釉质日分泌率（μm/day）	臼齿牙尖厚度（μm）	臼齿牙尖釉质形成时间（天）	釉面横纹/芮氏线数目				侧面釉质形成时间（天）		牙冠形成时间（年）				牙尖/侧面釉质形成时间之比值
					门齿	犬齿	前臼齿	臼齿	前臼齿	臼齿	门齿	犬齿	前臼齿	臼齿	
广西化石猩猩（*Pongo* sp.）	9～11	4.61（2.82～6.31）	1792（949～2676）	446（234～683）	170（90～250）	241（133～412）	127（80～230）	86（55～128）	1143（720～2070）	779（495～1152）	4.68（2.72～6.66）	7.75（4.28～11.31）	4.64（2.97～6.34）	3.36（2.47～4.67）	0.60（0.24～1.02）
智人（*Homo sapiens*）	6～12	4.05（2.5～6.4）	1543（700～2452）	404（288～475）	138（111～186）	175（129～221）	107（65～186）	87（60～126）	958（585～1638）	778（513～1170）	4.04（3.26～4.8）	4.9（4.2～5.9）	3.49（2.92～4.06）	3.2（2.61～3.62）	0.55（0.32～0.79）
普通黑猩猩（*Pan troglodytes*）	6～7	4.18（2.6～5.8）	704（190～1075）	237（118～383）	188（157～236）	238（164～305）	143（78～215）	109（72～147）	1102（617～1719）	785（444～1332）	4.83（3.88～5.65）	5.33（3.81～7.14）	3.61（2.15～4.82）	2.65（1.65～4.69）	0.28（0.20～0.45）
倭黑猩猩（*Pan pannicus*）	6～7	—	—	—	—	—	—	—	—	—	—	—	—	—	—
大猩猩（*Gorilla gorilla*）	7～10	4.74（3.37～5.47）	919	192（183～219）	167（151～176）	>227	174（154～213）	106（92～123）	1390（1104～1704）	830（808～984）	3.02（2.8～3.3）	>5.5	4.18（3.5～5.1）	3.0（2.8～3.3）	0.23（0.18～0.31）
加里曼丹岛猩猩（*Pongo pygmaeus*）	8～11	4.4（2.7～5.4）	1259（1256～1270）	342（323～375）	—	—	—	82（70～91）	—	875（770～1060）	5.2（4.7～5.7）	8.3（7.8～8.7）	5.03（4.2～6.9）	3.07（2.8～3.5）	0.41（0.32～0.45）
原康修尔猿heseloni种（*Proconsul heseloni*）	5	—	1033（800～1400）	214（163～286）	—	—	—	67（54～87）	—	336（270～435）	—	—	—	1.51（1.18～1.67）	0.6（0.37～0.94）

续表

	芮氏线周期（天）	釉质日分泌率（μm/day）	臼齿牙尖厚度（μm）	臼齿牙尖釉质形成时间（天）	釉面横纹/芮氏线数目				侧面釉质形成时间（天）		牙冠形成时间（年）				牙尖/侧面釉质形成时间之比值
					门齿	犬齿	前臼齿	臼齿	前臼齿	臼齿	门齿	犬齿	前臼齿	臼齿	
原康修尔猿尼安萨种（*Proconsul nyanzae*）	6	4.84（4.4～5.40）	1585（1570～1600）	324（320～327）	—	—	—	71（69～72）	—	375（336～414）	—	—	—	2.05（2.01～2.08）	0.87（0.77～0.97）
非洲古猿（*Afropithecus turkanensis*）	7～8	4.39（3.97～4.85）	1480（1160～1720）	384（354～452）	—	—	—	70（52～85）	—	530（364～680）	—	—	—	2.48（1.87～2.68）	0.72（0.56～0.87）
奥兰诺古猿（*Ouranopithecus macedoniensis*）	8	4.3（4.15～4.49）	2270（2150～2390）	528（495～560）	—	—	—	74（63～84）	—	588（504～672）	—	—	—	3.13（2.75～3.5）	1.04（0.98～1.09）
森林古猿laietanus种（*Dryopithecus laietanus*）	6～7	4.64（3.54～5.54）		254（213～303）	—	—	—	80（65～96）	—	509（390～576）	—	—	—	2.09（1.65～2.25）	0.50（0.41～0.59）
西瓦古猿印度种（*Sivapithecus induicus*）	9	4.91（4.38～5.2）	1200（1050～1350）	244（223～264）	—	—	—	68（65～70）	—	540（520～560）	—	—	—	2.15（2.04～2.25）	0.45（0.43～0.47）
西瓦古猿大脚种（*Sivapithecus parvada*）	8	5.07（4.48～5.5）	1981（1964～1998）	391（383～399）	—	—	—	47（40～54）	—	482（478～486）	—	—	—	2.4（2.35～2.45）	0.81（0.79～0.83）

续表

	芮氏线周期（天）	釉质日分泌率（μm/day）	臼齿牙尖厚度（μm）	臼齿牙尖釉质形成时间（天）	釉面横纹/芮氏线数目				侧面釉质形成时间（天）		牙冠形成时间（年）				牙尖/侧面釉质形成时间之比值
					门齿	犬齿	前臼齿	臼齿	前臼齿	臼齿	门齿	犬齿	前臼齿	臼齿	
禄丰古猿禄丰种（*Lufengpithecus lufengrensis*）	9	—	—	—	150（128～172）	161	—	—	—	—	—	—	—	—	—
禄丰古猿蝴蝶种（*Lufengpithecus hudienensis*）	7，9	4.7（3.0～5.6）	—	279（266～292）	176	—	—	72	—	504	—	—	—	2.1（2.02～2.18）	0.56（0.53～0.58）
步氏巨猿（*Gigantopithecus blacki*）	11	4.8（4.0～6.0）	3900（3500～4300）	710（620～800）	129（104～154）	149（108～190）	97（75～116）	69（36～95）	1067（825～1276）	759（396～1045）	4.35（3.6～5.1）	5.35（4.3～6.4）	—	3.75（3.5～4.0）	1.04（0.92～1.15）
南方古猿湖畔种（*Australopithecus anamensis*）	—	4.89（4.17～5.47）	—	—	—	—	—	—	—	—	—	—	—	—	—
南方古猿阿法种（*Australopithecus afarensis*）	6～8	4.6（3.31～5.84）	1930（1712～2131）	415（380～471）	—	—	—	44（38～49）	—	306（266～343）	—	—	—	1.97（1.77～2.13）	1.37（1.15～1.53）
南方古猿非洲种（*Australopithecus africanus*）	6～8	5.53（4.18～6.62）	—	471（394～548）	117（93～146）	137（98～151）	—	91（87～94）	—	610（564～658）	2.98（2.84～3.28）	3.52（3.28～3.73）	—	2.98（2.74～3.2）	0.82（0.65～0.97）

续表

	芮氏线周期（天）	釉质日分泌率（μm/day）	白齿牙尖厚度（μm）	白齿牙尖釉质形成时间（天）	釉面横纹/芮氏线数目				侧面釉质形成时间（天）		牙冠形成时间（年）				牙尖/侧面釉质形成时间之比值
					门齿	犬齿	前白齿	白齿	前白齿	白齿	门齿	犬齿	前白齿	白齿	
傍人埃塞俄比亚种（*Paranthropus aethiopicus*）	—	5.11（3.5～6.53）	—	—	—	—	—	—	—	—	—	—	—	—	—
傍人鲍氏种（*Paranthropus boisei*）	7	5.27（2.94～7.15）	—	—	—	—	—	—	—	—	—	—	—	—	—
傍人粗壮种（*Paranthropus robustus*）	6～9	5.84（4.16～7.25）		610	83（65～100）	108（96～123）	—	64	—	384	2.23（2.08～2.32）	2.90（2.62～3.06）	—	2.72	1.59
鲁道夫人（*Homo rudolfensis*）	—	4.38（3.01～5.38）	—	—	—	—	—	—	—	—	—	—	—	—	—
能人（*Homo habilis*）	—	4.5（3.68～5.22）	—	—	—	—	—	—	—	—	—	—	—	—	—
直立人（*Homo erectus*）	—	4.23（3.05～5.19）	—	—	98（92～114）	126（100～153）	—	—	—	—	2.69（2.45～3.10）	3.97（2.92～4.10）	—	—	—
尼安德特人（*Homo neanderthalensis*）	7.4（6～9）	—	1028（455～1700）	—	122（95～138）	145（131～167）	116（85～167）	82（69～109）	—	—	3.22（2.98～3.47）	3.45（3.36～3.6）	3.00（2.70～3.18）	2.54（2.16～3.22）	—

牙齿生长发育变量与釉质厚度都与现生猩猩十分接近，现生猩猩皆在广西化石猩猩的变异范围之内。广西化石猩猩牙尖釉质日分泌率、前部牙齿釉面横纹数目与牙冠形成时间分别高于、多于和长于直立人（见表 3-1），釉质厚度小于直立人（见表 3-2），可以确定本文研究的广西化石猩猩样本应该不是直立人。因此，本研究中的广西化石猩猩基本可以确定为猩猩。现生猩猩研究样本量非常有限，从目前的数据来看，还难以确定广西化石猩猩与现生猩猩是否属于同一个亚种或种。

表 3-2　广西化石猩猩与现生及化石人猿超科釉质厚度的比较

	2D 釉质相对厚度	2D 釉质绝对厚度（μm）	3D 釉质相对厚度	3D 釉质绝对厚度（μm）
广西化石猩猩（*Pongo* sp.）	1.26（0.80～1.68）	15.55（10.88～19.55）	1.23（0.84～1.56）	15.25（10.06～19.55）
智人（*Homo sapiens*）	1.22（0.80～1.95）	20.06（11.76～31.84）	1.43（0.67～2.30）	23.97（12.56～40.71）
普通黑猩猩（*Pan troglodytes*）	0.75（0.61～0.95）	13.23（8.5～16.6）	0.75（0.56～0.92）	11.80（9.03～14.72）
倭黑猩猩（*Pan pannicus*）	—	13.6	—	—
大猩猩（*Gorilla gorilla*）	1.04（0.83～1.38）	11.68（9.02～15.22）	0.98（0.94～1.25）	9.77（7.12～12.70）
加里曼丹岛猩猩（*Pongo pygmaeus*）	1.1（0.72～1.38）	15.49（8.6～22.50）	1.01（0.81～1.42）	14.49（11.22～19.03）
灰长臂猿（*Hylobates muelleri*）	0.54（0.39～0.67）	12.58（9.02～15.59）	—	—
白掌长臂猿（*Hylobates lar*）	0.44（0.34～0.53）	15.27（10.37～21.83）	—	—
合趾猿（*Symphalangus syndactylus*）	—	11.02	—	—
猕猴（*Macaca*）	—	—	0.73	13.69
白狒（*Papio*）	—	—	0.85（0.55～1.2）	14.84（13.08～16.7）
白眉猴（*Cercocebus*）	—	—	0.75（0.64～0.91）	17.55（15.44～18.53）
蛛猴（*Ateles* ）	0.24（0.20～0.27）	8.89（6.87～10.58）	0.39（0.26～0.53）	12.27（7.45～16.94）
叶猴（*Aotus trivirgatus*）	0.21（0.19～0.22）	11.73（10.19～12.94）		

续表

	2D 釉质相对厚度	2D 釉质绝对厚度（μm）	3D 釉质相对厚度	3D 釉质绝对厚度（μm）
卷尾猴（*Cebus*）	0.50（0.50～0.50）	18.84（18.37～19.32）	0.65	23.6
白秃猴（*Cacajao calvus*）	0.31（0.28～0.35）	11.54（9.84～12.83）	—	—
丛尾猴（*Chiropotes satanas*）	0.23（0.22～0.23）	9.54（7.92～10.91）	—	—
伶猴（*Callicebus moloch*）	0.26	12.32	—	—
僧面猴（*Pithecia*）	0.28（0.28～0.28）	11.61（11.41～11.81）	—	—
松鼠猴（*Saimiri*）	—	—	0.16（0.12～0.21）	8.19（7.69～8.77）
美狐猴（*Eulemur*）	—	—	0.23（0.18～0.29）	8.68（6.97～11.5）
婴猴（*Galago*）	—	—	0.12	6.33
蜂猴（*Loris*）	—	—	0.10（0.09～0.1）	5.77（4.85～6.33）
原康修尔猿非洲种（*Proconsul africanus*）	—	8.54	—	—
原康修尔猿大型种（*Proconsul major*）	—	13.7	—	—
原康修尔猿 heseloni 种（*Proconsul heseloni*）	—	11.7	—	—
原康修尔猿尼安萨种（*Proconsul nyanzae*）	—	22.4	—	—
非洲古猿（*Afropithecus turkanensis*）	—	21.4	—	—
奥兰诺古猿（*Ouranopithecus macedoniensis*）	1.88	26.92（25.5～28.34）	2.15	28.49
山猿（*Oreopithecus bambolii*）	—	13	—	—
Anoiapithecus brevirostris	0.75（0.67～0.86）	18.75（16.70～20.60）	—	—
加泰罗尼亚皮尔劳尔猿（*Pierolapithecus catalaunicus*）	0.74（0.61～0.86）	19.50（17.30～21.80）	—	—

续表

	2D 釉质 相对厚度	2D 釉质 绝对厚度（μm）	3D 釉质 相对厚度	3D 釉质 绝对厚度（μm）
森林古猿枫丹种（*Dryopithecus fontani*）	0.57（0.47～0.66）	11.31（9.6～12.74）	—	—
森林古猿 laietanus 种（*Dryopithecus laietanus*）	—	—	—	—
西瓦古猿印度种（*Sivapithecus induicus*）	—	19.73（16.07～22.68）	—	—
西瓦古猿大脚种（*Sivapithecus parvada*）	—	—	—	—
禄丰古猿禄丰种（*Lufengpithecus lufengrensis*）	—	24.1	—	—
禄丰古猿蝴蝶种（*Lufengpithecus hudienensis*）	—	14.1	—	—
步氏巨猿（*Gigantopithecus blacki*）	2.42（1.87～3.06）	21.77（18.99～25.10）	2.27（2.24～2.30）	18.54（18.21～18.88）
南方古猿湖畔种（*Australopithecus anamensis*）	—	—	—	—
南方古猿阿法种（*Australopithecus afarensis*）	—	—	—	—
南方古猿非洲种（*Australopithecus africanus*）	1.63（1.22～2.08）	22.79（15.69～31.32）	1.48	17.7
傍人埃塞俄比亚种（*Paranthropus aethiopicus*）	—	—	—	—
傍人鲍氏种（*Paranthropus boisei*）	—	34.91	—	—
傍人粗壮种（*Paranthropus robustus*）	2.03（1.55～2.53）	28.38（22.49～35.68）	1.83	23.37
直立人（*H.erectus*）	1.28（1.21～1.35）	18.1（15.76～19.61）	—	—

续表

	2D 釉质相对厚度	2D 釉质绝对厚度（μm）	3D 釉质相对厚度	3D 釉质绝对厚度（μm）
尼安德特人（*H.neandethalensis*）	1.06（0.99～1.22）	16.26（12.7～20.9）	1.08（0.82～1.63）	15.55（11.61～24.02）
亚洲直立人（*Asian Homo erectus*）	—	18.65（15.3～22.5）	—	—
东非早期人类（*East African early Homo*）	—	20.5（15.6～26.2）	—	—
南非早期人类（*South African early Homo*）	—	29.2（28.7～29.5）	—	—
北非古人类（*Archaic North African Homo*）	—	20.9（18.8～22.9）	—	—
欧洲古人类（*Archaic European Homo*）	—	19.3（16.9～21.5）		—
MSA 智人（*MSA Homo sapiens*）	1.17（0.96～1.47）	19.37（16.29～23.28）	—	—
化石智人（*Fossil Homo sapiens*）	—	18.5（15.2～23.3）	—	—

广西化石猩猩芮氏线周期明显大于黑猩猩，与大猩猩变异范围部分重叠，在现代人和现生猩猩变异范围内。广西化石猩猩门齿、犬齿和前臼齿釉面横纹或芮氏线数目、侧面釉质形成时间以及牙冠形成时间与现生大猿尤其是现生猩猩更为接近，臼齿牙尖釉质日分泌率、牙尖釉质厚度、牙尖釉质形成时间、牙冠形成时间和牙尖釉质与侧面釉质形成时间之比值与现代人更为接近。总体来说，广西化石猩猩门齿、犬齿和前臼齿生长发育与现生大猿较相似，而臼齿生长发育则与现代人更相近。相比非洲大猿，广西化石猩猩与现代人牙齿生长发育更为接近。

广西化石猩猩芮氏线周期明显大于非洲和欧洲的古猿，在亚洲的古猿变异范围之内；牙尖釉质与侧面釉质形成时间之比值与 *Proconsul heseloni* 和元谋古猿相近；臼齿牙尖釉质日分泌率与森林古猿和元谋古猿相近；臼齿牙尖釉质厚度与牙尖釉质形成时间与西瓦古猿帕瓦达种最相近；门齿釉面横纹与元谋古猿相近；臼齿芮氏线数目与森林古猿较接近；前臼齿和臼齿侧面釉质形成时间与步氏巨猿相近；臼齿形成时间与奥兰诺古猿和步氏巨猿接近，明显大于非洲大猿。整体来看，广西化石猩猩牙齿生长发育与非洲古猿差异较大，其次是欧洲古猿，与亚洲古猿最为接近。猜测亚洲古猿可能与广西化石猩猩的起源有着更近的关系。

广西化石猩猩芮氏线周期大于南方古猿、傍人和早期人属。广西化石猩猩臼齿釉质日分泌率、臼齿牙尖釉质厚度、牙尖釉质形成时间与南方古猿阿法种十分接近；牙尖釉质形成时间也与南方古猿非洲种较接近；臼齿芮氏线数目与尼人相近。除此之外，广西化石猩猩牙齿生长发育与早期人类差异较大，釉质日分泌率明显小于南方古猿和傍人，大于早期人属；臼齿牙冠形成时间明显长于早期人类；牙尖釉质与侧面釉质形成时间之比值明显小于南方古猿和傍人。

整体来讲，在现生及化石人猿超科中，广西化石猩猩芮氏线周期较长，臼齿牙尖釉质厚度较厚，牙冠形成时间较长，牙尖釉质与侧面釉质形成时间之比值居中，大于现代人和现生大猿小于南方古猿和傍人。

广西化石猩猩釉质厚度与现生猩猩差不多，都属于偏厚型釉质，厚于非洲大猿。相比非洲大猿，广西化石猩猩釉质厚度与现代人更为接近。除奥兰诺古猿外，欧洲古猿牙尖釉质厚度较薄，非洲古猿既有较薄的也有较厚的，亚洲古猿的较厚。广西化石猩猩与亚洲元谋古猿釉质厚度较为接近。广西化石猩猩釉质厚度小于南方古猿、傍人以及早期人属，与尼人的差异最小。

广西化石猩猩牙齿生长发育特征与釉质厚度既与一些中新世古猿有着相似的地方，也与上新世的南方古猿、傍人，更新世的巨猿有着相似的地方，同时与现代人及现生大猿也有很多相似点。广西化石猩猩门齿、犬齿、前臼齿牙齿生长发育与现生大猿更为相似，而臼齿与现代人更为相似。这些特征表明，牙齿生长发育及釉质厚度的演化在人猿超科中的演化如头骨及头后骨骼的演化一样，是镶嵌型的。如猩猩与狒狒和猕猴从亲缘关系来讲并不是很近，但是它们的釉质厚度却十分相近；广西化石猩猩牙齿生长发育特征与原康修尔猿有着很大的差异，但是臼齿牙尖与侧面釉质形成时间之比值却非常相似等，不可以根据个别特征的亲疏而影响对整个单元的分类地位的判断。

2. 广西化石猩猩个体生活历史的推测

广西化石猩猩芮氏线周期 9～11 天在现生猩猩变异范围 8～11 天之内，广西化石猩猩芮氏线周期下限长于现生猩猩。而从牙齿形态上来看，广西化石猩猩牙齿要比现生猩猩大 20%左右。鉴于芮氏线周期与牙齿大小和体重之间的正相关关系，推测广西化石猩猩体重要稍重于现生猩猩，雌性大约为 60～70kg，雄性为雌性的 2 倍。

表 3-3 广西化石猩猩牙冠形成时间（年）

齿种	I1	I2	C	P3	P4	M1	M2	M3
上颌	5.40	3.30	7.30	4.90	5.06	3.37	3.49	3.83
下颌	—	6.00	8.00	6.25	4.78	3.10	3.70	3.56

M1 萌出年龄与断奶年龄、性成熟时间、初次生育年龄等都有着重要的关系[19, 20]。M1 萌出年龄等于 M1 开始钙化的年龄加 M1 牙冠形成的时间以及牙冠完成到萌出之间的间隔。类人猿 M1 开始钙化的年龄大约在出生前后，因此类人猿 M1 萌出年龄主要为 M1 牙冠形成的时间加牙冠完成到萌出之间的时间。现代人 M1 牙冠形成与牙齿萌出之间的间隔为 3.6 年，而类人猿为 0.4 年[21]。因为广西化石猩猩牙齿生长发育的特点与类人猿更为相似，推测广西化石猩猩下 M1 萌出年龄约为 3.5～3.8 岁，在现生大猿的变异范围之内，早于现代人，现代人大约为 6 岁左右[22]，推测广西化石猩猩生活历史与现生大猿更为相似，短于现代人。推测广西化石猩猩大概在 4 岁左右停止母乳喂养。广西化石猩猩牙冠形成时间最长的是犬齿，所研究的标本（雄性）中有一个达到了 11.31 年，类人猿犬齿开始钙化的年龄大约 0.4～0.5 岁，牙冠形成到萌出时间间隔大约为 0.2 年，推测广西化石猩猩雄性个体牙齿发育成熟的年龄可到 12 岁。不过仍在现生大猿 10～12 岁的变异范围之内，明显短于现代人。广西化石猩猩牙冠形成时间尤其是犬齿长于现代人，与现生大猿尤其是现生猩猩更为接近。综上所述，根据现生猩猩生活历史推测广西化石猩猩生活历史：幼崽需要哺乳约 4 年，雌性猩猩大约 7～10 岁性成熟，雄性可能稍晚，大约要到 12 岁以后；生育间隔 3～6 年，30 岁左右停止生育，寿命

可以超过 50 岁。

本研究的化石猩猩标本主要来自广西，缺乏广东、贵州、云南和海南等地的标本，样本量也不是很大，可能很难完全展现华南化石猩猩牙齿生长发育的变异范围，而用于比较的现生猩猩的生长发育数据非常有限，为了使结果更准确、更具有代表性，在将来的工作中应扩大样本量，尤其是要增加华南其他地区的猩猩化石，同时也要增加一些现生猩猩的样本，完整地呈现华南猩猩和现生猩猩生长发育的特点，才能进一步分析华南化石猩猩和现生猩猩之间的分类问题。

本研究的标本主要来自于药铺和仓库，时代出处不明，而从生长发育变量和釉质厚度的结果中还未发现可以体现时代或地点的差异。牙齿生长发育特点是否可以体现这种时代或者地域的差异，或者说广西化石猩猩生长发育是否存在时代或地域的差异，这些问题都还不确定。在今后的工作中，需要多增加一些已知时代与地点的猩猩化石样本。

广西化石猩猩的分类与起源还有不确定的地方，需要增加一些欧洲和亚洲古猿，如森林古猿、西瓦古猿、禄丰古猿和元谋古猿的样本，从牙齿生长发育、釉质微结构、釉质厚度等尽可能多的角度对比分析，比较广西化石猩猩与这些古猿的异同点，为阐释广西化石猩猩的分类与起源提供更多的线索与证据。

注释：

［1］Gantt DG.，1983. The enamel of Neogene Hominoids structural and phyletic implications. In Ciochon RL & Corruccini RS（eds）：New Interpretations of Ape and Human Ancestry，NewYork：Plenum Press，249–298.

［2］Boyde，A. 1964. The Structure and Development of Mammalian Enamel. PhD Dissertation，The London Hospital Medical College，London.

［3］赵凌霞. 2006. 步氏巨猿牙齿的综合研究. 北京：中国科学院.

［4］Risnes，S.，1986. Enamel apposition rate and the prism periodicity in human teeth. Scand. J. Dent. Res. 94（5）：394–404.

［5］Koenigswald W v and Sander，P M.，1997. Glossary for terms used for enamel microstructure. In Koenigswald W v and Sander，P M（eds.）：Tooth

Enamel Micro structure. Rotterdam：A.A. Balkkem，267–280.

［6］Koenigswald W v. U-shaped orientation of Hunter-Scheger bands in the enamel of Moropus（Chalicotheriidae，Mammalia）in comparison to some other Perissodactyla. Annals of the Carnegie Museum，1994，63（1）：49–65.

［7］Boyde，A.，1987. A 3-D model of enamel development at the scale of one inch to the micron. Advances in Dental Research，1（2）：135–140.

［8］Dean，M.C.，1987. Growth layers and incremental markings in hard tissues；a review of the literature and some preliminary observations about enamel structure in *Paranthropus boisei*. J. Hum. Evol. 16（2）：157–172.

［9］Dean，M.C.，1989. The developing dentition and tooth structure in hominoids. Folia Primatologica 53（1–4）：160–176.

［10］Bromage，T.G.，and Dean，M.C.，1985. Re-evaluation of the age at death of immature fossil hominids. Nature，317（6037）：525–527.

［11］Beynon，A.D.，Dean，M.C.，Leakey，M.G.，Reid，D.J.，Walker，A.，1998. Comparative dental development and microstructure of Proconsul teeth from Rusinga Island，Kenya. J. Hum. Evol. 35（2）：16–209.

［12］Reid，D.J.，Dean，M.C.，2006. Variation in modern human enamel formationtimes. J. Hum. Evol.，50（3）：329–346.

［13］Martin L.B.，1983. Relationship of the later Miocene Hominoidea. PH D. Dissertation，University College London，London.

［14］Gantt DG.，1977. Enamel of primate teeth：its structure with reference to functional and phyletic implication. PH D. Dissertation，Washington University，St.Louis.

［15］Simons E.L.，Pilbeam D.R.，1972. Hominoid paleoprimatology. In：Tuttle，R.（ed.）：The Functional and Evolutionary Biology of Primates. Chicago：Aldine，36–62.

［16］Olejniczak A.J.，2006. Micro-computed tomography of primates molars. PHD Dissertation，Stony Brook University，NewYork.

［17］Harrison T.，2000. Archaeological and ecological implications of the primate fauna from prehistoric sites in Borneo. Bull. Indo-Pacific Prehist.

Assoc.，20：133–146.

［18］王翠斌，赵玲霞，金昌柱等. 中国更新世猩猩类牙齿化石的测量研究及其分类学意义. 人类学学报，2009，28（2）：192–200.

［19］Smith B.H.，1991. Dental development and the evolution of life history. American Journal of Physical Anthropology，86（2）：157–174.

［20］Smith T.M.，2006. Experimental determination of the periodicity of incremental features in enamel. J Anat，208（1）：99–113.

［21］Macho G.A.，Wood B.A.，1995. The role of time and timing in hominid dental evolution. Evol. Anthropol.，4（1）：17–31.

［22］Kelley J.，Gary T.，Schwartz. G.T.，2009. Dental development and life history in living African and Asian apes. Proceedings of the National Aeademy of Sciences，107（3）：1035–1040.

第二章

体质人类学

4 回纥人的种族特征试析*

——兼评维吾尔族与其先民回纥之区别

杨圣敏

中央民族大学

我们在认识现代意义的民族时，往往以不同的语言、风俗、地域和经济生活等作为区分不同民族的指标，一般不以种族特征来划界。但在探讨民族的起源和历史上的融合等问题时，文献中有关外貌特征的描述确实可以为我们的分析提供一些有意义的线索。

每个民族都有它的生物基础，即人种基础；民族在历史过程中有分有合，人种底子也随之发生融合。探讨一个古代民族的种族特征，并且与其现代后裔进行比较，可以给我们提供有关这个民族如何演变的信息。

回纥是我国的一个古代民族，是今天维吾尔族和裕固族的祖先。“回纥”这一名称，在各个时代的内涵是不同的。4 世纪末，这个名称最早出现于史书中时，它仅仅是蒙古草原北部高车部落联盟中以药逻葛氏族为核心的一个部落。到了 8 世纪中叶，回纥成为蒙古草原上一个汗国和古代民族的名称。汗国境内即整个蒙古草原上的各个部落都自称回纥。公元 840 年回纥西迁至今新疆天山南麓以后，经过五六个世纪的漫长过程，逐渐和塔里木盆地的土著居民融合，到 15 世纪末 16 世纪初，形成了一个新的、现代意义上的维吾尔族；而其迁到甘肃河西走廊的一支则与其他民族融合，演变为今天的裕固族。

一、回纥人的种族特征

本文所要探讨的是回纥人于公元 840 年西迁以前和西迁初期，即与塔里

* 原载《甘肃民族研究》1988 年第 1 期，稍有修改。

木土著融合前的种族特征。而在西迁以前，回纥汗国境内的部落成分复杂，包括众多不同的语族和种族，如：有说粟特语、高加索人种的胡部[1]；也有操通古斯语或汉语、一般认为属于远东蒙古人种的部落或人群[2]；还有表现为蒙古与欧洲人种混合特征的黠戛斯人和驳马人[3]。但是汗国内绝大多数，即汗国的主体则是突厥语族的铁勒部落。而最能代表这些回纥人基本特征的，自然是回纥汗国的皇族——药逻葛氏族及回纥的贵族阶层人物。

作为一个古代民族，回纥人早已不存在了。在至今为止的考古发掘中，并没有确切肯定的回纥人的骨骼出土，因此也就缺少这方面的专门研究。而断定一个民族的种族特征，又必须依据对这个民族的实体的研究才能得出。种族分类的标准，传统的方法是依据不同的肤色、发色、头面部等人类形态特征进行区分。近年来又增加了以血型系统和免疫系统的遗传因子作为人种分类的标准。此外，人类学家在人种分类时还要参考不同人种之间肤纹的差异。自然，对于一个已不存在的回纥民族的人种的研究，已无法运用这些全部的现代的科学手段。但是，我们可以运用传统的根据人类形态特征进行分类的方法来考察。关于回纥人的形态特征的材料，我们可以在零星的史书记载中，在现存的古代洞窟壁画和出土文书中找到。另外，还可以以被公认与回纥同种族的其他古代民族的材料作为旁证。如果我们把所有这些零星的材料汇集到一起，就可以给回纥人的形态特征描绘出一个基本轮廓。

学界一般公认，回纥出自丁零。从传说时代的黄帝时起，直到商周之际，在汉文文献中，对丁零人有钉灵、鬼方、翟、狄等不同称呼，其原始居住地在蒙古大沙漠以南及渭北、河套地区，是我国商、周王朝统治下的兄弟民族之一[4]。根据对古代人骨，特别是蒙古草原和东北地区古代人骨的研究，我国考古学界和人类学界一般认为：“在我国北方和东北地区发现的青铜时代和更晚的古人骨骼上，较常见北亚人种或北亚和东亚人种混合的性质。”“在中国境内，从旧石器时代到新石器时代和青铜时代，直到近代，除新疆以外的居民，都是蒙古人种。”[5]因此可以推测，丁零人属于蒙古人种。

由于受到商、周两大王朝的压迫，从商代后期，大约是武丁时期（公元前1200年左右）开始，丁零人逐渐向北，即外蒙古地区和西伯利亚南部迁徙。中国商代的甲骨卜辞和苏联学者在南西伯利亚的考古发掘都证明了这一迁徙[6]。苏联学者将公元前1200年至公元前700年南西伯利亚地区的文化称为“卡拉苏克期”。20 世纪 30～40 年代苏联考古学界在南西伯利亚地区大规模的考古普查发现，这一时期该地的居民大量增加，新来的居民是来自中国北部的蒙古人种。苏联学者认为这些迁徙者就是中国史书中的丁零人。对他们的头骨测量后得出结论：他们“高脸，圆而高的眼眶，中等高度或甚至扁平的鼻子占相当大的比例，这些特征在欧罗巴人种中是看不到的”；“他们接近远东人种的华北类型。”[7] 这一结论也为蒙古人民共和国的学者所承认。他们认为：“蒙古人民共和国境内所发现的这种古物既和南西伯利亚卡拉苏克式的古物相类似，又和中国境内长城以北所发现的古物相类似这一事实，有着很大的意义……无论在南西伯利亚的古代居民的人种类型上，或者在中国北部古代居民的人种类型上都可以找到许多相同的地方。中部叶尼塞和阿尔泰的卡拉苏克时期的特殊文化的产生与大批居民从中国北方向这里渗入有关。这些居民可能就是生活在戈壁和黄河之间的畜牧部落。”[8] 而我国考古学界则对外蒙古地区的原土著和后迁徙来的居民的种族特征作了更为明确的说明：“蒙古人民共和国新石器时代居民属大陆蒙古人种，脸型平而宽，颧骨微突，门齿为铲形，其渊源可上溯到当地旧石器时代晚期的居民。”[9]“公元前 1000 年，蒙古中部、东部和南部居民的人种类型同蒙古现今居民已无区别。”[10] 以上的研究，从时间和空间上都清楚地证明了，外蒙古地区的土著居民是蒙古人种，公元前 11 世纪后迁去的丁零人也属于蒙古人种。

从公元 4 世纪始，丁零在汉文史书中又被称为“铁勒”或“敕勒”；又以其车轮高大叫“高车”。下面，我们利用两个旁证来探讨铁勒人和回纥人的种族特征。公元前 3 世纪以后，丁零人曾长期役属于匈奴，他们与匈奴的关系极为密切。谨录几段史料以为证明：

《魏书·高车传》：“或云其先匈奴之甥也。其种有狄氏，袁纥（回纥）氏，……俗云匈奴单于生二女，……（小女）下为狼妻而产子，后遂滋繁成国，故其人好引声长歌，又似狼嗥。”

《隋书·铁勒传》：“铁勒之先，匈奴之苗裔也。”

《旧唐书·回纥传》：“回纥，其先匈奴之裔也，在后魏时号铁勒部落，其象（众）微小，其俗骁强；依托高车，臣属突厥，近谓之特勒（铁勒）。”

尽管匈奴与丁零人、铁勒人在语言和起源上的关系现在尚无定论，但他们在地域上交错杂处，过往甚密。史书的记载至少说明了两族间经常互为婚媾，而当代的研究尽管存在分歧，却一致承认他们在语言和种族上的密切联系[11]。匈奴人的种族特征，中外学者一般都公认是蒙古人种。韩康信等近年来的研究表明：“属于匈奴或可能与匈奴或鲜卑有关的材料都具有明显的蒙古人种性质，没有发现高加索人种的因素。”他们还认为匈奴人的头骨具有明显的北亚和北极蒙古人种混合的特征。[12]

匈奴人种族的研究，似乎可以作为丁零人、铁勒人直至回纥人的种族特征的旁证。

公元6世纪中叶以后，回纥成为突厥汗国的属部。突厥与回纥在语言、风俗和族源上相同，都属于丁零或铁勒，这是国内外大部分学者所公认的。突厥人于公元8世纪所立之碑铭中也称：“九姓乌护（回纥）本我族也。”[13]因此，回纥与漠北突厥人在种族特征上应该是相同的。有关突厥人的种族特征，可以找到比较确凿的材料：《通鉴》卷191，武德七年（624年）条：“突厥阿史那思摩入见，上引升御榻，慰劳之。思摩貌类胡，不类突厥，故处罗疑其非阿史那种，历处罗、颉利可汗，常为夹毕特勤，终不得典兵为设。”

阿史那思摩是突厥汗族，但因其母为中亚欧罗巴种的胡人，故其“貌类胡，不类突厥”。这说明突厥人的外貌是与欧罗巴种的胡人截然不同的，突厥人属于蒙古人种是很清楚的。但是唐代的另一条史料又提示我们，突厥人的外貌与中原的汉人也是有区别的：《资治通鉴》卷196，贞观十七年（643年）条：“（唐朝）太子（李承乾）……又好效突厥语及其服饰，选左右貌类突厥者五人为一落，辫发羊裘而牧羊……”

突厥人的外貌既与胡人截然不同而又与中原汉人有所区别，那么突厥人的外貌是什么样的呢？成书于11世纪的《亚米尼史》（阿拉伯文）一书在记述喀喇汗王朝军队中的突厥人时，说他们的外貌是“宽脸庞，小眼睛，扁鼻子，少毛发（胡须），持铁剑，服黑衣”[14]。如果我们把这个描写与存留至今的突厥墓前的石雕人像相比，可以看出他们是十分相似的[15]。而这种外貌特征与外蒙古新石器时代的居民似乎也很相似[9]。

突厥人的种族特征，显然可以作为回纥人种族特征的旁证。

关于回纥人的种族特征，缺乏确切的文字方面的史料。但在敦煌莫高窟、吐鲁番柏孜克里千佛洞、库车库木吐拉千佛洞等遗址中，却有相当丰富的壁画资料可供我们分析研究。

下面我们试析新疆吉木萨尔高昌回鹘佛寺遗址中的壁画。发掘者认为，这座寺庙可能建于10世纪，即五代宋初，是回纥西迁至新疆不久的时候。发掘报告指出："这座佛教寺庙塔殿结合，规模巨大，有些雕塑和壁画贴金，富丽堂皇，恐非民间力量所能为。遗址中有大量的回鹘文题记和回鹘装束的供养人，其中有两处位置显著的回鹘贵族供养人像旁之题记明确标为'神圣的亦都护之像'和'长史'、'公主'之像。'亦都护'即回鹘国主之号。据此，该寺庙当为高昌回鹘的王室寺院而非一般的佛教建筑。"在公布的几幅图片中，有两幅带有供养人像。其中在王者出行图下方画的一对供养人像，均方圆脸，弯眉，鱼形细眼，鼻子较高，朱唇小口。男者头戴桃形高冠，女者头戴桃形凤冠。显然为贵族。另一幅供养人图片中，共画有四人。可以完全看清的二人，也均为方圆脸，鱼形细眼，小口。其中一个鼻子低而阔，一个较高较窄。另外，保存较好的还有大量供养菩萨像，"形像大同小异：长圆脸、弯眉、细眼，鼻较高窄，朱唇小口，头戴花冠，辫发垂肩"。面貌与回纥供养人像极相似。这说明回纥人是在按自己的审美观，也就是按回纥人的外型特征塑造菩萨的形象[16]。

此外，在敦煌莫高窟61号窟和409号窟中被明确断定为回纥人形象的"高昌回纥王礼佛图"和"回鹘公主供养图"中的回纥王和公主形像，与上述吉木萨尔佛寺中的回纥人物面貌特征极相似，即方圆脸、弯眉、鱼形细眼、小口，只是鼻子稍宽。

另外，新疆库车库木吐拉79号窟的大量回纥供养人像，面部特征也与上述两地的基本相同。以上所举这几处回纥人的画像都很完整清晰。至于那些较模糊或残缺的画像数量就更多了，如果仔细辨认，其形象也与以上所举的特征相同。另外，除了库木吐拉一处之外，其他地区发现的回纥人画像面部都无胡须或很少胡须。

世界著名的突厥学家噶玛利女士曾专门搜集和研究回纥的绘画，她搜集的不仅有洞窟壁画，还有出土文书中的插图，因此她比我们所见更多。她认为，水平最高和最能代表回纥绘画特点的是在吐鲁番发现的绘画，"其中大多数最好的插画都是在摩尼教经书中"。她给予回纥画师的各类人物画以很高的评价，特别指出"人物面部在回纥艺术中至关重要"，其高超之处在于回纥画家在人物画的写实的技巧和意识方面“超过了东方的邻居（中原汉族画师）”，而且比历史悠久的龟兹艺术更发达。她指出：“与吐火罗人以及汉人一样，回鹘画家把老年和外邦人与青年及蒙古种人作了系统的区分。在吐火罗人的笔下，前者（外邦人）完全是一幅怪象，而汉地画家则表现出对外邦人‘丑相’的蔑视。然而回鹘人却找到了两者的根本区别。”她又指出：“我们从回鹘时代的壁画中可清楚区分出不同种型的人。”回鹘人按自己的美学观点描绘佛，“现今一些布里亚特蒙古人物很像这些画中佛的相貌”。在回纥人的绘画中，“族的特点都已固定和典型化了”[17]。这说明了回纥画家对不同人物的种族特征是能够准确反映的。

苏联学者吉洪诺夫在研究回纥绘画和雕塑时也指出：“（回纥）在塑像时很注意表现人像现实特征的细节部分。……对表现塑像细微处的努力，不仅标志个别艺术家之成熟，而且标志整个流派的成熟。一般化已不能满足人们的要求，而需要更接近现实生活的细节化。……在一些画面上可见到肖像画的特点。”[18]德国学者勒柯克也曾对回纥画家的这种特长进行过专门的论述[19]，他指出回纥画家这种肖像画的特长也是一种实际的需要。什么需要呢？噶玛利女士指出：“施主希望通过善行积累功德，做法是把自己或亲属的像画在进香的寺庙中。画家须画出施主的表情和相貌，以便能分辨出来而不会被错当作其他为了取得功德而为佛做好事的人。”[17]可见，回纥人所画人物像之精确写实程度，完全可以作为我们研究分析回纥人外貌特征的材料。

根据这些绘画和雕塑，学者们对回纥人的外貌特征又是如何评论的呢？

噶玛利指出，在回纥绘画中“西方人，如外邦商人，就像荷马喜欢描写的那样‘眼大如牛’，但回鹘贵族的面孔则满如圆月，鼻子稍勾，眼如杏仁，就像一般的蒙古人那样”；并认为回鹘人“不蓄胡须”[17]。吉洪诺夫对回鹘“欢乐公主”及其他贵族妇女的画像有较细致的描绘：“鼻子的凸骨不大，浓黑的头发梳成漂亮的与王冠很谐调的发式。眼窄且斜，表明为东亚型女像。……雅尔古城一寺院中出土的织物画也为这种风格。画的是面部特点为东亚型青年妇女像，眼睛画成杏眼。……头发黑而长。”[18] 噶玛利在文章最后总结道：“汉族人在族的特征上可能与突厥回纥人没有什么区别。我们只能从画中的服式或题词中加以区别。”[17]

根据我们汇集的这些零散的材料和不同的研究者的分析评论，回纥人在体质形态上表现为蒙古人种的特征似乎已经可以没有疑问了。但回鹘人与中原汉族人在外貌上是否有什么区别呢？从上引唐朝太子的材料可以证明，他们之间还是存在一些细小的差别的。这个差别应该是同属蒙古大人种范围之内的不同的分支的差别。这种细小的差别在一个白种的欧洲人眼里可能是难以觉察的，因此噶玛利的评论也是可以理解的；但在中原汉人眼里却是可以分辨出来的，因此唐朝太子李承乾就可以“选左右貌类突厥者”。这种差别到底是什么呢？

下面就以上总结出的回纥人的外貌特征试作进一步的分析，以探讨其在蒙古大人种中的位置。如一般所公认的，以华北地区居民为代表的汉族人主要表现为远东蒙古人种的特征。就外貌特征来看，回纥人毛发胡须较少，眼裂较窄（鱼形细眼较多，见于敦煌、吉木萨尔），外眼角高于内眼角，多数眼角可辨认出内眥褶，黑发，面部较平扁，眉骨较高等特点与汉族相近。这些均属于蒙古大人种的基本特征。而不同之处在于他们比中原汉族人脸部大而宽阔，正颌，鼻根较高较窄。这些均属于北亚蒙古人种的特征。因此我们似乎可以得出这样的结论：回纥人在外形特征上基本属于北亚蒙古人种，与我国现代的蒙古族人在种族特征上极相似。实际上，在蒙古草原，特别是回纥人发源的蒙古中部、东部和南部地区及贝加尔湖一带，自青铜器时代以来有关当地居民骨骼的研究成果都表明，当地居民主要表现为北亚蒙古人种的特点[5]。我国考古学界一般认为：“公元前一千年，这些地区的人种类型同蒙古现今居民已无区别。”[10]这一论断与蒙古人民共和国及一些苏联学者所持观点相同。[20]

二、回纥人与其后裔现代维吾尔人在人种特征上的区别

古代回纥人与现代维吾尔人在人种特征上是否相同？如果不同，差别是什么？这种差别又是如何产生的呢？

维吾尔族 90%以上的人口居于我国境内，而至今为止，国内对于维吾尔族体质人类学方面的研究还很粗浅。但仅仅根据这些粗浅的研究和观察，我们就可以看出维吾尔族与其祖先回纥人在体质特征上有明显的区别。

近年来，国内学者运用人类群体遗传学的方法，对包括维吾尔族在内的多民族进行了人种特征的研究。因为遗传因子具有明显的种族特异性，许多生物化学家和人类遗传学家认为，种族最严格的分类方式涉及各种遗传基因。各种基因在两个人群中出现次数的多寡或频率的高低被认为是这两个人群之间差异大小的一种标志。因此，根据各种基因在不同人群中的分布频率，就可以较精确地计算出他们之间的遗传距离。人类血型是以一种简单的方式遗传的，并且不因环境而改变，因此在研究人种分类时，比传统方法更为可靠。下面我们简单介绍一下这些研究的结果。

袁义达等人在计算了维吾尔族、汉族、回族、蒙古族、侗族、高山族、朝鲜族和壮族8个民族红细胞抗原常见等位基因数等共6项数据之后提出：在这8个民族中，①维吾尔族基因的多态程度最高，其红细胞血型的多态程度接近于白种人；②维吾尔族的血型组合数最高，是侗族的10倍，高山族的6倍，回族的5倍，蒙古族的近3倍；③维吾尔族的红细胞血型AB、Rh（D-）型组合的频率与其他7个民族存在很大差异，这个数值大约是汉族和北方其他民族的10倍，是南方民族的40～200倍，接近白种人的相应值。最后，文章得出结论：维吾尔族在历史上与中亚细亚的民族有较多的接触和混杂，其遗传组成上表现出更大的复杂性和多样性，其血型的遗传组成上表现出蒙古人种与高加索人种混杂的迹象。[21]

赵桐茂等人在《免疫球蛋白同种异型Gm因子在40个中国人群中的分布》[22]一文中指出：Gmfb单倍型因子是高加索人种特有的，而在所调查的40个中国人群中，只有维吾尔族、哈萨克族和回族中存在此种因子。而在这三个民族中，又以维吾尔族中存在的这种因子最多，分别是回族的5倍和哈萨克族的1.5倍。这说明了这三个民族中混合有高加索人种的血缘，而维吾尔族所混合的高加索人种血缘最多。

赵桐茂等人在《用HLA基因频率计算人群间的遗传距离》[23]一文中，根据不同民族和人群间遗传基因频率的数据，计算了包括维吾尔族在内的国内11个民族及国外6个人群间的遗传距离，并得出结论：①在属于蒙古人种的群体中，汉族、壮族、瑶族、侗族、藏族、彝族为一组，其中汉族首先依次和壮族、瑶族、侗族相聚，然后与藏族相聚，最后与彝族相聚。蒙古族、哈萨克族、回族、维吾尔族为一组，蒙古族首先与哈萨克族相聚，再与回族相聚，最后与维吾尔族相聚。② HLA-AL 和 BW21 等基因，在高加索人种中存在的频率比较高，而在东方人中比较少，维吾尔族的这些基因存在的频率比国内其他民族高，接近高加索人种的数值。这些事实提示维吾尔族有高加索人种血缘。而被认为是蒙古人种特有的 HLA-BW46 抗原，在维吾尔人中仍占有相当比例（6%），基因频率约为汉族人的一半。而且根据遗传距离，维吾尔族也首先和蒙古族、哈萨克族、回族相聚，然后再和朝鲜族、日本人以及汉族、壮族等一大组相聚，最后才与尼格罗人及高加索人种相聚。这说明，即使维吾尔族有高加索人种血缘，其程度也是有限的。可见维吾尔族的人种底子还是蒙古人种，只混杂了有限的高加索人种血缘。

根据上面介绍的这些研究成果，现代维吾尔人与其古代的先民回纥人在种族特征上相比，显然已出现了很大的差异。这种差异即在于现代维吾尔人已明显具有部分高加索人种的特征。关于维吾尔人所具有的高加索人种特征，也为英国学者乔伊斯和苏联学者切博克萨罗夫等人所证实[24]。当然即使没有以上这些科学方法的分析，我们仅仅把古代绘画中回纥人的形象[25]与现今新疆的维吾尔人作一对比，双方的差异也是显而易见的，即现代维吾尔人眼窝较深，鼻梁较高，脸形较窄等。而这种差异是如何产生的？是在什么时期产生的呢？

公元 840 年，曾统治着整个蒙古草原的回纥汗国在天灾、内乱和北方黠戛斯人的进攻下崩溃了。草原上牲畜大量死亡，首都被焚烧劫掠一空，回纥人于是分成几支向西、南等方向迁徙，寻找新的生路。西迁的有三支：一支到达葱岭西，与葛逻禄等铁勒部一起建立了喀喇汗王朝，首都在八剌沙衮（今吉尔吉斯托克马克市附近）和喀什；一支到达吐鲁番，形成了后来的高昌回纥王国；一支到达甘州（张掖），形成甘州回纥。高昌回纥和喀喇汗王朝分别控制着塔里木盆地的东西两端，他们又逐渐推进，进占了整个塔里木盆地并与当地的土著融合。经过几个世纪，到了 15 世纪末 16 世纪初，整个塔里木盆地内，原土著的和后迁来的居民在语言、宗教、生活习惯和人种特征等各个方面已经基本融为一体，现代意义上的维吾尔族就形成了。古代回纥人与现代维吾尔族人在体质特征上的差异，正是回纥与塔里木土著融合的结果。而在回纥西迁以前，塔里木的土著居民又是什么样的体质特征呢？

塔里木土著居民成分尽管是复杂的，但大体上分为欧洲人种的胡人和蒙古种的羌人、汉人两类。国内外大部分学者认为以欧洲人种的胡人为主[21]。这方面的史料是相当丰富的，如曾身历其境的东晋的法显和唐代的玄奘和尚都非常形象地描绘了当地居民的胡人特征[26]。《北史》于阗国条称：“自高昌以西诸国人皆深目高鼻。”耿世民先生总结这些记载称：“古代塔里木盆地在纪元后第一个千年期间居住着几个具有较高文化发展水平的、操不同语言，一般说属于深目高鼻类型的民族集团。”[27]近年来考古学和人类学的研究也与上述看法相同。韩康信先生总结这些研究指出：“新疆地区的原住古代居民是高加索人种的族系。”[5]另外，塔里木盆地的古代壁画和语言学材料，也证实了以上的论断[28]。

外貌呈现蒙古人种特征的回纥人与塔里木土著的深目高鼻类型的居民，经过几百年的融合及以后外来居民的几次较小规模的渗入和冲击，就形成了现代意义上的维吾尔族。他们在人种特征上与古代的回纥人已有了很明显的差异；同时，他们也与古代塔里木盆地高加索类型的居民有了更大的差异，因为目前的研究表明，维吾尔人种的底子仍是以蒙古人种为主，只是混合了部分高加索人种因素。目前，对新疆维吾尔族的体质人类学调查还刚刚开始，十分粗浅。但这种粗浅的调查就已经表明，塔里木盆地不同地区的维吾尔族，在外貌上还是有区别的[21, 29]。笔者认为，这主要是东、西方向上的差别，即东边的居民蒙古人种特征鲜明一些，而西边则相反。对维吾尔族民间音乐的研究，也可与我们的这种看法互相印证，即与蒙古草原上流传下来的古代民歌曲调的关系，东疆最近，西疆最远[30]。这说明了维吾尔族在其形成过程中，掺入的高加索人种的血缘是自西向东逐渐减弱的。究其原因，从地理上看，因为新疆是蒙古人种与欧洲人种的交界地带；从历史上看，虽然公元840年回纥西迁是蒙古人种最大规模的一次迁入，从而奠定了这里人种变化的基础，但在此前后的历史时期中，塔里木盆地也曾屡次受到来自东西方的不同种族和文化的冲击并且留下了自己的痕迹。数千年来，塔里木盆地所有这些地理位置的历史事件的影响都沉积于维吾尔族人的身上，于是造就了他们今天这样美丽英武的外貌和斑斓多彩的文化。

研究一个民族在人种特征上的演变，可以帮助我们了解这个民族在历史上的发展和形成过程。现代维吾尔族在人种特征上融合古代回纥人与古代塔里木土著居民于一体的事实，似乎可以给予我们如下提示：古代来自蒙古草原的回纥人和塔里木盆地的土著居民都是维吾尔族的祖先。

注释：

[1] 马长寿. 1961. 突厥和突厥汗国. 上海：上海人民出版社.

[2] 吴汝康. 1958. 人类学纲要. 中央民族学院打印本.

[3]《新唐书·黠戛斯传》;《通典·驳马传》.

[4] 段连勤. 1979. 我国丁零族的原始居地和北迁. 西北大学学报，(4).

[5] 韩康信，等. 1984. 古代中国人种成分研究. 考古学报，2.

[6] 吉谢列夫. 1985. 南西伯利亚古代史（上册）. 新疆社会科学院民族研究所汉译本，参见卡拉苏克期及参注 1.

[7] 吉谢列夫. 1985. 南西伯利亚古代史（上册）. 新疆社会科学院民族研究所汉译本，57.

[8] 蒙古人民共和国科学委员会，苏联社会科学院. 1954. 蒙古人民共和国通史. 韩儒林，等，译. 北京：科学出版社，46.

[9]《中国大百科全书》(考古卷)："蒙古人民共和国境内新石器文化"条.

[10]《中国大百科全书》(考古卷)："蒙古人民共和国境内青铜器时代和早期铁器时代文化"条.

[11] 马长寿. 1962. 北狄与匈奴，上海人民出版社；[日本]白鸟库吉. 1923. 蒙古民族起源考. 史学杂志；何星亮. 1982. 匈奴语试释. 中央民族学院学报，(1).

[12] 韩康信，等. 1986. 古代中国人种成分研究；潘其风. 1986. 从颅骨资料看匈奴族的人种//中国考古学研究——夏鼐先生考古五十年纪念论文集（第二集）. 北京：科学出版社.

[13] 突厥文《阙特勤碑》；岑仲勉. 1961. 突厥集史（下册）. 北京：中华书局.

[14] W. Barthold. 1977. Turkestan Down to the Mongol Invasion. E.J.W.GIBB MEMORIAL TRUST，273.

[15] 文物出版社 1985 年《新疆古代民族文物》图 285、图 288、新疆温泉县突厥石人像。在自治区博物馆存放有此石像原件。另外，虽然英国学者基思（A. Keith）和俄国学者 C. E. 马洛夫等人都曾发表过关于突厥人

头骨的研究报告，并且尽管他们也都认为这些头骨基本属于蒙古人种类型，但他们所报告的这些头骨，一部分年代太晚，属于10～15世纪；另外的一些是否确属突厥人头骨还有疑问，因此我们无法作为依据。关于他们的研究，请参见韩康信. 1985. 新疆古代居民种族人类学的初步研究. 新疆社会科学，（6）.

［16］中国社会科学院考古研究所新疆工作队. 1983. 新疆吉木萨尔高昌回鹘佛寺遗址. 考古，（7）.

［17］《噶玛利回鹘绘画》，载《突厥语研究通讯》第9期，中国突厥语研究会编印。

［18］吉洪诺夫. 1978. 回鹘文化与风习. 民族史译文集，（6）.

［19］勒柯克《高昌画册》表40，见吉洪诺夫上文转引部分.

［20］王攸琪. 1985. 苏联民族概况. 中国社会科学学院民族研究所编印本，91.

［21］袁义达，等. 1985. 中国不同人群的红细胞抗原多态性及血型组合. 人类学学报，4（2）.

［22］《人类学学报》1987年2月六卷一期.

［23］《人类学学报》1984年5月三卷二期.

［24］韩康信. 1985. 新疆古代居民种族人类学的初步研究. 新疆社会科学，（6）；林惠祥. 1983. 中国民族史（下）. 台湾商务印书馆，293–296.

［25］参见《新疆古代民族文物》图304回鹘贵族供养人；沈从文编《中国古代服饰研究》图96唐末五代回鹘进香人，商务印书馆1981年.

［26］见《法显传》、《大唐西域记》.

［27］耿世民. 1982. 试论塔里木盆地民族的融合和近代维吾尔族的形成//新疆历史论文续集. 乌鲁木齐：新疆人民出版社.

［28］见新疆克孜尔千佛洞壁画. 耿世民. 1978. 新疆古代语文的发现与研究. 中央民族学院学报（2）.

［29］［俄］尼·鲍戈亚夫连斯基. 1980. 长城外的中国西部地区. 北京：商务印书馆，第九章.

［30］杜亚雄，1981. 裕固族西部民歌研究. 甘肃民族研究，12（创刊号）.

5　山西汉族体质特征

李咏兰[1]　陆舜华[1]　郑连斌[2]　国　海[1]
曹　瑜[1]　陈　琛[1]　郑思平[1]

1. 内蒙古师范大学生命科学与技术学院；2. 天津师范大学
生命科学学院，天津市动植物抗性重点实验室

自20世纪80年代初以来，关于我国少数民族体质人类学研究的报道较多。汉族体质研究资料相对缺乏。汉族是世界上人口最多的民族，构成了中华民族的主体。汉族体质资料也是世界民族体质资料库中最重要的组成部分之一。在汉族形成过程中，融入了大量的周边少数民族人口，造成不同地域的汉族存在一定的遗传差异。再者，由于汉族分布地域辽阔，各地区汉族人生活的地理环境、饮食习惯均有差别，因此，不同地域的汉族可能形成不同的体质特征。山西省是汉族的发祥地之一，在汉族形成的过程中，山西汉族具有重要地位。在山西汉族形成过程中曾融入北狄、匈奴、鲜卑等古代民族的基因。在明朝初年，因战乱中原地区人口骤减，山西汉族人口大量迁徙到河北、河南、山东等地，是当今河北、河南、山东汉族的来源之一。在清末、民国年间，山西汉族人大量走西口，进入内蒙古中西部，成为现今内蒙古中西部汉族来源之一。山西汉族操晋语，晋语是汉语的重要方言，目前在山西省、陕西北部、内蒙古中西部汉族人均操晋语[1]。祁县位于山西省中部，太岳山北麓，太原盆地南部，汾河东岸，境域面积854平方千米。2004年人口26.1万人。其地理坐标介于东经112°12'5"～112°39'6"，北纬37°4'5"～37°28'6"之间，从山地、丘陵逐渐过渡到平原，平川地区地势平坦，土壤肥沃，水源充足，为主要产粮区。祁县属温带大陆性气候，四季变化分明，年平均气温9.9 摄氏度，年平均日照时数 2675 小时，年平均降水量441.8毫米。祁县为国家历史文化名城。山西汉族体质资料至今未见报道，为此，我们赴祁县开

展了山西汉族的体质人类学研究。

一、研究对象与方法

本课题组于2009年8月赴山西省祁县调查了城市汉族303例（男为150例，女为153例）成人体质数据，在东观乡东六支村调查了乡村汉族500例（男为251例，女为249例）。被调查者身体健康，无明显影响测量值的疾病，并且均为世居当地3代以上的汉族人。被调查者男性年龄为45.26±15.47岁，女性为45.62±15.22岁。调查时采用随机抽样方法来确定被调查对象。调查方法严格按照Martin[2]、《人体测量方法》[3]和《人体测量手册》[4]进行。调查指标共86项，其中观察指标17项，测量项目69项。调查数据采用Excel、SPSS软件统计处理。

二、结果

山西汉族头面部、体部测量结果见表5-1，头面部、体部39项指数值见表5-2，头面部、体部指数分型及身高分型见表5-3，17项观察项目结果见表5-4，聚类分析结果见图5-1、图5-2。

表5-1 山西汉族头面部、体部测量结果（毫米，千克）

Table 5-1 The results of anthropometry of head, face and body of Han of Shanxi (mm,kg)

马丁号	项目 Variable	男 Male						女 Female					
		城市 Urban		乡村 Rural		合计 Total		城市 Urban		乡村 Rural		合计 Total	
		$\bar{X}$	S	$\bar{X}$	S	$\bar{X}$	S	$\bar{X}$	S	$\bar{X}$	S	$\bar{X}$	S
	体重 body weight(kg)	69.6	10.2	65.1	11.1	66.8	11.0	59.2	9.9	59.4	10.4	59.3	10.2
1	头长 head length	182.4	7.4	181.0	6.5	181.5	6.9	174.0	6.6	174.2	6.5	174.2	6.5
3	头宽 head breadth	157.9	6.8	155.8	6.6	156.6	6.7	151.2	5.6	149.7	6.4	150.2	6.2
4	额最小宽 Min. frontal breadth	93.3	6.1	100.5	7.3	97.8	7.7	90.7	6.0	97.8	6.3	95.1	7.1

续表

马丁号	项目 Variable	男 Male						女 Female					
		城市 Urban		乡村 Rural		合计 Total		城市 Urban		乡村 Rural		合计 Total	
		X̄	S	X̄	S	X̄	S	X̄	S	X̄	S	X̄	S
6	面宽 face breadth	146.6	6.4	145.6	6.1	146.0	6.2	138.8	4.7	138.6	5.6	138.7	5.3
8	下颌角间宽 bigonial breadth	119.5	7.4	115.6	7.1	117.1	7.5	112.6	5.7	110.3	6.4	111.2	6.3
9	眼内角间宽 interocular breadth	39.8	3.1	40.0	3.5	39.9	3.3	38.7	2.9	38.1	3.3	38.4	3.2
10	眼外角间宽 external biocular breadth	90.4	5.1	90.1	4.9	90.2	5.0	87.0	4.2	84.9	4.5	85.7	4.5
13	鼻宽 nose breadth	37.9	2.8	38.2	2.9	38.1	2.9	35.2	2.6	35.8	2.7	35.5	2.7
14	口裂宽 mouth breadth	51.3	3.7	52.1	4.1	51.8	3.9	48.6	3.4	48.9	3.5	48.8	3.5
15	容貌面高 physiognomic facial ht.	193.8	12.0	191.2	10.9	192.2	11.4	182.7	8.0	179.5	11.6	180.7	10.5
18	形态面高 morphological facial ht.	129.6	11.7	126.8	7.4	127.8	9.3	120.4	7.1	118.6	6.5	119.3	6.8
21	鼻高 nose height	56.5	3.8	56.1	4.2	56.3	4.0	53.1	3.9	53.2	3.6	53.2	3.7
	鼻长 nose length	48.8	3.7	48.5	4.1	48.6	3.9	45.4	3.8	45.2	3.6	45.3	3.7
	鼻深 nasal depth	17.4	1.9	17.8	2.1	17.6	2.0	15.6	1.8	16.1	1.9	15.9	1.9
	上唇皮肤高 upper lip height	18.2	3.0	18.3	2.7	18.3	2.9	16.5	2.7	17.1	2.6	16.9	2.7
25	唇高 lip height	16.7	3.2	16.1	3.4	16.3	3.3	15.7	3.1	15.6	3.3	15.6	3.2
	上红唇厚度 thickness of lips	7.7	1.9	7.2	2.0	7.4	2.0	7.2	1.6	7.1	1.7	7.1	1.7
29	容貌耳长 physiognomic ear length	67.5	4.8	66.2	5.6	66.7	5.3	62.4	4.9	62.6	5.0	62.6	5.0
30	容貌耳宽 physiognomic ear breafth	32.5	2.9	33.2	3.0	32.9	3.0	30.8	2.8	32.0	2.7	31.6	2.8
7	指距 span of arms	1690.3	72.6	1690.7	69.8	1690.6	70.8	1551.9	61.8	1543.7	66.5	1546.8	64.8
1	身高 stature	1675.2	61.4	1660.5	62.6	1666.0	62.5	1558.1	57.5	1539.0	56.2	1546.3	57.4

续表

马丁号	项目 Variable	男 Male						女 Female					
		城市 Urban		乡村 Rural		合计 Total		城市 Urban		乡村 Rural		合计 Total	
		X̄	S	X̄	S	X̄	S	X̄	S	X̄	S	X̄	S
2	耳屏点高 tragion height	1544.9	59.1	1532.0	59.8	1536.8	59.8	1430.1	56.2	1422.5	54.5	1425.4	55.2
8	肩峰点高 acromion height	1370.8	54.3	1365.5	54.1	1367.5	54.2	1268.1	51.1	1265.7	49.9	1266.6	50.3
4	胸上缘高 suprasternal height	1363.5	52.5	1354.7	54.4	1358.0	53.8	1263.6	49.5	1258.8	49.5	1260.6	49.5
9	桡骨点高 radiale height	1054.6	44.2	1045.7	43.0	1049.0	43.6	976.2	41.4	977.1	40.9	976.8	41.0
10	茎突点高 radiale stylion height	818.6	37.6	810.6	37.0	813.6	37.4	759.4	34.7	761.1	33.6	760.5	34.0
11	指尖点高 middle finger tip ht.	640.1	32.6	632.0	33.2	635.0	33.2	594.9	32.2	597.0	31.8	596.2	31.9
13	髂前棘点高 iliospinale anterior ht.	909.7	43.2	908.1	43.6	908.7	43.4	843.2	36.2	848.3	35.7	846.4	36.0
15	胫骨上点高 tibial height	425.3	23.2	422.3	23.7	423.4	23.5	391.1	20.2	391.3	19.9	391.3	20.0
16	内踝下点高 height of foot	70.0	5.5	67.5	5.7	68.4	5.8	62.2	5.1	61.9	4.9	62.0	5.0
23	坐高 sitting height	913.5	34.2	903.6	34.3	907.3	34.6	853.5	36.0	852.9	33.8	853.1	34.6
	肱骨内外髁径 biep. Breadth of humerus	66.4	3.7	63.1	4.2	64.4	4.3	64.8	4.0	62.6	6.1	63.5	5.5
	股骨内外髁径 biep. Breadth of femur	103.2	8.1	99.2	7.1	100.7	7.7	96.7	8.0	95.3	8.7	95.8	8.5
58	足长 foot length	242.1	12.2	243.0	11.4	242.7	11.7	223.5	10.0	222.9	10.3	223.2	10.2
59	足宽 foot breadth	96.1	9.0	97.6	6.0	97.0	7.3	88.6	5.0	87.6	6.1	88.0	5.7
52	手宽 hand breadth	83.1	4.0	83.7	4.0	83.5	4.0	74.8	4.0	75.0	3.9	75.0	3.9
35	肩宽 shoulder breadth	381.4	17.8	376.0	16.4	378.0	17.1	348.9	15.5	343.9	19.2	345.8	18.0
36	胸宽 chest breadth	289.0	19.6	284.3	19.3	286.1	19.6	266.4	18.9	268.9	21.6	267.9	20.6
40	骨盆宽 cresta iliaca breadth	295.7	23.2	288.4	19.7	291.1	21.3	284.8	21.5	277.2	22.3	280.1	22.3

续表

马丁号	项目 Variable	男 Male						女 Female					
		城市 Urban		乡村 Rural		合计 Total		城市 Urban		乡村 Rural		合计 Total	
		X̄	S	X̄	S	X̄	S	X̄	S	X̄	S	X̄	S
45	头水平围 head circumference	566.5	16.8	557.4	16.3	560.8	17.1	549.3	14.9	545.8	15.5	547.1	15.4
63	颈围 neck girth	370.1	23.2	358.2	24.8	362.7	24.9	326.4	21.7	329.1	23.5	328.1	22.8
61	平静胸围 chest circumference	942.7	73.3	919.1	70.5	927.9	72.4	890.6	68.8	898.5	78.1	895.5	74.7
	吸气胸围 chest circ. at inspiration	982.3	72.6	956.8	70.6	966.4	72.3	924.3	67.5	933.2	76.4	929.9	73.1
	呼气胸围 chest circ. at expiration	926.9	75.0	899.8	71.1	909.9	73.7	877.1	69.8	883.6	79.7	881.1	76.1
	腹围 abdominal circ.	888.4	97.9	843.0	104.7	860.0	104.4	825.8	97.5	854.0	112.4	843.3	107.7
	臀围 hip circumference	959.9	99.2	935.9	63.7	944.9	79.6	951.7	72.2	964.5	83.3	959.6	79.4
68	大腿围 maximum thigh circ.	510.7	39.4	486.9	44.7	495.8	44.3	516.0	45.6	525.9	45.7	522.2	45.9
69	小腿围 calf cricumference	359.8	28.8	346.0	29.1	351.1	29.8	344.0	27.9	343.9	30.2	344.0	29.4
65	上臂围 biceps circumference	275.1	23.8	267.6	27.9	270.4	26.7	259.2	26.9	263.7	28.5	262.0	28.0
66	前臂围 maximum forearm circ.	266.2	20.0	260.1	20.1	262.4	20.3	239.1	23.0	241.1	20.3	240.4	21.4
	上臂最大围 maximum biceps circ.	313.8	28.5	304.1	33.0	307.7	31.7	288.1	30.7	291.8	32.1	290.4	31.6
	面颊皮褶 faciat skinfold	8.8	1.4	8.5	1.4	8.6	1.4	11.2	1.2	12.1	1.3	11.8	1.3
	三头肌皮褶 triceps skinfold	10.7	1.4	9.7	1.5	10.1	1.5	14.9	1.3	14.6	1.3	14.7	1.3
	二头肌皮褶 biceps skinfold	5.1	1.6	4.7	1.7	4.8	1.7	7.8	1.5	8.0	1.5	7.9	1.5
	肩胛下皮褶 subscapular skinfold	18.6	1.4	15.6	1.5	16.7	1.5	20.9	1.2	20.1	1.3	20.4	1.3

续表

马丁号	项目 Variable	男 Male						女 Female					
		城市 Urban		乡村 Rural		合计 Total		城市 Urban		乡村 Rural		合计 Total	
		X̄	S	X̄	S	X̄	S	X̄	S	X̄	S	X̄	S
	髂前上棘皮褶 suprailiac skinfold	17.0	1.4	13.7	1.6	14.8	1.6	19.9	1.3	18.8	1.3	19.2	1.3
	腓肠肌皮褶 calf skinfold	8.8	1.3	8.5	1.4	8.7	1.4	10.4	1.3	11.4	1.3	11.0	1.3
15	耳上头高 auricular height	130.4	10.8	128.5	12.8	129.2	12.1	128.0	8.3	116.5	9.4	120.9	10.6
25	躯干前高 ht.sup. notch above sit. plane	601.7	27.1	597.7	29.7	599.2	28.8	559.1	30.3	572.6	28.3	567.5	29.8
45	上肢全长 upper extremity length	730.6	33.8	733.6	35.2	732.5	34.7	673.2	29.7	668.7	32.2	670.5	31.4
53	下肢全长 lower extremity length	873.1	38.8	872.6	40.1	872.8	39.6	814.6	33.6	821.4	32.4	818.8	33.0
46	全臂长 total leg length	552.2	28.3	555.0	30.0	553.9	29.4	508.7	25.8	504.7	27.6	506.2	27.0
47	上臂长 upper arm length	316.1	17.7	319.9	19.2	318.5	18.7	291.9	17.0	288.6	17.4	289.9	17.4
48	前臂长 forearm length	236.0	14.2	235.1	15.5	235.5	15.0	216.7	12.0	216.0	14.6	216.3	13.7
49	手长 hand length	178.5	10.9	178.6	12.4	178.6	11.9	164.6	8.8	164.1	9.4	164.3	9.2
54	全腿长 total leg length	806.1	39.6	807.0	40.8	806.7	40.3	749.7	32.7	755.0	32.8	753.0	32.8
55	大腿长 thigh length	450.5	23.3	451.8	28.9	451.3	27.0	420.5	20.5	425.0	21.9	423.3	21.5
56	小腿长 leg length	355.3	21.6	354.8	22.7	355.0	22.2	328.9	18.5	329.4	18.6	329.2	18.6

注：皮褶厚度值为非正态分布，表中均数为几何均数，标准差为几何均数的标准差。

表 5-2　山西汉族头面部和体部各项指数

Table 5-2　Indices of head，face and body of Han of Shanxi

项　目 Variable	男 Male						女 Female					
	城市 Urban		乡村 Rural		合计 Total		城市 Urban		乡村 Rural		合计 Total	
	X̄	S	X̄	S	X̄	S	X̄	S	X̄	S	X̄	S
头长宽指数 length-breadth index of head	86.7	5.1	86.2	4.9	86.4	5.0	87.0	4.6	86.0	4.8	86.4	4.7

续表

项　目 Variable	男 Male						女 Female					
	城市 Urban		乡村 Rural		合计 Total		城市 Urban		乡村 Rural		合计 Total	
	X̄	S	X̄	S	X̄	S	X̄	S	X̄	S	X̄	S
头长高指数 length-height index of head	71.5	6.2	71.1	7.3	71.3	6.9	73.7	5.6	66.9	5.9	69.5	6.6
头宽高指数 breadth-height index of head	82.7	7.4	82.5	7.8	82.6	7.7	84.7	5.7	77.9	6.1	80.5	6.8
额顶宽度指数 transverse frontoparietal index	59.1	3.4	64.6	5.1	62.6	5.2	60.0	3.9	65.4	4.3	63.4	4.9
形态面指数 morphological facial index	88.6	9.1	87.2	5.9	87.7	7.3	86.8	5.2	85.7	4.9	86.1	5.1
容貌面指数 physiognomic facial index	132.4	9.4	131.5	8.7	131.9	8.9	131.7	6.2	129.6	8.5	130.4	7.7
头面宽指数 transverse cephalo-facial index	92.9	3.2	93.5	3.5	93.3	3.4	91.9	2.8	92.7	3.4	92.4	3.2
头面高指数 vertical cephalo-facial index	100.1	12.9	99.7	11.9	99.9	12.4	94.4	7.2	102.4	9.4	99.4	10.4
颧额宽指数 zygomatico-frontal index	63.7	3.5	69.1	5.0	67.1	5.2	65.4	4.1	70.6	4.5	68.6	5.1
鼻指数 height-breadth index of nose	67.4	6.7	68.5	7.1	68.1	7.0	66.5	6.4	67.4	6.3	67.1	6.3
口指数 lip index	32.9	6.8	31.1	7.4	31.8	7.2	32.5	7.0	32.0	7.2	32.2	7.2
容貌耳指数 physiognomic index of ear	48.3	4.1	50.3	4.3	49.5	4.4	49.6	4.2	51.3	5.0	50.6	4.8
身高坐高指数 stature-sitting height index	54.5	1.3	54.4	1.2	54.5	1.2	54.8	1.3	55.4	1.2	55.2	1.3
身高体重指数 stature-weight index	415.2	57.5	391.4	62.2	400.3	61.5	379.5	58.7	385.8	64.0	383.4	62.1
身高胸围指数 stature-chest cir index	56.3	4.8	55.4	4.5	55.8	4.6	57.2	4.6	58.4	5.3	58.0	5.1
身高肩宽指数 stature-shoulder breadth index	22.8	1.0	22.7	1.0	22.7	1.0	22.4	0.8	22.4	1.1	22.4	1.0

续表

项目 Variable	男 Male						女 Female					
	城市 Urban		乡村 Rural		合计 Total		城市 Urban		乡村 Rural		合计 Total	
	X̄	S	X̄	S	X̄	S	X̄	S	X̄	S	X̄	S
身高骨盆宽指数 stature-cristal index	17.7	1.4	17.4	1.2	17.5	1.2	18.3	1.4	18.0	1.5	18.1	1.5
身高躯干前高指数 stature-height of suprasternal notch above sitting plane index	35.9	1.3	36.0	1.4	36.0	1.4	35.9	1.4	37.2	1.3	36.7	1.5
肩宽骨盆宽指数 acromio-cristal index	77.6	6.1	76.7	4.8	77.1	5.3	81.7	6.0	80.8	7.3	81.1	6.9
马氏躯干腿长指数 Manouvriers' skelic index	83.4	4.2	83.8	4.1	83.7	4.1	82.6	4.3	80.5	4.0	81.3	4.2
坐高下身长指数 sitting height-lower extremity length index	1.2	0.1	1.2	0.1	1.2	0.1	1.2	0.1	1.2	0.1	1.2	0.1
Erismann 指数 Erismann's index	10.5	7.9	8.9	7.4	9.5	7.6	11.2	7.1	12.9	8.0	12.2	7.7
Vervaeck 指数 Vervaeck's index	97.9	9.8	94.6	10.0	95.8	10.1	95.2	9.8	97.0	11.2	96.3	10.8
Rohrer 指数 Rohrer's index	1.5	0.2	1.4	0.2	1.5	0.2	1.6	0.2	1.6	0.3	1.6	0.3
Broca 指数 Broca's index	2.0	10.1	−1.0	10.4	0.2	10.4	3.4	9.1	5.5	10.0	4.7	9.7
Livi 指数 Livi's index	24.5	1.2	24.2	1.3	24.3	1.3	25.0	1.3	25.3	1.4	25.2	1.4
Pelidisi 指数 Pelidisi's index	96.8	4.8	95.7	5.1	96.1	5.0	98.2	5.1	98.3	5.8	98.3	5.5
身高指距指数 stature-Span of arms index	100.9	2.2	101.8	2.3	101.5	2.3	99.6	2.2	100.3	2.4	100.1	2.4
身高上肢长指数 stature-upper limb length index	43.6	1.2	44.2	1.4	44.0	1.4	43.2	1.2	43.5	1.4	43.4	1.3
身高下肢长指数 stature-lower limb length index	52.1	1.4	52.6	1.8	52.4	1.7	52.3	1.2	53.4	1.3	53.0	1.4
上下肢长度指数 intermembral index	83.7	2.4	84.1	3.5	84.0	3.2	82.7	2.3	81.4	2.5	81.9	2.5
上臂前臂指数 arm length index	74.8	4.1	73.6	4.7	74.1	4.5	74.4	4.0	75.0	4.8	74.7	4.5
大小腿长指数 femoro-tibial index	78.9	4.2	78.9	9.1	78.9	7.7	78.3	4.5	77.7	5.0	77.9	4.8

续表

项　目 Variable	男 Male						女 Female					
	城市 Urban		乡村 Rural		合计 Total		城市 Urban		乡村 Rural		合计 Total	
	$\bar{X}$	S	$\bar{X}$	S	$\bar{X}$	S	$\bar{X}$	S	$\bar{X}$	S	$\bar{X}$	S
BMI 体质指数 BMI index	24.8	3.5	23.6	3.7	24.0	3.6	24.4	3.7	25.1	4.1	24.8	4.0
上臂长围指数 upper arm length-girth index	87.3	9.1	84.0	10.2	85.2	9.9	89.0	10.1	91.8	12.2	90.7	11.5
前臂长围指数 forearm length-girth index	113.2	10.4	111.1	11.3	111.9	11.0	110.6	11.8	112.0	10.8	111.5	11.2
大腿长围指数 thigh length-girth index	113.6	10.5	108.3	13.5	110.3	12.7	122.9	10.9	124.0	11.9	123.6	11.5
小腿长围指数 lower leg length-girth index	101.6	10.1	98.0	11.1	99.4	10.9	104.9	9.8	104.7	10.5	104.8	10.2
大小腿围指数 leg girth index	70.6	4.8	71.2	4.3	71.0	4.5	66.9	4.7	65.5	3.9	66.0	4.3

表 5-3　山西汉族头面部、体部指数分型及身高分型

Table 5-3　Classification of indices of head，face，body and stature of Han of Shanxi (n,%)

指数 Index	类　型 Type	男 Male				女 Female			
		乡村 Rural		城市 Urban		乡村 Rural		城市 Urban	
		n	%	n	%	n	%	n	%
身高类型 stature type	过矮（男<1500，女<1400）	4	1.6	1	0.7	1	0.4	1	0.7
	矮（男 1500～1599，女 1400～1489）	31	12.4	13	8.7	47	18.9	15	9.8
	亚中等（男 1600～1639，女 1490～1529）	56	22.3	26	17.3	63	25.3	21	13.7
	中等（男 1640～1669，女 1530～1559）	56	22.3	29	19.3	51	20.5	44	28.8
	超中等（男 1670～1699，女 1560～1589）	34	13.5	28	18.7	39	15.7	32	20.9
	高（男 1700～1799，女 1590～1679）	64	25.5	50	33.3	47	18.9	37	24.2
	很高（男≥1800，女≥1680）	6	2.4	3	2.0	1	0.4	3	2.0

续表

指数 Index	类型 Type	男 Male				女 Female			
		乡村 Rural		城市 Urban		乡村 Rural		城市 Urban	
		n	%	n	%	n	%	n	%
头长宽指数 length-breadth index of head	过长头型（<71.0）	0	0.0	0	0.0	0	0.0	0	0.0
	长头型（71.0～75.9）	4	1.6	3	2.0	3	1.2	3	2.0
	中头型（76.0～80.9）	32	12.7	15	10.0	26	10.4	12	7.8
	短头型（81.0～85.4）	71	28.3	36	24.0	91	36.5	35	22.9
	过短头型（85.5～90.9）	101	40.2	67	44.7	95	38.2	77	50.3
	超短头型（≥91.0）	43	17.1	29	19.3	34	13.7	26	17.0
头长高指数 length-height index of head	低头型（<58.0）	6	2.4	2	1.3	10	4.0	0	0.0
	正头型（58.0～62.9）	25	10.0	12	8.0	56	22.5	7	4.6
	高头型（≥63.0）	220	87.6	136	90.7	183	73.5	146	95.4
头宽高指数 breadth-height index of head	阔头型（<79.0）	83	33.1	50	33.3	139	55.8	26	17.0
	中头型（79.0～84.9）	74	29.5	41	27.3	79	31.7	55	35.9
	狭头型（≥85.0）	94	37.5	59	39.3	31	12.4	72	47.1
形态面指数 morphological facial index	超阔面型（<79.0）	18	7.2	12	8.0	23	9.2	8	5.2
	阔面型（79.0～83.9）	61	24.3	24	16.0	72	28.9	44	28.8
	中面型（84.0～87.9）	69	27.5	41	27.3	77	30.9	41	26.8
	狭面型（88.0～92.9）	59	23.5	41	27.3	60	24.1	36	23.5
	超狭面型（≥93.0）	44	17.5	32	21.3	17	6.8	24	15.7
鼻指数 height-breadth index of nose	超狭鼻型（<55.0）	2	0.8	2	1.3	3	1.2	4	2.6
	狭鼻型（55.0～69.9）	147	58.6	99	66.0	162	65.1	106	69.3
	中鼻型（70.0～84.9）	96	38.2	48	32.0	83	33.3	42	27.5
	阔鼻型（85.0～99.9）	6	2.4	1	0.7	1	0.4	1	0.7
	过阔鼻型（≥100.0）	0	0.0	0	0.0	0	0.0	0	0.0
身高坐高指数 stature-sitting height index	短躯干型（男≤51.0，女≤52.0）	1	0.4	0	0.0	0	0.0	3	2.0
	中躯干型（男 51.1～53.0，女 52.1～54.0）	29	11.6	13	8.7	38	15.3	36	23.5
	长躯干型（男≥53.1，女≥54.1）	221	88.0	137	91.3	211	84.7	114	74.5

续表

指数 Index	类　型 Type	男 Male				女 Female			
		乡村 Rural		城市 Urban		乡村 Rural		城市 Urban	
		n	%	n	%	n	%	n	%
身高胸围指数 stature-chest circumference index	窄胸型（<51.0）	37	14.7	21	14.0	15	6.0	13	8.5
	中胸型（51.0～56.0）	97	38.6	47	31.3	70	28.1	49	32.0
	宽胸型（>56.0）	117	46.6	82	54.7	164	65.9	91	59.5
身高肩宽指数 stature-shoulder breadth index	窄肩型（男<22.0，女<21.5）	61	24.3	34	22.7	41	16.5	21	13.7
	中肩型（男 22.0～23.0，女 21.5～22.5）	99	39.4	54	36.0	97	39.0	65	42.5
	宽肩型（男>23.0，女>22.5）	91	36.3	62	41.3	111	44.6	67	43.8
身高骨盆宽指数 stature-crista iliaca breadth index	窄骨盆宽（男<16.5，女<17.5）	60	23.9	27	18.0	90	36.1	42	27.5
	中骨盆宽（男 16.5～17.5，女 17.5～18.5）	76	30.3	39	26.0	72	28.9	46	30.1
	宽骨盆宽（男>17.5，女>18.5）	115	45.8	84	56.0	87	34.9	65	42.5
马氏躯干腿长指数 Manouvrier's skelic index	超短腿型（<75.0）	2	0.8	5	3.3	23	9.2	2	1.3
	短腿型（75.0～79.9）	39	15.5	23	15.3	86	34.5	36	23.5
	亚短腿型（80.0～84.9）	114	45.4	68	45.3	103	41.4	76	49.7
	中腿型（85.0～89.9）	80	31.9	43	28.7	36	14.5	31	20.3
	亚长腿型（90.0～94.9）	14	5.6	11	7.3	1	0.4	7	4.6
	长腿型（95.0～99.9）	1	0.4	0	0.0	0	0.0	0	0.0
	超长腿型（>99.9）	1	0.4	0	0.0	0	0.0	1	0.7
Rohrer 指数	瘦长型（男≤1.28，女≤1.29）	70	27.9	29	19.3	24	9.6	15	9.8
	中间型（男 1.29～1.49，女 1.30～1.50）	92	36.7	46	30.7	63	25.3	53	34.6
	矮胖型（男≥1.50，女≥1.51）	89	35.5	75	50.0	162	65.1	85	55.6

表 5-4　山西汉族汉族 17 项观察项目结果

Table 5-4　17 items of somatoscopy of Han of Shanxi (n,%)

		男 Male		女 Female		合计	
		n	%	n	%	n	%
上眼睑皱褶 eyefold of the upper eyelid	有	243	60.6	270	67.2	513	63.9
	无	158	39.4	132	32.8	290	36.1
蒙古褶 mongoloid fold	有	159	39.7	179	44.5	338	42.1
	无	242	60.3	223	55.5	465	57.9
眼裂高 opening height of eyeslits	窄	238	59.4	155	38.6	393	48.9
	中	136	33.9	187	46.5	323	40.2
	宽	27	6.7	60	14.9	87	10.8
眼倾斜 direction of eyeslits	内	71	17.7	44	10.9	115	14.3
	平	155	38.7	131	32.6	286	35.6
	外	175	43.6	227	56.5	402	50.1
鼻根高 nasal root height	低	113	28.2	188	46.8	301	37.5
	中	179	44.6	190	47.3	369	46.0
	高	109	27.2	24	6.0	133	16.6
鼻梁侧面观 nasal profile	凸型	54	13.5	12	3.0	66	8.2
	直型	310	77.3	259	64.4	569	70.9
	凹型	37	9.2	131	32.6	168	20.9
颧突度 zygomatic projection	突	98	24.4	132	32.8	230	28.6
	中	198	49.4	232	57.7	430	53.5
	微	105	26.2	38	9.5	143	17.8
鼻基部 nasal base	翘	118	29.4	185	46.0	303	37.7
	平	244	60.8	208	51.7	452	56.3
	垂	39	9.7	9	2.2	48	6.0
鼻翼高 height of alae nasi	低	136	33.9	146	36.3	282	35.1
	中	227	56.6	226	56.2	453	56.4
	高	38	9.5	30	7.5	68	8.5
鼻孔类型 maximal diameter of nostrils	横	105	26.2	119	29.6	224	27.9
	纵	41	10.2	65	16.2	106	13.2
	斜横	142	35.4	108	26.9	250	31.1
	斜纵	113	28.2	110	27.4	223	27.8

续表

		男 Male		女 Female		合计	
		n	%	n	%	n	%
鼻翼宽 breadth of alae nasi	狭窄	168	41.9	202	50.2	370	46.1
	中等	184	45.9	174	43.3	358	44.6
	宽	49	12.2	26	6.5	75	9.3
耳垂类型 lobe types	圆型	141	35.2	132	32.8	273	34.0
	方型	116	28.9	127	31.6	243	30.3
	三角型	144	35.9	143	35.6	287	35.7
上唇皮肤部高度 upper lip skin height	窄	3	0.7	22	5.5	25	3.1
	中等	209	52.1	274	68.2	483	60.1
	高	189	47.1	106	26.4	295	36.7
红唇厚度 thickness of lips	窄	302	75.3	327	81.3	629	78.3
	中等	47	11.7	47	11.7	94	11.7
	高	52	13.0	28	7.0	80	10.0
发色 hair color	黑	400	99.8	389	96.8	789	98.3
	中	1	0.2	13	3.2	14	1.7
	棕	0	0.0	0	0.0	0	0.0
眼色 eye color	黑褐	193	48.1	251	62.4	444	55.3
	褐	203	50.6	140	34.8	343	42.7
	浅	5	1.2	11	2.7	16	2.0
肤色 skin color	暗黄	193	48.1	37	9.2	230	28.6
	黄	141	35.2	196	48.8	337	42.0
	浅黄	64	16.0	161	40.0	225	28.0
	粉白	3	0.7	8	2.0	11	1.4

三、讨论

1. 山西汉族的头面部特征

从表 5-4 中可以看出，山西汉族男女合计上眼睑有皱褶率中等，为 63.9%；有蒙古褶率较低，为 42.1%；眼裂高度多为窄型；半数人眼外角高于眼内角，其次为水平眼裂；鼻根高度多为中等型；鼻梁侧面观多为直型；多数颧骨不突出；鼻基部多为平；鼻翼高度多为中等，其次是低型；鼻孔最大径多为斜位，纵鼻孔类型最少；鼻翼宽男性以中等型率（45.9%）最高，狭窄型率（41.9%）次之；女性以狭窄型率（50.2%）最高，中等型率（43.3%）次之。上唇皮肤部高度男女均以中等型率最高，高型率次之。红唇厚度男女均以窄型率最高。男女均耳垂圆形、三角形率较高，方形率略低；发色为黑色（98.3%），眼色男性以褐色、黑褐色出现率高，女性以黑褐色出现率最高；男性肤色以暗黄色率最高，女性以黄色率最高。

按头面部指数均数（表 5-2），山西汉族男女性均为过短头型、高头型、中头型、中面型、狭鼻型。按指数分型标准（表 5-3），山西汉族男女性均以过短头型、高头型、狭头型、狭鼻型率最高。男性以中面型与狭面型率最高，二者比例相等，女性阔面型率最高。

从头面部特征来看，山西祁县汉族有上眼睑皱褶，眼外角多高于眼内角，眼裂较窄，鼻梁较直，黑发、褐眼、黄皮肤，具有蒙古人种北亚类型族群体质的基本特征。但其有蒙古褶率较低，颧骨多不突出，与多数蒙古人种北亚类型族群又有一定的差别。

2. 山西汉族体部特征

按体部指标测量值均数（表 5-1），汉族城市男性为超中等身材，农村男性、城市女性、农村女性均为中等身材。男性城市和乡村均以高型率最高，城市女性以中等型率最高，乡村女性以亚中等型率最高。

按体部指数均数（表 5-2），汉族城乡男女性均为长躯干型、中肩型、中骨盆宽型、亚短腿型。乡村男性为中胸型，城市男性及城乡女性均为宽胸型。按 Rohrer 指数分型，乡村男性为中间型，城市男性及城乡女性均为矮胖型。

按体部指数分型标准（表 5-3），祁县汉族男、女性均以长躯干型、宽胸型、亚短腿型率最高，城市男性及城乡女性以宽肩型率最高，乡村男性以中肩型率最高。乡村女性窄骨盆率与宽骨盆率均较高，城市女性与城乡男性均以宽骨盆率最高。乡村男性体型以中间型率最高，城市男性及城乡女性均以矮胖型率最高。

3. 山西汉族与我国北亚类型族群体质比较

目前我国族群体质资料几乎均为乡村族群资料，故我们取山西乡村汉族资料与我国其他 19 个北亚类型族群的头长、头宽、额最小宽、面宽、形态面高、鼻宽、鼻高、口裂宽、眼内角间宽、身高、肩宽、骨盆宽 12 项指标值进行比较。19 个族群为：乌孜别克族[5]、维吾尔族[6]、哈萨克族[7]、塔吉克族[8]、锡伯族[9]、土族[10]、撒拉族[11]、保安族[12]、东乡族[13]、回族（宁夏）[14]、赫哲族[15]、俄罗斯族[16]、蒙古族（新疆）[17]、蒙古族（内蒙古）[18]、达斡尔族（内蒙古）[19]、鄂伦春族[20]、塔塔尔族[21]、柯尔克孜族[22]、达斡尔族（黑龙江）[23]。

（1）头面部比较

在 20 个北亚类型族群中，山西汉族男性头长、额最小宽值小，头宽、面宽、形态面高、鼻高值中等，鼻宽、口裂宽、眼内角间宽值较大，显示山西汉族人头短、额窄，头面部宽度值居中，而五官值较大的特点。山西女性的研究结果与男性相似，不予赘述。

（2）体部比较

山西汉族男性身高值小，在 20 个北亚类型族群中居第 16 位；肩宽值中等、骨盆宽值中等偏小，其中肩宽值居 11 位，骨盆宽值居第 14 位；女性身高亦矮，肩宽、骨盆宽值均较小。身高值在 20 个北亚类型族群中居第 17 位；肩宽值居 15 位，骨盆宽值居 17 位。总的说来，山西汉族人身材较矮，男性体部宽度中等，女性体部较窄。

（3）聚类分析

聚类分析显示，山西汉族男性体质与鄂伦春族、东乡族最近，与撒拉族、塔吉克族较近；女性与鄂伦春族最近，与东乡族、保安族较近。

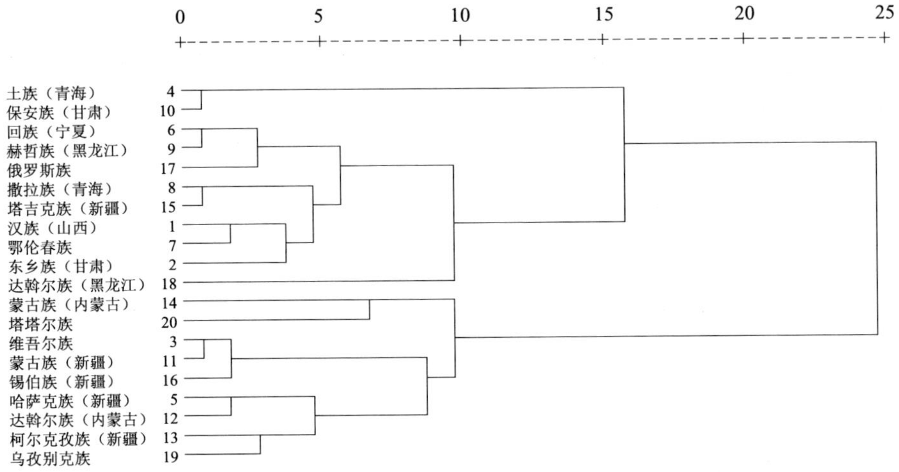

图 5-1 男性聚类分析图

Fig.5-1 Cluster analysis tree of male

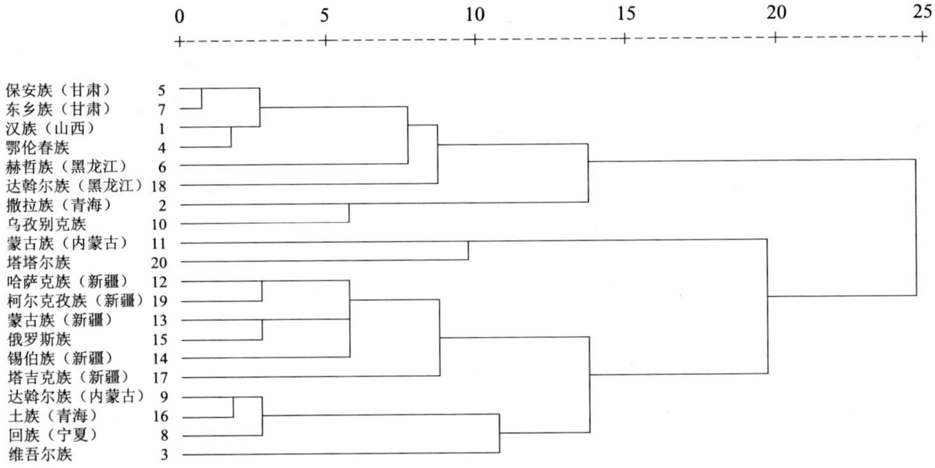

图 5-2 女性聚类分析图

Fig.5-2 Cluster analysis tree of female

注释：

［1］徐舜杰. 1999. 雪球——汉民族的人类学分析. 上海：上海人民出版社.

［2］Martin R and K. Saller. 1957. Lehrbuch der Anthropologie. Gustav Fischer Verlag，Stuttgart.

［3］吴汝康，吴新智，张振标. 1984. 人体测量方法. 北京：科学技术出版社.
［4］邵象清. 1985. 人体测量手册. 上海：上海辞书出版社.
［5］郑连斌，崔静，陆舜华，等. 2004. 乌孜别克族体质特征研究. 人类学学报，23（1）：35–45.
［6］艾琼华，肖辉，赵建新，等. 1993. 维吾尔族的体质特征研究. 人类学学报，12（4）：357–365.
［7］崔静，邵兴周，王静兰，等. 1991. 新疆哈萨克族体质特征调查. 人类学学报，10（4）：303–313.
［8］邵兴周，崔静，王静兰，等. 1990. 新疆塔什库尔干塔吉克族体质特征调查. 人类学学报，9（2）：113–121.
［9］邵兴周，王笃伦，崔静，等. 1984. 新疆察布查尔锡伯族体质特征调查. 人类学学报，3（4）：349–362.
［10］戴玉景. 1997. 青海土族体质人类学研究. 人类学学报，16(4)：274–284.
［11］郗瑞生，戴玉景，薄岭. 1995. 青海撒拉族体质特征研究. 人类学学报，14（1）：32–39.
［12］杨东亚，戴玉景. 1990. 甘肃保安族体质特征研究. 人类学学报，9（1）：55–63.
［13］戴玉景，杨东亚. 1991. 甘肃东乡族体质特征研究. 人类学学报，10（2）：127–134.
［14］郑连斌，朱钦，王巧玲，等. 1997. 宁夏回族体质特征研究. 人类学学报，16（1）：11–21.
［15］施全德，胡俊清，赵贵新，等. 1987. 赫哲族体质特征. 人类学学报，6（4）：336–342.
［16］陆舜华，郑连斌，索利娅，等. 2005. 俄罗斯族体质特征分析. 人类学学报，24（4）：291–300.
［17］艾琼华，赵建新，肖辉，等. 1994. 新疆蒙古族体质人类学研究. 人类学学报，13（1）：46–55.
［18］朱钦，刘文忠，李志军，等. 1993. 蒙古族的体格、体型和半个多世纪以来的变化. 人类学学报，12（4）：347–356.
［19］朱钦，富杰，刘文忠，等. 1996. 达斡尔族成人的体格、体型及半个多

世纪以来的变化. 人类学学报，15（2）：120–126.

[20] 朱钦，王树勋，阎贵彬，等. 1999. 鄂伦春族体质现状及与 60 年前资料的比较. 人类学学报，18（4）：296–306.

[21] 崔静，郑连斌，沈新生. 2004.新疆塔塔尔族体质特征调查. 人类学学报，23（1）：47–54.

[22] 邵兴周，崔静，朱新安，等. 1987. 新疆特克斯县柯尔克孜族体质特征调查. 人类学学报，6（4）：315–323.

[23] 施全德，胡俊清，杨洪友. 1983. 黑龙江省达斡尔族体质特征调查. 人类学学报，2（1）：60–71.

6　民族侧面轮廓形态初探

李海军

中央民族大学民族学与社会学学院

头面部包含的形态特征信息量很大，人群间的体质特征差异主要集中于头面部，以往对民族体质特征的观察、测量研究都给予了头面部以足够的重视。传统的体质特征数据采集中，采用弯脚规、直脚规对头面部进行测量。这种线性研究可以反映头面部的尺寸，但头面部轮廓形态特征的信息难以很好地反映出来。有些少数民族的侧面轮廓具有明显的特征，如壮族、瑶族的鼻梁凹处相对较深，这些特征肉眼即可明显地分辨出来，但传统的头面部体质测量数据却难以反映出来。传统观察项目的形态分类中，鼻根部凹陷、鼻梁侧面观、鼻尖形状、鼻基方向、上唇侧面观、唇的厚度、颏部突出度等可以从一定程度上反映头面部的形态（图 6-1），但往往由于对连续的形态信息进行了分割，必然会损失不少信息，而且观察中分级、分类的标准难以严格统一，主观性较大。

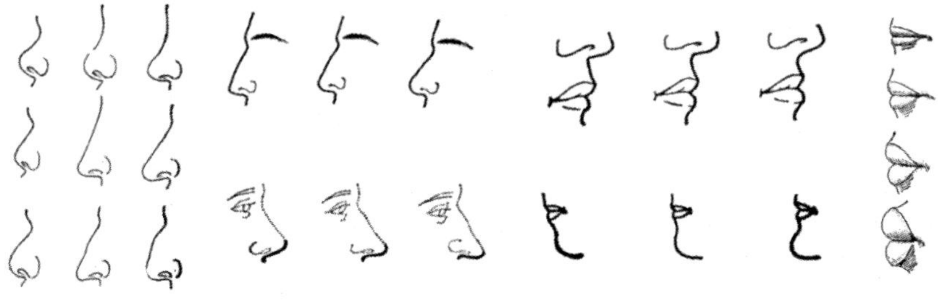

图 6-1　侧面观测项目的传统分类

近些年来，数字摄影、图像处理技术的发展使得快捷而准确地研究生物体几何形状形态信息成为可能。基于对样本标志点数据采集和分析的几何形态测量方法在国内体质人类学研究中展现了很好的发展前景。标志点（landmark）是生物体上某些可被定义的解剖位点，标志点的组合可以大致反映生物体某一部分的轮廓形态。在标志点不足或反映形态信息不够细致的情况下，以标志点为基础通过一定技术而确定的半标志点可以作为补充。标志点和半标志点的结合大大丰富了所研究对象的形状信息，能够以“点的组合”的形式较细致地反映研究对象的接近连续的形状信息，对生物体不规则的形状信息分析时优势更明显。这种方法可以获取传统的体质人类学研究方法难以获取的信息，目前虽然主要运用在骨骼研究中，但在同样以形态学分析为主的民族体质特征研究中也颇具潜力。

本项研究计划采用几何形态学研究方法分析不同民族侧面轮廓特征（图 6-2），试图分析不同民族侧面轮廓的平均形状、不同区段形态变异特点、人群内部大致分类等。这些亦可为今后拟开展的各民族体质特征数据库的建立积累资料，同时希望提取的侧面轮廓线特征可以为今后进一步研究民族起源、融合等提供基础数据和新的分析视角。相关研究正在进行中。

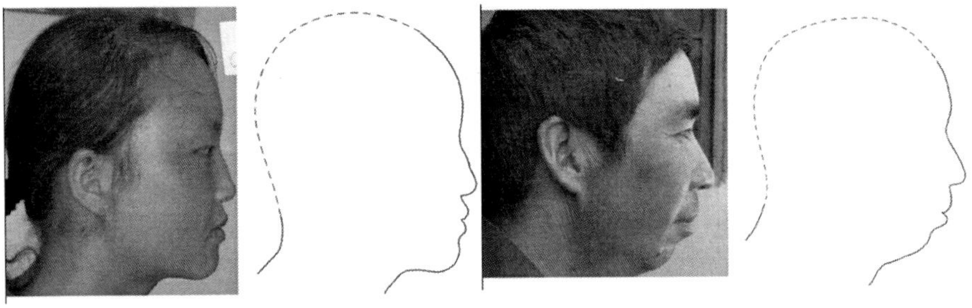

图 6-2　侧面轮廓对个体识别具有一定标志性

7　重视我国儿童青少年的体质与健康问题

武丽杰

哈尔滨医科大学公共卫生学院

儿童青少年是处于旺盛生长发育期的群体，其生长发育、健康和体质与未来的生活质量密切相关，也是国家强盛、民族兴旺的保障。生长发育是儿童青少年群体的基本特征之一，个体的生长发育水平是健康状况的反映，群体的生长发育水平则是社会发展、卫生保健和社会文明的标志。儿童青少年的生存和发展是提高人口素质的基础，因此，其体质和健康问题是关乎我国国民素质和健康事业发展的大事，体质健康状况直接关系着国家的发展与民族的兴衰，重视和了解儿童青少年的体质与健康状况，是制订该群体健康促进规划、提出改善政策和措施的前提。

我国政府非常关注儿童青少年的健康、生存、保护和发展问题，自 1979 年起，就在全国 16 个代表性省市开展了体质与健康调研，1985 年我国建立了学生体质健康调研制度，每 5 年为一个周期，在全国范围内对多民族的 7～22 岁学生体质健康状况进行调研，至今已开展了 6 次大规模调研，涉及 31 个省、自治区、直辖市。这是了解我国学生体质与健康问题的重要途径，通过调研，我们能够很好地掌握我国学生体质与健康现状和发展变化趋势，及时发现问题，提出干预建议，制订发展规划，更好地促进儿童青少年体质健康水平的提高。

改革开放以来，我国儿童少年卫生事业蓬勃发展，学校卫生工作取得了很大成绩，青少年营养水平和形态发育水平不断提高，极大地提升了全民健康素质。但是，我们还要看到，由于学生课业负担过重，休息和锻炼时间严重不足，儿童的体质健康还存在较大的问题，青少年耐力、力量、速度等体能指标持续下降，视力不良率居高不下，城市超重和肥胖青少年的比例明显增加，部分农村青少年营养状况亟待改善等问题都将严重影响青少年的健康成长，乃至影响国家和民族的未来和兴衰。

一、生长发育水平迅速提高，体格发育增长迅速

改革开放以来，随着经济高速发展和生活水平显著改善，我国儿童青少年营养状况和体格发育水平正在迅速提高，显著提升了全民健康素质。1985年开始的历次全国学生体质调研显示，中、小城市儿童青少年和大城市一样，都出现了全方位的身高、体重迅猛增长。以身高为例，1985—2005年间7～18岁男生从146.3cm增长至153.5cm，增速每10年3.6cm，女生从143.1cm增长至148.6cm，增速每10年2.7cm，都显著超过大城市群体同期内增速（每10年2.5cm和2.0cm）。伴随着近20年的迅猛增长，中小城市和大城市群体的体格发育水平差距已显著缩小；而占我国人口70%以上的乡村儿童群体在经济和生活水平上存在的较大现实差异，大城市郊区、沿海发达乡村身高增长变化明显，而中南部乡村和西部乡村总体上也有增长，但程度较低。

目前，我国儿童青少年仍处于生长发育的长期加速阶段，城乡学生的身高、体重和胸围等生长发育水平继续呈现增长趋势。例如，与2005年相比，2010年城市男生、城市女生、乡村男生、乡村女生7～18岁年龄组身高分别平均增长1.01cm、0.79cm、1.55cm、1.12cm，体重分别平均增长1.35kg、0.80kg、2.02kg、1.15kg，胸围分别平均增长0.71cm、0.59cm、1.26cm、0.94cm；就增长速度而言，我国学生已位于世界前列。

儿童总体生长水平的提高意味着儿童营养状况的改善、疾病的有效预防控制以及儿童生活环境中的各种社会经济条件的改善，是医疗、卫生、教育、福利水平等多种综合因素全面提高的客观反映。

二、儿童青少年生理功能、运动素质停滞或下降

任何事物都有正、反两方面。由于目前社会和学校普遍存在的重智育、

轻体育的倾向，儿童青少年课业负担过重，锻炼时间严重不足，1995 年以来的体质调研数据清晰显示，同期内生长发育迅猛增长的同时，我国儿童青少年在生理功能、运动素质方面都还存在许多问题和不足。

（1）肺活量。这是最具代表性的生理功能指标。在 1985—2005 年的 20 年中，7～18 岁城市男生、乡村男生、城市女生、乡村女生的肺活量均值分别下降了 260ml、267ml、510ml 和 530ml；中学生的降幅超过小学生，高中生的超过初中生，女生的超过男生。以 18 岁为例，2005 年该四群体的肺活量均值水平仅分别相当于 1985 年的 88.2%、86.1%、82.5%和 79.0%。但调研显示，在连续 20 年下降的情况下，2010 年首次出现上升拐点。与 2005 年相比，城市男生、城市女生、乡村男生、乡村女生 7～18 岁年龄组分别平均提高 89ml、84ml、94ml、81ml；19～22 岁年龄组分别平均提高 137ml、102ml、185ml、123ml。

（2）运动素质指标。青少年时期是身心健康和各项身体素质发展的关键时期。伴随着儿童青少年身材的日益高大，体能理应相应提高。但自 2000 年开始，中国儿童青少年的体能整体上停滞不前，甚至出现了下降。20 年来，反映速度的 50m 跑除乡村男生外，其余各中小学生群体都出现了 0.15～0.2s 的下降，尤以 6～7 岁低年龄组倒退趋势明显；但立定跳远（反映下肢爆发力）是众多体能指标中唯一仍呈正向增长者，7～18 岁城市男生、乡村男生、城市女生、乡村女生 20 年内分别增长 2.75cm、6.67cm、0.15cm 和 4.02cm；但无论男女，城市都差于乡村。肌力下降趋势也很明显，20 年来城乡 13～18 岁男中学生引体向上（反映肩背肌力）成绩分别下降 2.04 次和 0.57 次，19～22 岁大学生分别下降 1.32 次和 0.61 次。女生仰卧起坐（反映腰腹肌力）成绩整体略有上升，但幅度小，城乡 7～18 岁女中小学生每分钟分别上升 3.91 次和 5.59 次，大学生每分钟分别上升 6.71 次和 6.87 次；而反映耐力素质的中长跑是我国学生运动素质的最薄弱环节，所有性别—年龄组均呈下降趋势。7～12 岁小学生 50m×8 往返跑，城市男生、乡村男生、城市女生、乡村女生 20 年中分别推迟了 12.1s、7.60s、9.96s 和 7.37s。男 1000m 跑，城乡中学生分别推迟了 27.14s 和 25.59s，城乡大学生分别推迟了 22.24s 和 25.6s。女 800m 跑，城乡中学生分别推迟了 25.29s 和 26.82s，城乡大学生分别推迟了 18.25s 和 23.44s。

在上述整体下降的趋势中，有几点应引起我们格外关注。首先，体能的变化不同时期表现不同，1985—1995年期间，多数指标呈蓬勃向上的发展趋势，尤其是肺活量等生理功能指标，立定跳远，50m跑，男、女肌力等表现明显；但1995年是个转折点，许多指标自此先停滞后下降；耐力指标呈现全方位、持续性下降，尽管一些指标较以往持平而非降低，实质上这也是变相的下降，因为伴随体格的发育，这些指标理应呈逐步上升的趋势。

对儿童青少年体质的要求，更重要的是耐力而不是力量。所谓耐力，表现在肌肉静止性耐力和速度耐力两方面。耐力之所以重要，是因为它既反映一个人的体力和劳动素质，也反映循环、呼吸和运动机能的综合机能，甚至可提示青少年未来生命活动的强弱。耐力素质发展的关键在于中小学阶段。这就是说，人若能在青少年时期把耐力锻炼得越好，就越能适应未来社会的发展需要，也越能在紧张的生活、工作条件下保持良好的生活质量和健康水平。如果对这种生长发育内（机能素质）、外（体格）表象上的“剪刀差”听之任之，任其发展，那么待他们进入中年后，整个社会将面临由于心血管等慢性疾病的过早爆发，而导致一部分人过早地丧失劳动能力的现象，甚至出现“英年早逝”的现象，加重家庭、政府的负担。

所幸最近的调查数据（2010年）结果显示，与2005年相比，7～18岁中小学生爆发力、柔韧性、力量、耐力等身体素质指标持续下滑趋势开始得到遏制，均有了不同程度的提高。爆发力素质（立定跳远）与2005年相比成绩有所提高，7～18岁城市男生、城市女生、乡村男生分别平均增长1.12cm、1.03cm、0.76cm，乡村女生立定跳远成绩与2005年基本持平。与2005年相比，反映身体柔韧度的坐位体前屈成绩有所提高，7～18岁城市男生、乡村男生、乡村女生分别平均增长0.49cm、0.04cm、0.53cm，城市女生坐位体前屈成绩与2005年基本持平。7～18岁城市男生、城市女生、乡村男生、乡村女生的力量素质（握力）分别平均提高0.43kg、0.42kg、0.36kg、0.16kg。而代表耐力素质的测试指标视不同年龄—性别组而有所不同，但总的来说，与2005年相比，中小学生的耐力素质指标持续下滑趋势已得到遏制，7～12岁小学城乡男生50m×8往返跑成绩基于持平，城市女生、乡村女生50m×8往返跑成绩分别平均提高0.05秒、0.02秒；13～15岁初中城市男生、城市女生耐力跑成绩分别平均提高3.03秒、3.58秒，乡村男女生耐力跑成绩与2005年基本持平；而16～18岁高中城市男女生、乡村男女生耐力跑成绩均分别有所提高。

中国学生体能下降的原因很复杂，沉重的学习压力和“重智轻体”思想使得锻炼时间严重不足，也与现代化生活方式有关；此外，家长缺乏体育锻炼意识，对孩子的呵护多于对意志的培养，也不排除有些学校对体育设施投入不足，不能满足体育教学和课外锻炼的需求等。要想彻底扭转中国学生体能发展停滞或下降趋势，应建立系统工程，动员从个人、家庭、学校、社区共同努力，转变观念继而付诸实践。

三、学生营养状况的“双峰现象”

社会经济的发展和生活水平的提高不会自然消除学生的营养问题。相反，我国儿童青少年中，一方面有相当比例的男、女生超重/肥胖；另一方面，有一定比例的男、女生营养不良（malnutrition）。这就是说，我们既要为一大批身材虽高但体重不足的“绿豆芽”们担忧，又得为越来越多的“小胖墩儿”们犯愁。这就是专家们在评价我国学生总体营养现状时经常提到的所谓的“双峰”现象（two-peaks phenomenon）——营养不良和超重/肥胖两头跷起、正常体重者减少。

肥胖（obesity）是在遗传和诸多环境因素作用下，能量摄入超过能量消耗，导致体内脂肪积聚过多，达到危害健康程度的一种慢性代谢性疾病，其发生与遗传、饮食、身体活动水平、生活方式等有关。儿童肥胖正以惊人的速度在全球范围蔓延，我国儿童肥胖和超重的比例逐年增长，已成为大、中城市学生的主要健康问题之一。

以沿海大城市为例，1985年，男、女儿童青少年肥胖的检出率仅分别为0.3%和0.2%，超重率分别为1.5%和1.6%，无实质性肥胖流行。从20世纪90年代开始超重率大幅度上升，城市大于乡村，男生大于女生。1995年以来伴随着生活水平的提高，城市儿童青少年超重、肥胖检出率成倍增长，肥胖检出率男生为4.5%，女生为2.9%，超重率男、女分别为9.9%和5.9%。2000年前后，肥胖进入全面增长期，检出率男生为9.1%，女生为4.8%，超重率男、女分别为14.5%和8.9%。而2005年全国学生体质调研结果显示，我国7～18

岁儿童青少年的肥胖检出率、超重率分别为：城市男生 11.39%和 13.25%；城市女生 5.01%和 8.72%；乡村男生 5.07%和 8.20%；乡村女生 2.63%和 6.61%。而 2010 年的调查结果表明，肥胖检出率还在继续增加，7～22 岁城市男生、城市女生、乡村男生、乡村女生肥胖检出率分别为 13.33%、5.64%、7.83%、3.78%，比 2005 年分别增加 1.94、0.63、2.76、1.15 个百分点；超重率分别为 14.81%、9.92%、10.79%、8.03%，比 2005 年分别增加 1.56、1.20、2.59、1.42 个百分点。

综观近 30 年我国儿童肥胖流行的动态特征，整体上还处于早期流行阶段，男生高于女生，沿海大城市流行最早，增长幅度最大，多数乡村还没有广泛流行，但其检出率的逐年递增趋势提示我们也应尽早采取预防措施，未雨绸缪，以防止事态严重。

与此同时，儿童营养不良的检出率（生长迟缓率、消瘦率）却呈现出持续下降趋势，以 1985—2005 年这 20 年内变化最大，城市男、女生生长迟缓率分别从 1985 年的 9.2%和 8.0%下降至 2005 年的 2.7%和 3.0%，下降了 240%和 170%；城市男女生消瘦率分别从 20.8%和 17.6%下降至 10.5%和 9.7%，乡村尽管也有所下降，但检出率仍较高，说明仍未摆脱长期营养不良的威胁。到 2010 年，营养状况继续得到改善，营养不良检出率进一步下降，且基本没有重、中度营养不良。例如，城市男生、城市女生、乡村男生、乡村女生 7～22 岁年龄组轻度营养不良检出率分别是 2.87%、5.81%、2.69%、5.45%，比 2005 年分别降低 0.02、0.21、0.27、0.27 个百分点。

这里提到的营养不良，严格意义上说，与过去因吃不饱而造成的营养不良不同，在偏远的贫困地区，依然以营养摄入不足导致的营养不良为主，但在中小城市等主要是因为膳食结构不合理、营养素摄入不平衡以及偏食、挑食、吃零食过多等不良习惯造成，它和肥胖问题表现不同，但本质上都属于“现代文明病”范畴。总之，在我国，儿童青少年营养状况分布的群体差异正在扩大，在沿海发达城市，超重/肥胖已经取代营养不良成为突出问题；而在中小城市和中等水平的乡村，营养分布呈超重/肥胖、营养不良两端隆起的“双峰”现象；而西部贫困乡村群体的营养不良仍较严重。因此，我国儿童青少年的营养改善工作仍很重要，应多极性、有针对性地制订营养改善策略。

四、学生常见病患病率居高不下

由于大力开展预防接种及其他防治措施，过去曾严重威胁儿童青少年生命和健康的天花、白喉、脊髓灰质炎、麻疹、乙脑、流脑等传染病已大幅度下降、被控制或消灭。在《全国学生常见病综合防治方案》中需重点防治的学生常见病如沙眼、蛔虫、贫血、营养不良等患病率已经大幅下降，但近视、龋齿、脊柱侧弯、下颌骨发育不良等一些与现代生活方式关系密切的学生常见病的患病率却是有增无减，有些甚至还在上升，并出现低龄化倾向，如视力低下。视力低下是指采用远视力表（对数视力表）站在 5m 远处检查时，裸眼视力低于 5.0，又称视力不良，包括远视、近视和其他眼病（如散光和其他屈光不正、弱视）等。我国 17 岁以上的男、女城乡青少年，近视患病率都在 70%以上，发病还有明显的提早趋势。其主要原因是学习负担过重，持续用眼时间过长，不注意用眼卫生等。2010 年的调查结果显示，视力不良检出率继续上升，各学段学生视力不良率仍然居高不下，7～12 岁小学生为 40.89%（其中城市为 48.81%，农村为 32.98%），比 2005 年增加 9.22 个百分点；13～15 岁初中生为 67.34%（其中城市为 75.94%，农村为 58.74%），比 2005 年增加 9.26 个百分点；16～18 岁高中生为 79.22%（其中城市为 83.84%，农村为 74.59%），比 2005 年增加 3.18 个百分点；19～22 岁大学生为 84.72%（其中城市为 84.14%，农村为 85.30%），比 2005 年增加 2.04 个百分点。

值得注意的是，低年龄组视力不良检出率增长明显，例如，7 岁城市男生、城市女生、乡村男生、乡村女生视力不良检出率分别为 32.17%、36.43%、24.12%、26.95%，比 2005 年分别增长 8.71、8.76、10.56、10.32 个百分点。

此外，龋齿患病率也在逐渐上升，原因除不注意口腔卫生外，还和食物结构的变化包括膳食纤维减少和糖分增高等有关。由于对学生龋病的防治力度不足，有些省市学生龋齿（尤其乳牙）的修补率不足 10%，而发达国家的龋补率都在 80%～90%。2010 年的调查发现，与 2005 年相比，多数年龄组学生乳牙龋齿患病率、恒牙龋齿患病率出现反弹。例如，城市男生、城市女生、乡村男生、乡村女生 7 岁年龄组乳牙龋齿患病率分别为 55.84%、57.48%、62.10%、62.55%，比 2005 年分别上升 8.04、8.78、3.70、3.95 个百分点；12

岁年龄组恒牙龋齿患病率分别为19.80%、18.64%、18.64%、23.85%，比2005年分别上升8.90、3.94、6.64、8.05个百分点。

其他常见病的发生率上升也和现代生活有关。如下颌骨发育不良的主要原因是食物加工越来越精细、青少年进食时咀嚼次数越来越少，造成下颌骨、齿槽等慢性退化。脊柱侧弯则和青少年学习负担过重、坐姿不良有关。此外，肩背肌力量不足，与缺乏体育锻炼有直接关系。

五、心理行为问题增多，社会适应能力下降

从20世纪80年代开始，改革开放逐步深入，社会变革迅速、生活环境和生活方式出现重大变化。作为相对脆弱的儿童青少年群体，在这种改变的影响下健康易受到损害。而现代工业化和城市化的发展、城市人口的密集、生活节奏的加快、新旧观念的冲突、生活方式的改变等诸多因素均给儿童身心健康发育带来了不利影响，使得儿童心理卫生问题明显增加。无论是发达国家还是发展中国家，儿童心理问题均显得日益突出。儿童心理健康状况不容乐观，已成为家长、学校和社会共同关注的领域。

心理卫生问题（mental health problems）通常指发生于儿童青少年时期的行为偏异，也称为问题行为或行为问题（behavior problem）。据世界卫生组织报道，在发达国家3～15岁儿童少年中发生持久且影响社会适应的心理卫生问题的比例大约是 5%～15%。一些发展中国家的报道也大致接近此水平。2000年美国国立卫生研究院（National Institutes of Health，NIH）公布的数字，在9～17岁的未成年人中，有心理障碍的约占20%，超过人们所估计的10%。而我国曾在20世纪90年代对国内22个城市4～16岁儿童青少年行为问题进行问卷调查，行为问题检出率为12.97%；笔者在2001年对哈尔滨城乡7～12岁儿童青少年行为问题检出率的调查结果为：城市11.38%，农村19.26%，总共13.26%。需要强调的是，儿童青少年的行为问题不是某种特定精神疾病的临床表现，多数随着年龄增长而逐渐减少或消失，有的也仅仅是暂时现象，应适当引导和帮助，但若这些心理问题没有得到及时解决，持续时间过长，就会造成心理障碍。

儿童青少年在日常的生活和学习中，较易在面临社会角色重大变化时遭

遇适应性困难（如升学考试），其适应力低下的状态也可导致许多严重的精神心理障碍。可以说，一方面，儿童青少年的身材越来越高，人越来越聪明；而另一方面，他们的社会适应能力和对各种紧张刺激的心理承受能力却在下降。这种现象的出现说明生活水平的提高、生活设施的现代化、营养的改善和传染病的减少等可以促使青少年的生长发育水平提高，却不会自动促成他们对环境和社会的适应能力增强。相反，在相当多的学生中，这种能力反而在减弱。由于生活越来越方便，青少年久坐时间多，户外活动少；课余时间玩游戏机、平板电脑、手机、看电视的多，体育锻炼少；有些学生受到父母的溺爱和过度保护，生活自理能力差；有些学生可以受表扬，却经不起批评，心理耐受力低，人际关系紧张；等等。近年来，全国各地的调查均显示学龄期儿童行为问题检出率显著增加，如注意缺陷多动障碍、抽动障碍、学习困难、孤独症谱系障碍等，严重地影响了儿童少年的正常生活和学习，而且还可能造成成人期社会适应不良，甚至引发更为严重的社会问题。社会适应能力的下降导致诸如抑郁、焦虑、孤独、网络成瘾、退缩等心理卫生问题增多，个别学生甚至出现逃学、出走、反社会行为、暴力和自杀倾向等。如果不从现在就开始采取措施提高这一代人对环境和社会的适应能力，他们中有很多人将很难适应现代社会更加激烈的竞争、更快的生活工作节奏和更多的紧张性生活事件。

此外，伤害成为青少年的首位死因，也是世界各国威胁儿童健康及生命的重要公共卫生问题。青少年健康危险行为的发生率也呈现上升和早龄化趋势，诸如吸烟、过量饮酒、滥用药物、危险性行为等，已成为影响儿童青少年健康的大问题。因此，极有必要开展儿童少年心理卫生调查工作，包括对儿童少年智力、个性以及行为发育等方面的评价和影响因素研究，在心理发育规律、影响因素，尤其对心理卫生问题的干预措施方面还需进一步深入研究。

综上，近年来儿童青少年的体质和健康问题已经成为制约和影响其生活质量及生存的大问题。儿童疾病谱变化带来了新的严峻形势，儿童心理—行为问题和青少年精神障碍的负担日益突出，青少年健康危险行为的发生率上升和早龄化，近视、肥胖等常见病的流行、蔓延趋势正在加剧，体能下降趋势亟待扭转等，尤其是近年来，新的社会变革造成农村剩余劳动力大规模向城市转移，造成城市流动儿童、乡村留守儿童的增加，都给我们带来了新的防控问题，难度也将显著增加，许多疾病、问题的危害将从表浅转向内隐，使不可控性加大。如何能够全面、系统地开展针对学生群体的体质监测，有效地开展促进儿童青少年全面身心健康的体能运动，合理地做好营养补充，彻底改善和扭转体能发展停滞和下降的趋势，这需要在全社会的关注和各级主管部门的领导下，在国家的政策和财力的支持下，在全体医教工作者的共同努力下完成。2007年，中共中央国务院颁发了《关于加强青少年体育增强青少年体质的意见》（中发［2007］7号），提出了当前和今后一段时间的工作任务和目标；教育部、国家体育总局出台了《国家学生体质健康标准》，并从2007年9月开始在全国各级各类学校全面实施，把健康素质作为评价学生全面健康发展的重要指标。相信经过上下齐抓共管，一定会形成全社会支持青少年体质与健康促进的工作合力，更好地促进全国儿童青少年的健康成长。

儿童青少年的体质健康问题关系国家的发展和民族的兴衰，促进儿童青少年整体健康水平的提高，是提高全民素质、做好成年期疾病早期预防的关键，也是摆在我们儿少卫生、学校卫生工作者面前的重要任务，从这个意义上说，我们的确任重而道远。

注释：

［1］季成叶. 2010. 现代儿童少年卫生学（第2版）. 北京：人民卫生出版社.
［2］季成叶. 2012. 儿童少年卫生学（第7版）. 北京：人民卫生出版社.
［3］中国学生体质与健康研究组. 2007. 2005年中国学生体质与健康调研报告. 北京：高等教育出版社.
［4］中国学生体质与健康研究组. 2012. 2010年中国学生体质与健康调研报告. 北京：高等教育出版社.

8　体质人类学对运动科学的影响

——以竞技运动为例

何玉秀

河北师范大学体育学院

一、运动科学与体质人类学

“运动科学”译自“exercise science”一词。从百余年“exercise science”研究文献可见，运动科学的研究对象是运动本身或运动的人，研究方法是自然科学的成熟范例，主要借助于生命科学的研究方法，研究的直接目的是探索运动对人体生命特征的影响[1]。运动科学研究的主要贡献体现在三个方面：一是服务于大众健身锻炼，提高体能水平，促进大众健康；二是服务于竞技体育，指导运动员科学选材、科学训练，促进医务监督合理，预防运动损伤，实现“更快、更高、更远”的竞技运动目标，提高竞技运动成绩；三是服务于学校体育，培养学生运动兴趣、学习并掌握动作技能（身体动作与运动技能）、养成终身体育观念，促进青少年身心发展。

体质人类学（physical anthropology）是人类学的一个分支学科，是把人种和民族作为一个整体来研究，研究特定的民族在特定时期的体质、体格、体能、体态特征，研究不同时期这些特征的发展变化。体质人类学与运动科学在人体研究领域的很多研究方法如出一辙。体质人类学中对现代人类体质特征和类型，群体生理、生化、生态特征和行为方式的研究，与运动科学一样，都运用了遗传学、人体解剖学、生理学、生态学及心理学等许多学科的研究方法。近年来，随着自然科学的长足发展和各学科之间的相互渗透，现代体质人类学的人体测量、体质分析比较等手段已经被广泛运用于运动科学的研究中[2]。体质人类学的研究成果，如人体发展规律、种族研究和人类形态学数据等，被运动科学研究直接或间接利用，而运动科学则为体质人类学开辟了新的应用研究领域。

二、体质人类学对竞技运动科学的影响

体质是在遗传性和获得性基础上表现出来的人体形态结构、生理功能和心理因素的综合的、相对稳定的特征。体质人类学在体育领域的应用主要集中在身体形态和运动技能变化上，包括身体发育水平、机能水平、身体素质和运动能力、心理发育水平、适应能力5个方面[3]。运动科学可运用体质人类学的研究成果，更清楚地了解各人种在体格、体能、神经类型、身体素质和运动能力等方面的差别，制定具有本国本民族特点和特色的竞技体育发展战略，推动国家竞技运动水平的提高。

新中国成立以来，竞技体育运动发展经历了从举国统一体制到多元并举，其发展形式也从粗放管理到精细发展，这一过程中竞技体育科学化发挥了重要作用。竞训理念上的变化，更好地体现了“科学”性，如新的“三从一大”（从严、从难、从实战出发，科学大运动量）与旧的“三从一大”最明显的区别就是在“大运动量”前增加了“科学”二字。体育竞赛是不同个体之间的同场较量，在相近的身体基础条件下，谁能够完成最佳有效运动负荷而不发生伤病，是能够取得优异成绩的根本保证。竞技体育运动的核心是运动选材和运动训练，最需要生命科学的融入，运动科学为竞技体育运动服务离不开人类学研究成果的应用和研究方法的借鉴。

人体竞技能力包括体能、技能、战术能力、智能和心理能力。田麦久先生在分析运动项目特征规律后，提出了项群理论，对运动训练理论作出了重大贡献[4]。项群理论是将运动项目划分为体能主导类项群和技能主导类项群。体能主导类项群包括快速力量性项群（如投掷、跳跃等）、速度性项群（短跑、速滑等）和耐力性项群（长跑和长距离游泳等）。技能主导类项群包括表现性项群（如竞技体操）和对抗性项群（篮球和网球等）。因各项群的特征不同，运动选材要有针对性，因此在运动选材之前要明确该运动项目对人体竞技能力的要求。对抗性项群的运动素质特征表现见表8-1。在运动员选材时，不同

项群在形态、机能、运动素质及运动能力上各有其相应的要求，举例见表 8-2。同一项群中不同运动环境项目的运动素质特征也有不同，举例见表 8-3。

表 8-1 对抗性项群的运动素质特征

项群	运动素质特征	举例
隔网对抗	运动员的复杂反应速度快，爆发力强，全身灵活、敏捷及出脚步移动速度快、柔韧性好和空中平衡能力强等	网球、乒乓球等
同场对抗	运动员的复杂反应速度快，爆发力大，全身灵活、敏捷及曲线加速能力好、耐力素质好等	篮球、足球等
格斗对抗	运动员的击打格斗动作快，鞭打性爆发力强，上肢动作快，全身灵活、敏捷，各关节柔韧性好，搬摔、格斗静力性力量强	拳击、柔道等

表 8-2 不同项群有不同的要求举例

项群	举例	运动素质特征	身体形态特征
速度性	短跑	运动员的反应速度、动作速度和步频要快，无氧功率大，步幅大，爆发力强，柔韧性好，肌肉力量大，协调性好	身体匀称、健壮、肌肉明显，快肌纤维比例高，关节围度较小，骨盆宽度适中，臀肌向上紧缩，足弓高，跟腱长、斜度大，躯干短、下肢长、大腿短、小腿短
耐力性	长跑	运动员有氧耐力水平高，在氧代谢充分的情况下，均表现为速度水平较高，髋关节灵活性大	体重较轻、脂肪较少、身材匀称修长而健壮、肌纤维线条清晰，慢肌纤维比例高，下肢较长，小腿略比大腿长，骨盆较窄而四肢比例加长

表 8-3 同一项群不同运动环境的运动项目所要求的运动素质特征举例

	短距离跑	短距离游泳
身体形态共同特点反映了同一项群的要求	身体匀称、高大而健壮，肌肉丰满，膝踝关节围度较小，骨盆宽度适中，臀部肌肉向上紧缩，足弓明显，跟腱细长且清晰，快肌纤维比例高	
运动环境差异	陆上环境	水中环境
运动素质特征要求适应运动环境	运动员的反应速度、动作速度和步频要快，无氧功率大，步幅大，爆发力强，柔韧性好，肌肉力量大，协调性好	动作频率、速度和幅度是影响游泳运动成绩的运动学因素。好的柔韧素质有利于提高游泳技术水平，便于最大限度地提高推进并能使身体在水中保持良好的流线型。力量素质好，克服水阻力的能力强，动作速度愈快
身体形态不同要求以适应运动环境	运动员健壮、肌肉明显、下肢长、骨盆窄、小腿长且重心高	身体匀称、健壮，体重较大、体重指数相对较高，水中浮力大。体形呈流线型、身体呈倒三角形，胸廓、肩宽、髋窄，四肢长，手、脚面积较大。理想身高男子为 1.85～1.95m，女子为 1.74～1.78m

运动员科学选材、训练，比赛期间的医学监督和机能评定、合理的运动训练安排和训练后的疲劳消除，都有利于有效地挖掘人体运动潜力、提高训练效果、提高运动员竞技能力，使运动员取得运动佳绩，在这些方面人类学的身体测量可以提供科学指导。运动科学也运用这些测量数据和研究成果，根据自己的需要，经过对所得资料数据的定量分析，找出人体遗传变异的规律，并依据这些规律，科学地指导运动训练和比赛。因此，要了解体质人类学对运动科学的影响，特别是对竞技体育运动的影响，可以从以下三个方面入手：① 竞技运动能力与运动员选材；② 人体差异与优势项目选择；③ 身体测量与运动训练（负荷）监控。

1. 体质人类学对运动选材的指导

运动选材是各运动专项后备力量参加运动训练的起始性工作，是根据不同运动项目的特点和要求，用科学、先进的手段和方法，通过客观指标的测试，全面综合评价和预测，把先天条件优越、适合从事专项运动的个体从小选拔出来，进行系统训练和监测的过程。运动选材必须以运动能力的遗传规律为理论支撑，采用人体测量的基本方法，直接或间接地将被选者的运动才能之天赋因素测定出来，并根据测试结果，分析预测其未来的竞技能力，是一项非常有意义的工作。体质人类学在运动选材科学研究与实践中发挥了重要的作用，其分支学人体测量学、遗传学、民族学、人种研究等为运动选材提供了理论依据和方法指导，同时体质人类学的研究成果直接或间接用于运动选材，推动了运动选才的科技化进程。

我国运动选材经历了原始选材、自然选材、经验选材和多学科综合选材四个发展阶段[5]，随着科学技术的进步和多学科的交叉发展，运动选材必然迈向第五个发展阶段——科技化选材阶段。无论哪个阶段的选材，都离不开人体测量工作。运动选材中的人体测量指标包括形态学、生理学、心理学和运动能力等。在竞技体育运动中，通过人体测量研究可以揭示不同专项运动员身材的结构特点，如身体发育指标（身高和体重、身体组成）、长度指标（上、下肢长等）、宽度指标（肩宽等）、围度指标（胸围等）。这些测量数据为运动员科学选材提供身材方面的依据。肌纤维类型与运动能力有着密切的关系，也是运动选材要考虑的指标。如短时间、大强度运动项目运动员快肌纤维百分比大于耐力项目运动员；耐力项目运动员慢肌纤维百分比大于非耐力运动员；既要求速度，又要求耐力的项目的运动员快肌纤维百分比与慢肌纤维百分比相当。另外，运动选材常用的生理机能测量指标包括心率、血压、心功指数、心电图、肺活量、血红蛋白、最大摄氧量、PWC_{170}和无氧能力测试等。运动选材中常用的体质人类学指标及部分指标的遗传度分别见表 8-4 和表 8-5[6, 7]。

表 8-4　运动选材中常用的体质人类学指标及相关学科

	主　要　指　标	主要学科
身体形态	身高、肢体长度、体重、围度、指长比、手纹等	人体测量学
遗传方面	人种、种族、家族性、基因、血型、肌纤维类型等	遗传学
身体机能	心肺功能、供能特点、有氧/无氧工作能力、各种体液指标等	生物学、医学
身体素质	力量、耐力、速度、灵敏、柔韧等	人体测量学
心智方面	心理因素、智能水平、适应能力、气质类型等	心理学

表 8-5　运动选材相关的体质人类学指标及其遗传度（仅供参考）

指标	遗传度	指标	遗传度
身高	0.75～0.92	血清睾酮	0.78（男），0.91（女）
坐高	0.85	最大血乳酸值	0.60～0.81
臂长	0.80（男），0.87（女）	反应潜伏时	0.86
腿长	0.77（男），0.92（女）	反应速度	0.75
体重	0.68（男），0.42（女）	动作速度	0.50
去脂体重	0.87（男），0.78（女）	动作频率	0.30
VAT	0.56	柔韧性	0.70
心脏形态	0.82	绝对力量	0.35
肺面积	0.52	相对力量	0.64
肌纤维类型	0.80	步频速度	0.50
线粒体数	0.70～0.92	无氧耐力	0.85
最大心率	0.86	有氧耐力	0.85
最大摄氧量	0.69～0.94	人格障碍	0.61
血红蛋白	0.81～0.99	运动冲动	0.90
肌红蛋白	0.60～0.85	心理状态	0.60
CP、ATP 含量	0.67～0.89	神经系统功能	0.90

注：VAT 为内脏脂肪厚度，通常通过腹部 CT 断层扫描获得。

2. 人体差异的研究成果对优势项目选择的指导

体质人类学对运动科学的另一个贡献就是其研究成果可以指导优势竞技项目的选择。体质上的人种差异受到运动科学研究的关注。这些人体的差异与特定运动技能之间存在密切关系，如身体密度方面，白种人水中肌重为1.5g/cm^3，而黑种人为 11.3g/cm^3，黄种人介于两者之间。白种人因身体密度最小，有较多的脂肪以及较大的胸腔，使其占据游泳项目的优势，如美国泳坛神将菲尔普斯，在 2004 年雅典奥运会上，一共获得了 6 枚金牌；在 2008 年北京奥运会上一人独揽 8 金，称霸水立方；在 2012 年伦敦奥运会上又获 4 枚奖牌。18 枚奥运会金牌、22 枚奥运会奖牌使菲尔普斯成为世界奥林匹克历史上获得奖牌数量最多的运动员。黑种人身体密度最大，在游泳项目中没有优势，但在田径的竞赛项目中优势明显，如牙买加“闪电”博尔特，在 2008 年北京奥运会上创造奇迹，称雄鸟巢，在伦敦奥运会上又独揽 3 金，雄风不减，以 9″63 的成绩打破该项目奥运会纪录。2012 年伦敦男子 100 米决赛场上都是黑种人，牙买加包揽了该项目的金、银、铜牌。黄种人身体密度介于两者之间，在国际游泳大赛上，中国队也有不俗的表现。

在竞技运动场上，亚、非、欧等地区存在明显的人种差异，在世界范围内就整体竞技实力而言，以欧洲为主，亚洲和北美洲为辅，而大洋洲和非洲最弱[8,9]。从田径到球类、从速度到耐力，黑种人在跳、跑方面有其他种族无可比拟的优势；白种人在绝对力量方面占据着世界霸主地位；黄种人的运动天赋与黑种人、白种人相比有着一定的差距，但黄种人在灵巧、技能和心智等方面有着特殊的天赋，中国体育军团在体操、羽毛球、跳水等项目上优势明显（见表 8-6）。另外，黄种人一般身体重心不高，稳定性较好，这也是中国举重队在历届奥运会上取得好成绩的重要原因之一。

表 8-6　不同人种的体质特点与其优势项目的对比[10]

人种	身体形态与机能特点	优势项目
白种人	体高，肢体长，身体密度低，肌肉含量高，肢体力量大	田赛、大球、游泳和力量型项目
黄种人	四肢短而躯干长，身体密度居中，肌肉含量低，身体骨架小，身体重量轻，肢体力量小	灵巧、技能和心智类项目
黑种人	肢体长，身体密度大，骨密度高，肌肉含量高，快肌纤维含量高，足底屈肌强度高	奔跑、跳跃、爆发力和耐力项目

实践证明，任何一个国家要想成为奥运强国，必须拥有优势项目群。根据不同人种的体质特点与运动能力的关系，我国确定优势项目发展时应主要选择技能主导类、表现性难美项群和隔网对抗性项群，如体操、跳水、乒乓、羽毛球、射击、举重等。与美、俄、德相比，我国体能主导类项群对奥运奖牌总量的贡献率不大[11–14]。

3. 人体测量与运动训练监控

运动训练是竞技运动的重要组成部分，是为提高运动员竞技能力和运动成绩，在教练员的指导下和运动员的积极参与下，专门组织的有计划、有目的的身体活动。运动员是竞技运动的主体。运动训练的基本特点之一是不同训练负荷影响下机体会出现适应性或劣变性，因此竞技运动的科技攻关是围绕运动员能够承受的训练负荷阈值这个核心进行的。以往，教练员通过经验和感官来判断阈值的方法具有一定的局限性，必须将机体各个运动负荷反应程度数据化并进行客观分析，才能最大限度地保证训练的科学合理。在运动负荷设计中，负荷强度和量的比例分配通常有6种形式：① 加量加强度；② 加强度减量；③ 加强度保持一定的量；④ 加量减强度；⑤ 加量保持一定的强度；⑥ 减量减强度。不同训练时期的比例分配有相应的安排，即准备期前期采用增量低强度、增量保持强度的安排；准备期后期采用保持量和强度、减量提高强度的安排；比赛期采用提高强度减量、保持强度和量的安排；但比赛周里采用减量保持强度、保持量降低强度的安排；休整期采用减量降强度、保持量降强度的安排。

目前运动科技服务是应用人体测量的理论和方法对各专项运动员体质进行全面的测量，分析其所从事的运动项目对身体条件的需要特征，以制订相应的训练方案；通过运动训练的监控和运动员训练水平的测评，为国际大赛选拔优秀运动员提供科学依据，以期获得运动佳绩。在运动训练科学监控中，常用的生理生化指标见表8-7和表8-8。近30年来，对训练方法的运动生理生化研究不断发展，各种生理生化指标大量用于训练监控的实践。运动员机能评定和运动性疲劳及恢复的研究一直是我国运动科学的重点研究领域；国外则更偏重于对训练方法和运动负荷的监控，尤其是训练效果的评定。

表 8-7 运动训练监控中常用的生理生化指标

项目	主要指标
训练负荷强度	心率、血乳酸、血氨、血清 CK、血红蛋白、血清睾酮、尿蛋白、RPE
训练负荷量	血红蛋白、血清睾酮、尿蛋白、血尿素、尿酮体
训练效果	无氧功率、最大摄氧量、无氧阈、机能水平、运动能力
疲劳与恢复	心率、血红蛋白、血压、血乳酸、血氨、血清 CK、血清睾酮、血尿素、尿蛋白、尿酮体、RPE

表 8-8 用心率和血乳酸监控优秀运动员不同代谢类型训练负荷强度[15]

训练（代谢类型）	训练目的	训练方法	心率（bpm）	血乳酸（mmol/L）	项目举例
无氧低乳酸训练	发展 ATP-CP 供能能力	95%以上最大速度，持续时间 10s，间隔 30～60s	≥180	<4	100m 跑
最大乳酸训练	发展糖无氧供能能力	1min 最大速度的重复运动，间隔 3～5min	≥180	>15	400m 跑
耐乳酸训练	提高机体耐乳酸能力	1min85%～90%最大速度的重复运动，间隔 4～5min	180～190	10～12	400m 跑 800m 跑
乳酸阈训练	发展有氧工作能力	乳酸阈强度，持续时间 30～455min	160～170	4	
最大乳酸稳态训练	发展有氧工作能力	低于乳酸阈强度 10%～15%，持续运动时间大于 30min，血乳酸水平波动不超过 1mmol/L	>140 <170	<4	5000m 跑 10 000m 跑 1500m 游泳

机体对不同训练负荷产生不同的运动适应，良好的运动适应就是训练效果。若运动负荷超出运动员的最大承受能力时，机体会产生劣变现象，会对运动员的竞技能力的提高产生消极作用，甚至会导致运动员过早结束运动寿命。所以，运动寿命是评价一个国家竞技运动训练水平高低的重要指标，运动寿命受多方面因素的影响，是体质人类学、运动训练学、生理学、生物化学、心理学、医学及社会学等因素共同作用的结果[16, 17]。我国竞技体育运动的科学发展水平与发达国家仍存在一定的差距，与运动科学相关的学科（如体质人类学、生理学、生物化学和医学等）将在运动科学领域大有作为。

表 8-9 部分运动项目国内外运动员（国际健将级别）运动寿命对比

项目	国外（岁）	国内（岁）	引 自
男子跳高	32.71±3.72	—	国际田联，2010 年[18]
女子 400m 栏	—	25.80±2.20	中国，2012 年[16]
排球	34.60	28.80	第 29 届奥运会，2008 年[19]
投掷	35.00±3.20	26.00±2.68	2000—2008 年世界前 10 名[20]。

三、展望

体质人类学的研究成果为运动科学中的运动员选材、运动优势项目选择和科学运动训练提供了依据。近年来，随着运动科学自身的迅猛发展，并不断与体质人类学及其他学科的交叉融合，运动科学研究与体质人类学研究必将进入一个新的发展阶段。新的人体测量技术将为体质人类学提供更全面、更精确的人体数据，对更全面了解人体形态与机能的发展规律发挥了巨大推动作用。体质人类学的发展将极大地促进运动科学的发展，并在运动选材、育才中充分发挥作用，使人类竞技体育在追求“更快、更高、更远”的进程中更有效果、更有效率和更安全。

注释：

[1] 杨锡让. 1999. 运动生理学质疑与展望. 北京：北京体育大学出版社.

[2] 狐鸣，谭广鑫. 2008. 当代中国体育人类学的发展与展望. 体育文化导刊，(1)：17–23.

[3] 胡小明. 2013. 人类学方法进入体育研究的新阶段. 武汉体育学院学报，(5)：5–9.

[4] 田麦久. 2013. 项群训练理论的创立与发展——1983—2013. 北京：北京体育大学出版社.

[5] 王金灿. 2005. 运动选材原理与方法. 北京：人民体育出版社.

[6] 曾凡辉，等. 1992. 运动员科学选材. 北京：人民体育出版社，20–21.

[7] 王家宏，等. 2000. 运动选材学. 广西：广西师范大学出版社，7–11.

［8］罗智. 2005. 第28届奥运会的区域竞技格局. 体育学刊，（5）：104–107.

［9］石刚强. 2006. 奥运各项目群体等级区域竞技格局的演变. 体育学刊，（3）：115–118.

［10］席焕久，裴林国，程鹏，李文慧. 2010. 北京奥运会运动成绩的人种差异. 体育科学，（6）：81–84，96.

［11］胡小明. 1998. 人类学与体育研究. 体育学刊，（4）：42–44.

［12］曹景伟. 2001. 第24～26届奥运会各竞技强国优势竞技运动项目研究. 体育科学，（1）：39–43.

［13］孙宝全. 2012. 浅析我国竞技体育优势项目在第29届夏季奥运会的表现. 内蒙古民族大学学报（自然科学版）.

［14］李力研. 2001. 人类种族与体育运动. 中国体育科技，（6）：4–9.

［15］冯连世，冯美云，冯炜权. 2006. 运动训练的生理生化监控方法. 北京：人民体育出版社.

［16］李秀梅，周振平，肖洪凡. 2012. 我国优秀女子400m栏运动员运动寿命及影响因素的研究. 北京体育大学学报，（2）：114–119.

［17］周晖. 2005. 中外运动员运动寿命比较研究. 湖北体育科技，（4）：453–456.

［18］邱宝峰，黄贝君，董广新. 2011. 世界优秀男子跳高运动员的竞技年龄特征. 山西师大体育学院学报，（1）：94–96.

［19］孟国正，葛春林. 2009. 我国优秀排球运动员运动寿命影响因素分析. 北京体育大学学报，（8）：124–126.

［20］彭波，李昊. 2010. 影响我国投掷运动员运动寿命的因素分析. 成都纺织高等专科学校学报，（1）：63–66.

第三章
法医人类学

9　容貌特征与法庭科学

张继宗

公安部物证鉴定中心

容貌特征研究是体质人类学学科的重要组成部分。传统的体质人类学对容貌特征的研究，主要焦点是人类种族学，包括人类的生物学特征、变异、迁徙、环境的适应等[1]。人类的容貌特征常作为一个特定人群的标志性特征，与人类遗传学、人类文化发展及人类生态学（人类与环境的关系）交叉进行综合研究。

随着社会的发展、科学技术的进步，民用录像监控系统（CCTV）得到广泛的应用。近年来国内、国际各种矛盾激化，社会动荡，各类案件频发，CCTV在社会治安稳定及反恐案件侦破等领域，发挥了越来越重要的作用。伦敦地铁爆炸案、美国休斯敦恐怖袭击案等，应用 CCTV 的影像资料提供的线索，对案件的侦破发挥了不可替代的作用。影像资料应用于案件的侦破，在两个方面起到关键作用。一是为案件的侦破提供线索，在美国休斯敦爆炸案件中，美国警方在第一时间，将犯罪嫌疑人的影像在媒体上公布，全民参与抓捕，罪犯无处藏身。二是为案件的审理提供证据，在许多案件中，影像资料是确定犯罪嫌疑人进行犯罪活动的有力证据。如何确定影像资料中的嫌疑人与被抓捕的嫌疑人之间的关系，成为案件侦破、审理的关键问题。因此，容貌特征的研究成为体质人类学与法庭科学领域中，引起广泛关注的热点问题。

一、国外研究的现状

容貌特征的研究包括测量及形态观察两个方面。在确定影像资料中的嫌疑人与罪犯之间的关系方面，同样也是应用测量与观察的方法。

Krista 等（2007）对照片面部特征的测量进行个体之间相互关系的研究。他们使用高清数码相机对 120 名男性白人警员志愿者拍摄面部照片。选择面部正面测点，根据人体测量学的方法进行测量，包括角度的测量。对同一个体及不同个体面部测量特征的比较结果发现，照片测量的方法，不能用于法庭科学领域中对影像资料中的嫌疑人与罪犯进行面部特征的比对鉴定[2]。

在法庭科学实践中，照片的面部特征测量与观察是同时使用的。Roelofse 等（2008）对正面照片的测量与形态特征观察在法庭科学中的应用进行了研究。他们对南非 200 个 20～40 岁的男性志愿者进行了照片面部特征的测量及形态观察。为了进行面部测量及形态观察，在比较同一个体及不同个体之间相互关系的作用，他们选择了面部正面（标准照片）的 14 个测点，进行照片面部特征的测量，并根据测量结果计算了面部特征的 12 个指数，然后依据面部指数的结果进行面部类型的分类。同时，根据面形、颌形、颏形、上红唇切迹、人中形态、鼻中隔倾斜度、鼻翼沟及鼻梁高度，进行面部五官特征的分类。

在进行照片比对时将面部分为上部、中部及下部三个区。随机在样本中选取 30 个个体的照片，由有照片比对经验的警方工作人员及受试者，分别对照片进行比较分析。结果表明，组内测量结果的表现是稳定的。最不稳定的测量项目是上唇厚（ls-sto）及鼻长（al-al），最稳定的测量项目是上面高（n-v）及面宽（zy-zy）。测试者之间相关数据稳定性最好的是头高（gn-v）、面宽（zy-zy）及鼻宽（al-al），最不稳定的指标是眼睛（eu-eu 和 ex-ex）及口裂（ch-ch）。面部特征的分类容易掌握，如人中形态分为深、浅及无，鼻中隔形态分为偏上、中等及偏下等。面部分为上、中、下三个部分，考虑面部有遮挡个体，如对戴太阳镜、口罩的个体照片面部特征进行比较分析的情况。作者认为，有容貌特点的个体易于区分，尤其在排除个体不是同一人方面有重要意义。常见类型的面孔，该研究方法可以提供一个对照片面部特征进行比较分析的系列方法，其进一步的应用，有待于扩大样本进行研究[3]。

在法庭科学实践中，CCTV 系统中遗留的嫌疑人的影像资料，是在不同距离、不同角度、不同光线条件下拍摄的。对于如何将 CCTV 影像资料截图中得到的人面相与嫌疑人进行比较，传统的照片测量及容貌特征观察方法受到比对照片条件的限制。目前通用的方法是进行 2D-3D 影像资料的转换。案件发生现场监控录像截图中犯罪嫌疑人图像是 2D 的，拍摄的距离、角度及光线在不同的案件发生现场是不同的，抓获的嫌疑人拍摄常规照片与现场截图照片拍摄条件也不同，无法进行比对分析，需要对嫌疑人进行头面部的 3D 图像扫描，进行嫌疑人头面部的 3D 图像重建。将嫌疑人的三维重建头像，根据现场遗留的嫌疑人影像截图进行不同距离、不同角度、不同光线条件的调整，使其尽可能地与现场遗留影像中的嫌疑人保持一致。然后，输出三维重建的头像，完成三维向二维的转换。将通过嫌疑人头面部三维重建转换得到的二维头像与现场监控录像截图照片中的嫌疑人进行面部特征的比对分析，包括照片的测量、重合及面部特征的分析。这就是目前国际上法医人类学领域通用的 3D-2D 转换的面相照片比较分析方法[4]。

在面相比较分析时，使用经过 3D-2D 转换的图像与现场监控录像截图的图像，进行个体间面部特征的比较分析，结果的可靠性是否会受到影响？Cristina 等（2012）对此进行了比较研究。作者选择了 50 名 20～30 岁的白种人男性志愿者进行研究。使用高清数码相机，在尽可能相同的条件下对志愿者进行照片拍摄，得到了志愿者的右侧面部照片。在 50 名志愿者中，选择 5 名个体进行头面部的激光三维扫描，完成三维重建（准确度 0.05mm）。使用三维重建设备中的 3D-2D 标准转换模式，得到进行比对分析的 2D 图像。将 5 名通过三维重建得到的 2D 图像与 50 名志愿者进行右侧面轮廓线重合的比较分析。结果表明，三维转换后的图像与照片的比较分析结果是可靠的。不能正确重合的照片（非同一个体），重合线之间的差异面积大于 157mm^2，能够正确重合的照片（同一个体）重合线之间的差异面积在 43～133mm^2 之间。类似的结果在 3D-2D 转换后的照片与原始照片的重合点与点之间的最大与最小差异分别为，不能重叠吻合的个体大于 1.96mm，5 个可以吻合的个体（同一个体）其界限值均小于 1.9mm。作者认为，3D-2D 的方法在照片比对分析中是可行的技术手段，但需要进行大样本的深入研究[5]。

在 3D-2D 转换过程中，对于面部特征的表情变化对照片比对分析结果的影响，也有学者进行了研究。Gillian Aeria（2010）在西澳大利亚选择了 255 名 18～26 岁的成年人，进行面部表情对照片比对分析影响的研究。研究人员对受试者进行了头面部特征的三维扫描。受试者被扫描两次，第一次为正常表情，第二次为微笑表情。对两次扫描的结果进行分析，包括重合的误差及辨识情况，如照片比对后报警提示。重合比对同一个体重合点与点之间的误差为 0.827mm。比对分析的准确率为 99.8%，其中，正常表情辨识率为 97.8%，微笑表情的辨识率为 94.8%。对比中报警的情况分析发现，在不同的情况下，同一个体的表现结果是有差异的，但面部表情变化情况是可以用线性特征表达的[6]。

对 3D-2D 转换后，进行照片的比对，是否有种族因素的影响？日本学者对此进行了研究。Natalie 等（2003）分别对白种人及日本人的面部三维测量结果，进行了比较分析。作者选择了 13 个澳大利亚白种人和 25 个日本人的面部特征资料。选择的白种人和日本人均为男性，其平均年龄都是 32 岁。拍摄日本人左半侧位的 2D 数码照片，用计算机分析软件将澳大利亚白种人的头面部资料与日本人面部特征进行比较分析。比对照片的瞳距为 6cm，将 3D 头面部图像（澳大利亚人）旋转到适当的角度与位置时，与 2D 照片（日本人）进行重合比较分析。在面部选择了正面相常用的 14 个测点，用 3D 图像与 2D 的正面及左半侧位面相，进行重合比对。非同一个体的面部特征比较，要考虑两者的背景条件尽可能一致，如组内（澳大利亚人）要选择年龄、父母的种族血统相同，组间（澳大利亚人与日本人）比对配对样本的选择要考虑年龄相同。同时，对研究对象也进行随机配对研究。同一个体的 3D 面部图像与 2D 及左半侧位的比较分析，非同一个体的 3D 面部图像与 2D 及左半侧位的比较分析，共计得到 153 对重合比较组合。

在进行比较分析时，用面部的标志点进行重合，确定比中（照片来自同一个体）与否定（照片来自不同个体）。在澳大利亚样本中，正面像比中的样本（照片来自同一个体），测点之间的平均距离是 1.8～3.0mm，没有比中的样本（照片来自不同个体），测点之间的平均距离是 2.9～6.8mm，5%的误差率的数据重叠的交叉点是 2.9mm。左半侧位像重合比对结果，配对照片比中时，测点之间的平均距离是 1.7～2.5mm；没有比中的否定结果，测点之间的平均距离是 3.0～7.1mm，两者之间没有重叠。

日本人左半侧位的比较分析结果是，比中的样本（照片来自同一个体），测点之间的平均距离是 2.1～3.8mm；没有比中的样本（照片来自不同个体），测点之间的平均距离是 3.07～7.2mm；数据重叠的交叉点的界限值是 3.6mm，误差在4%以内。在澳大利亚人与日本人测量比对数据均值的 T 检验表明，两者间存在显著差异[7]。

在实际案件的侦破中，如何对照片进行比较分析，为案件的侦破提供线索，为案件的审理提供证据，也是目前容貌特征研究中的重点内容。Glenn对证件照片的个体识别方法进行了研究。首先，比对的照片要在尽可能相同的条件下进行洗印。比较鉴定时要将照片放大，与成人头像接近，瞳孔距离6cm；同时，要考虑照片拍摄的面部角度及光线对面部五官形态观察的影响。根据人体面部的解剖学特征，对要比较分析的照片进行研究，确定需要进行比较分析的照片是否来自同一个体，主要分析内容有以下几点：面部特征，疤痕、斑迹、疣痣等；面部五官形态，眼睛、鼻、唇、耳的形态特征；面部的对称性，包括面形及面部五官左右排列及左右形态的差异；面部测量，确定面部测点，画出面部测点之间的水平线及垂直线，进行面部五官特征相对位置及相互之间比例关系的分析。完成上述工作后，对面部特征的观察、测量结果进行比较分析，得出结论。最后，向法庭提出鉴定报告[8]。

如今面相鉴定，包括标准照、生活照等照片的比较鉴定及监控录像截图照片的鉴定，都离不开计算机技术。如何利用照片进行案件的侦破，是体质人类学与计算机技术的交叉学科，也是目前法庭科学研究的热点及难点问题。该问题的核心是面相特征的相似度的计算机快速检索。照片的比对鉴定研究都是从小样本开始的。如果我们在犯罪现场的监控录像中得到了犯罪嫌疑人的清晰的照片，如何根据嫌疑人的照片，发现真正的罪犯，需要在原始人群的海量人像数据库中，筛选出嫌疑人。计算机专家要根据人类容貌的特点，通过计算机建模，将监控录像截图的容貌校正为正面标准像，将校正的正面标准像与海量人像数据库的照片进行比对，对两张照片的相似度进行计算、评价，并将两张相似的照片，从海量人像数据库中提取出来，从中筛选出嫌疑人。目前的研究已经将最初20%的可信度提高到93%[9]。

二、国内研究现状

国内容貌特征的研究主要在体质人类学研究及法庭科学领域研究两个方面。

1. 人面部形态特征的体质人类学研究

在邵象清编著的《人体测量手册》中对人头面部形态进行了划分。其中与人像鉴定相关的形态包括头型、面型、上眼睑皱褶、蒙古褶、眼裂倾斜度、鼻根高度、鼻翼沟明显度及鼻翼沟与鼻唇沟的关系等，国内学者对少数民族的头面部形态特征进行了较多的研究。戎聚全、王克松[10]等人（2002）对953名年龄在22～60周岁发育正常的中国白裤瑶人进行了活体观察和测量。头面部28个形态特征包括：眼裂开度、眼裂方向、蒙古褶、上睑皱褶、鼻背侧面观、鼻根高度、鼻翼高度、鼻翼沟显著度、鼻翼凸度、鼻尖方向、鼻基部方向、鼻孔方向、鼻孔最大径位置、耳垂类型、上唇皮肤部高、上唇皮肤部凸度、红唇厚度、额部倾斜度、唇嵴发达度、面部水平观、颧部突出度、颏部突出度、头发形状、眉毛、胡须、肤色、眼色、发色。其结果是为了解白裤瑶人群头面部的体貌特征提供有一定价值的理论基础，并继而为人类学、美容学、整形外科学和法医人类学等积累第一手资料。郝建文、万立华[11]等人（2010）对中国北方5个少数民族人群面部五官特征统计分析指出：5个少数民族人群面部五官形态既有共同点，也有各自的民族特征，反映出本民族成年人不同性别间面部五官特征的异同和人体颜面五官与骨性五官存在相关性和一致性。类似的对少数民族头面部形态特征的研究还有：皮建辉、雷鸣枝[12]等人（2006）对湖南苗族、侗族头面部10 项形态特征的研究；海向军、戴玉景[13]（2005）对中国藏族头面部的研究；周卫兵、许彪[14]等人（2002）对云南省傣族成人头面部器官形态学的研究。另外，在汉族头面部形态特征研究方面有：杜利利、兰亚佳[15]等人（2010）对汉族人头面部特征的分析；刘学峰[16]（2011）对辽宁汉族成人头面部形态特征的分析；等等。这些研究客观、准确、标准地评价了该地区汉族颅面形态特征，以便全面反映面部形态结构和提供评价标准，且对于头面部美容、整形外科和人类学以及公安工作中面像照片对比都有一定的参考价值。国内一些学者将人头面部五官单独罗列进行研究，为某一单独器官的人类学研究提供了理论基础。

在眼睑方面，国内仅吉明生、冯葆华、杨彦昌及徐冬菊等做过部分项目的测量，但观测项目较少，不能完全满足实际需要。胡兴宇、罗传富[17]等人（1995）对122名18～20岁的大学生上睑褶、蒙古褶、睑裂高度及睑裂倾斜度等4项指标进行活体观察；对上、下睑高等13项指标进行活体测量；对上睑褶睑缘距与睑部相应指标进行统计分析，这是国内有关睑部较为齐全的报告。纪元、闵建雄[18]（1998）通过对我国汉族成年女性头面部X线正位片76例、侧位片32例及人像照片56例中眼眶与眼睛的形态学特征的测量统计研究，分析提出了眉毛与眼眶、眼外角点与眶外缘、眼内角点与眶内缘、筛窦壁及骨鼻腔等的位置关系及分型特点，并对眼眶指数、眼裂指数及其相关性进行了分析，部分结果与国内外相关的研究成果进行了比较和讨论，弥补了国内外在眼眶与眼睛的形态学相关性研究报道的不足。

在鼻部方面，黄明玉、胡晓松[19]（2000）对鼻外形的观察和测量也有相关研究，这些研究为人类特征分析、美容术、整形外科学以及今后的人像鉴定提供了解剖学基础。

在口唇部方面，孟庆兰[20]（2004）对200例汉族青年口唇和口裂的形态进行了观察和测量。形态观察方面，侧面观分为三型：平齐型、瘪上唇型、尖上唇型；正面观也分为三型：口角平行型、口角上翘型和口角下垂型，客观反映了口唇的形态。其得出的结果为：唇珠一般为倒置的等腰三角形，男女两性唇红厚度及口裂长度有差异，男性均大于女性。口唇部的研究报道为美容解剖学和颌面外科学及法医学颅面重合及人像鉴定提供了可靠的基础。

在耳部方面，2004年韩强、张富强[21]等探讨耳廓形态分类方法，通过对428个单侧耳廓缺损患者健侧耳廓石膏模型的形态特征进行研究，将耳廓形态分为30型，并取得各型耳廓所占比例的数据，此耳廓形态分类标准和方法，注重耳廓形态特征区别，具有临床参考价值。2006年刘军等[22]对中国北方地区631名汉族、347名满族成年人外耳的各种耳纹特征及所出现频率进行了研究，对其分类、比对进行分析。在法医学个人识别中有重要的应用价值。

2. 照片的比对鉴定

公安部物证鉴定中心张继宗、纪元等[23]（2001）报道两个有关照片鉴定的案例，并分别采用形态学参量和测量学参量进行对比，并对根据相片面部特征进行个体识别的方法进行了总结归纳：①尽可能从当事人或送检单位那里得到与需要进行比较鉴定的照片拍摄条件尽可能相似的照片，并了解当事人在拍摄照片时尽可能多的资料。② 按人类学方法，观察五官特征并进行分类；观察皮肤特征，如疣、瘢痕、皱纹等找出异同点。③ 参考人类容貌特征测量方法，头面有仰卧变化时只测量宽度指标，头面有侧相变化时只测量纵向指标，并且提出在进行照片的比较鉴定时，如果两张照片面部特征不同，作出否定结论是可靠的。如果两张照片面部特征相似，作出同一认定的结论需慎重处理，有必要做更进一步的检验鉴定。张继宗[24]（2009）面相鉴定进展，从面部无遮挡物和面部伪装两种情况的面相鉴定对犯罪嫌疑人面相鉴定方法进行了综述，深化了人体局部特征的比较鉴定方法，强调了人体测量方法应用于面相鉴定的不可靠性。

张继宗等[25]（2013）对有关面相鉴定中的问题进行了探讨，特别提出了对有关监控录像截图与嫌疑人如何进行面相比对的问题，强调在鉴定过程中，提供嫌疑人现场的模拟录像截图是进行照片比对鉴定的必要条件。

对三维影像如何进行照片鉴定国内也有学者开始进行研究。周亚军、陈斌[26]（2008）以三维影像技术进行人面影像鉴定初探，同时运用三维相位探测相机系统辅助人面影像鉴定方法，文中详述了对人面影像特征点、特征线的标画方法，以及运用设定的特征线作为参考进行调整三维人面影像的角度和大小，然后与平面人面影像进行重叠比对的方法。

三、展望

目前面相鉴定在国内外都是相关学科研究的热点问题。

体质人类学方面有很多问题需要研究。容貌特征的分类需要进一步细化，不同种族面部五官形态特征的分类差异、不同性别面部五官特征的差异、面部五官特征的家系遗传关系、人类面部特征的对称性情况、人类面部特征随年龄增加的变化规律等均需要进行研究。

在法庭科学方面也有很多问题需要进行研究。人类面部五官特征在群体中的分布频率需要进行研究，以确定面部五官特征的认定率或排除率；不同光线、不同角度对面部影像形态的影响需要进行研究；数码拍照条件对影像质量的影响需要进行研究，包括相束、色差、夜视条件等对图像质量的影响；

照片比对分析可靠性的研究，包括方法，如面部形态特征、照片测量、照片重合比对及 3D-2D 转换等；计算机技术在照片比对鉴定中的应用，包括图像质量的修复，照片影像的转换方法，如拍摄角度及光线的调整、照片中个体的快速检索及比对分析等。

面相鉴定涉及内容丰富，有广阔的发展空间。

注释：

［1］Beals. Ralph. Lleon.，1977. An Introduction to Anthropolgy. Macmillan Co.，Inc. New York.

［2］Krista F，Kleinberg，B. Pharm；Peter Vanezis，M.D.；and A. Mike Burton，Ph.D. 2007. Failure of Anthropology as a Facial Identification Technique Using High-Quality Photographs. J. Forensic Sci.，Vol.52. No.4，781–783.

［3］Roelofse M. M.，Steyn M.，Becberr P. J. 2008. Photo Identification：Facial Metrical and Morphotogical Feature in South African Males，Forensic Science International，177，168–175.

［4］Yoshino M，Matsada H，Kubota S，Imaizumi K，Miyasaka S. 2002. Computer-assisted facial image identification system using 3-D physiognomic range finder. Forensic Sci. Inter. 109：225–237.

［5］Cristina，Catlaneo，et al. 2012. Personal Identification by the Reliability of a High-Resolution 3D-2D Comparison Model. J. Forensic Science. Vol. 57，No.1；182–186.

［6］Gillan Aeria. 2010. Targeting specific facial variation for different identification tasks. Forensic Science International 201，118–124.

［7］Natalie L. Frase，et al. 2003. A Japanese computer-assisted facial identification system successfully identifies non-Japanese faces. Forensic Science International，135，122–128.

［8］Glenn Porter，Greg Doran. 2000. An anatomical and photographic technique for forensic facial identification. Forensic Science International，114，97–105.

［9］Rory J，Allen. 2008. Exact solutions to Byesian and maximum likelihood problems in facial identification when population and error distributions are

known. Forensic Science International 179，211–318.
[10] 成聚全，王克松，等. 2002. 中国白裤瑶头面部形态特征研究. 黔南民族医专学报，15（2）：63–66.
[11] 郝建文，万立华，李广龙，等. 2010. 中国北方5个少数民族人群面部五官特征统计分析. 重庆医科大学学报，35（2）：297–303.
[12] 皮建辉，雷鸣枝，吴亿中，等. 2006. 湖南苗族、侗族头面部10项形态特征研究. 南华大学学报，34（3）：347–350.
[13] 海向军，戴玉景. 2005. 中国藏族头面部特征研究. 卫生职业教育，23（19）：120–122.
[14] 周卫兵，许彪，等. 2002. 云南省傣族头面部器官形态学研究. 中国美容医学，11（5）：404–408.
[15] 杜利利，兰亚佳，王海椒，等. 2010. 汉族人头面部特征分析. 工业卫生与职业病，36（1）：11–15.
[16] 刘学峰. 2011. 辽宁汉族头面部形态特征. 锦州：辽宁医学院.
[17] 胡兴宇，罗传富，等. 1995. 睑部的应用人类学研究. 解剖学杂志，18（2）：174–177.
[18] 纪元，闵建雄. 1998. 汉族成年女性眼眶与眼睛形态特征相关性初步研究. 刑事技术，（1）：7–10.
[19] 黄玉明，胡晓松. 2000. 土族外鼻部分特征的测量研究. 青海医学院学报，21（3）：5–6.
[20] 孟庆兰. 2004. 汉族青年口唇部形态及口裂的测量. 中国实用美容整形外科杂志，（15）：305–307.
[21] 韩强，张富强，焦婷，等. 2004. 耳廓形态分类方法探讨. 口腔颌面修复杂志，5（1）：38–41.
[22] 刘军，靖静，孟军，等. 2006. 中国北方地区汉族、满族成年人耳纹特征分析. 广东公安技术，85（4）：6–8.
[23] 张继宗，闵建雄. 2001. 根据相片面部特征进行个体识别的方法. 刑事技术，（5）：23–25.
[24] 张继宗. 2009. 面像鉴定进展. 刑事技术，（增刊）：32–35.

［25］张继宗，徐磊. 2013. 人像资料鉴定存在问题及对策. 刑事技术，（1）：8–10.

［26］周亚军，陈斌. 2008. 以三维影像技术进行人面影像鉴定初探. 甘肃警察职业学院学报，6（3）：48–52.

10　我国民族肤纹学的梦想

张海国 [1~6*]　谭婧泽 [1, 2#, *]　王玲娥 [1, 2#]　管海娟 [1, 2*]

（1. 复旦大学现代人类学教育部重点实验室；2. 上海人类学学会；3. 中国肤纹学研究协作组；4. 台湾少数民族研究会；5. 江苏警官学院指纹研究所；6. 上海交通大学医学院）

近年来，肤纹（含指纹、掌纹和足纹）在民族渊源研究中发挥了重要作用[1]。肤纹是人类外露的生物学性状，因其形态有“每人各异，终身稳定”的特点，肤纹学诞生 100 多年来，都是警察破案的有力工具[2, 3]。肤纹形状在民族群体中有固定频率、能世代遗传的特点，是甄别民族群体的天然标记，30 年来，肤纹学渐渐在人类学、群体遗传学、民族学等领域中得到重视[4–7]。我国在民族学的研究中，应用肤纹学资料取得了一些进展[8–12]。

以前，讨论民族渊源，很多是从历史学、考古学、语言学等文化领域找寻资料和证明[10]。但是有许多问题亟待解决，如历史文献的不完整和被改动、考古的不连续和被混淆、语言的不稳定和易被征服等，都不利于对民族渊源问题的探讨。

我国民族学界大体认可的对民族的定义为：“民族是人们在历史上形成的一个有共同语言、共同地域、共同经济生活以及表现于共同文化上的共同心理素质的稳定的共同体。”可是，语言的同化可以在几代人中做到（如日据台湾、英属印度等），地域的征服同化可以在以月、天、小时计算的时间内实现，经济的同化早就让人类成了“地球村”的村民，文化的同化可以潜移默化或强制推行，心理是最不稳定的无实物的虚幻场景，任何风吹草动都可引发心理的波动。

#：贡献同等，均为第一作者。*：通讯作者。

人类学是自然科学和社会科学之间的桥梁，用自然科学的方法和手段研究社会问题。关于人类学，有人说它是理科，也有人讲它属文科。体质人类学是人类学分支，肤纹学又是经典的体质人类学科目[2–8]。近年肤纹学的研究结果表明，肤纹学渗进了社会学、历史学、民族学的传统领域，表现出文理结合、学科交叉的局面。

当下，有个很是时髦的词“梦想（dream）”，多年前我们在论文[9]中就尝试提过“dream”一词。

PLoS ONE E8783 的论文[9]，开篇头两句文字如下：“Completion of a survey of dermatoglyphic variables for all ethnic groups in an ethnically diverse country like China is a huge research project，and an achievement that anthropological and dermatoglyphic scholars in the country could once only dream of. However，through the endeavors of scientists in China over the last 30 years，the dream has become reality.”

这两句话的意思是：“完成一个国家所有民族的肤纹研究，是人类学家的梦想。经过 30 年的努力，今天，在中国，梦想成为现实。”2010 年 1 月 20 日有 15 位中外人类学学者在 PLoS ONE 上发表题为 *Dermatoglyphics from All Chinese Ethnic Groups Reveal Geographic Patterning* 的文章[9]，这就标志着中国率先在世界上实现自己国家全民族肤纹研究，圆了中国人类学学者的肤纹学梦想[8]。

一、国内外现状

1. 目前我国肤纹学的情况

我国对肤纹的观察有几千年的历史。但直到 100 多年前，我国的肤纹研究才成为科学内容。

（1）《ADA 标准—CDA 版本》

关于肤纹学的分析，世界上曾经有过几种流派，如德国、法国、奥地利、阿根廷、日本、英美等学派[2~8]。近 50 年来，在人类肤纹学中，以英美学派为主流。现在我国主要运用美国的肤纹分析法，做了一些补充（见图 10-1）。

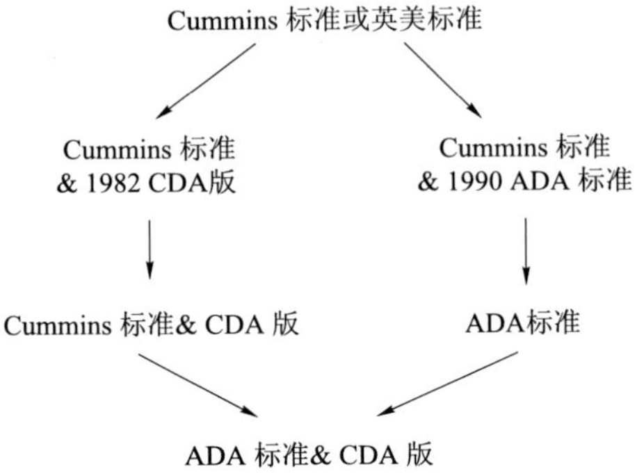

CDA：中国肤纹学研究协作组；　ADA：美国肤纹学会

图 10-1　中国肤纹学界使用的分析方法

《ADA 标准—CDA 版本》（ADA standard—CDA edition）就是技术标准（technological standard），也叫分类标准（classify standard）。中国肤纹学研究协作组（CDA）注意到，虽然以 ADA 标准作为民族肤纹的分析方法，符合主流做法，有许多好处，但在实际操作中有许多不明确处。早在 1982 年，在南京举办的“中国肤纹学研究协作组第一次学术论文研讨会”上，就有学者提出“对 ADA 标准做补充和改良”的建议，不久，CDA 迅速纠正方向，把“补充和改良”（complementarity and improve）调整为“补充和完善”（complementary and consummate），就好像后来对“计算机视窗软件只打补丁不做改动”一样，以后的历次研讨会上我们没有做 ADA 标准的改良和修正，只是做补充或完善的工作，会议代表在会上或会后可得到油印的关于标准的会议文件。1990 年以前，其被称为《Cummins 标准》（中国版）。ADA 对《Cummins 标准》的实施开始于 1990 年，当年，笔者收到 ADA 领导寄来的印有“ADA 标准”的通信本。看来，《Cummins 标准》的中国版本比《ADA 标准》诞生得更早[11，12]。

对指纹三个系统的分析，是对 ADA 标准的补充，嵴线追踪内容是对 ADA 标准的完善，形成《ADA 标准—CDA 版》，贯穿于我国民族肤纹研究过程之中，诞生了一些概念和规定。

《ADA 标准—CDA 版》中的三个系统概念：嵴线组成多种嵴线系统，嵴线系统再组成各种指纹花纹；嵴线组成包括三角系统（triangle system）、内部系统（interior system）和中心系统（center system）三个系统；三个系统互不粘连、独立存在。

曲拱穹隆概念：心围线最高位处的曲拱（arch）、处于最内核的穹隆（roof），称为曲拱穹隆（arch roof）。曲拱穹隆具自然、完整、唯一性，曲拱穹隆的弧线上不可有拐点，箕纹的曲拱穹隆为不小于 180° 的半圆。斗纹的心围线是圆或不小于 360° 的旋。

中心系统的类型及中心点的概念：中心系统的中心点在心围线头部的内侧，或直接在心围线的头上，即在曲拱穹隆内或在曲拱穹隆顶端。

空心型的中心点的概念：心围线穹隆内无任何心内线（嵴点），心围线穹隆的圆心到穹隆最高点的 1/2 处，即为中心点。

双箕斗的 S 线的概念：双箕斗（doubel loop whorl，Wd）有一个中心，两个三角。Wd 必由正头箕和倒头箕组成。Wd 的中心系统之中心点都必须定在正头箕上，像普通箕纹一样标定中心系统的中心点。Wd 是生物特性的标志。Wd 的确认依靠对“S”线的追踪。Wd 的中心必须有一条完整的“S”型线，并把两个完整的箕头分开。“S”线不参与箕头的组成。“S”线可以是嵴线或者为沟线。

“S”线的追踪规则：“S”线的追踪始于线端，规则有四：左右都可发动追踪；不参与中心系统；远离中心系统；“轨迹”优于“远离”。左右发动追踪的结果按逻辑运算法则处理，如左侧发动的结果是 Wd，记为“是”，也套借逻辑运算法则：是是为是，非非为非，是非为是。

此外，《ADA 标准—CAD 版》中对掌纹的非常数三角、轴三角 t 缺失、手掌指三角 c 缺失、手掌指三角 d 缺失、RC 中的直线问题等，都做了规定。这些概念或规定是 CAD 版本的具体内容，在《肤纹学之经典和活力》（张海国，2011）一书的《民族肤纹研究的技术标准和项目标准》一文中有更详细的介绍。

（2）《CDA 标准》

《CDA 标准》（CDA standard）就是《项目标准》（item standard），以吕学诜（1938—2009）、张海国等人委托郭汉璧（1934—2006）写的《人类肤纹学研究观察的标准项目》为蓝本，具体规定了的项目。

依照《CDA 标准》提取的项目数，模式样本（model swatch）可分为三级等次（1 级模式样本、2 级模式样本、3 级模式样本）[10]。

1 级模式样本（one class model swatch）——含有指纹的 A、Lu、Lr、W、TFRC 项目。

2 级模式样本（two class model swatch）——包含 1 级模式样本全部和掌纹的 a-bRC、T/I、II、III、IV、H 项目。

3 级模式样本（three class model swatch）——包含 2 级模式样本项目和足纹的 hallucal（A、L、W）、II、III、IV、H、calcar 项目。

在三个级别的样本中，其他项目多而不限。

在今后的研究中，提倡向 3 级模式群体的规模努力，2 级模式群体是起码要求，1 级模式群体基本不提了。

2. 中美肤纹研究比较

美国肤纹研究曾经领先世界，为肤纹研究作出了极大贡献。美国学者 Harold Cummins（1893—1976）和 Charles Midlo 合作出版了肤纹学上划时代的经典著作《指纹、掌纹和跖纹》（*Finger print，Palms and Soles*）[4]，书中对肤纹学各个应用方面都做了清楚的论述，对当时肤纹的方法学、解剖学、胚胎学、遗传学、民族学以及先天愚型的肤纹特点等研究成果都做了全面精辟的概括。“肤纹学”一词就是他于 1926 年提出的，他巧妙地将皮肤（dermato）与雕刻（glyphic）结合成 dermatoglyphics——皮肤纹理学，简称肤纹学。此书分别于 1961 年、1976 年由纽约 Dover 出版社再版。最重要的是他改进了以往的方法学，现代的医学肤纹学或民族肤纹学的研究方法都沿用 Cummins 的规范——《Cummins 标准》。Midlo 和 Cummins 还在 1942 年合作发表了《灵长类的肤纹》，这是非人灵长类肤纹的重要论著。自 1926 年到 1967 年，他在《美国体质人类学杂志》和《美国解剖学杂志》等重要杂志上发表了 48 篇论文（著作）。Cummins 的出色研究加速了全球肤纹学的进展。他是美国路易斯安那州新奥尔良市 Tulane 大学医学院的终身荣誉解剖学教授，是美国肤纹学会的终身荣誉主席，1976 年 5 月 12 日 Cummins 逝世，差几天就是他 83 周岁的生日。

美国的肤纹学研究技术很是领先。但是，他们的民族肤纹研究成果不多，甚至很少，原创论文少见，多为引用他国研究专家的著作，远远不如当今中国的民族肤纹研究成果那样丰富和多彩[1，9-12]。

3. 中俄肤纹研究比较

俄罗斯的肤纹学研究自成一套，苏联时期，做过一些民族的调查，用他们自己的标准进行肤纹研究，以至世界影响很小，近乎于无。

俄罗斯在肤纹研究中强调男女分开调查，好像人分男女，指纹也应有男指纹和女指纹之别。男女的综合数据常常阙如。更奇怪的是有 5 个项目是必做的内容，这 5 个项目是：① 指纹强度指数（pattern intensity index，PII）；② 主线指数（main line index，MLI）；③ 轴三角的频率（frequency of the axial triradius，t）；④ 小鱼际频率（frequency of the hypothenar patterns，HY）；⑤ 掌纹指三角频率（total frequency of the accessory interdigital triradii，AIT）。遗漏了最重要的 TFRC、a-bRC、大鱼际花纹、指间区花纹等常规项目和足纹。对指纹的调查也只限于仅有的几项分类，缺少相当重要的箕纹细分类，缺少桡箕纹。

4. 中国与印度的肤纹研究比较

印度也是肤纹研究比较活跃的国家，但是，对民族肤纹研究的项目不多，可对比的项目较少。

5. 我国大陆和台湾地区的肤纹研究比较

我国台湾高山族和岛内人群的肤纹研究开展得很早。1910 年，日本研究者 K. Hasebe 的论著《台湾土著人的掌纹》[7] 问世。中国民族肤纹学由此开端，至 2009 年，已有 100 周年。

1922 年，K. Shiino 和 Mikami 发表《中国人的掌纹》一文。同是 1922 年，H. H. Wilder 在《美国体质人类学杂志》上发表了《手足纹在种族间的不同：中国人和日本人的手足纹》，研究的对象是上海的大学生和南京金陵学院的学生，从体质人类学角度研究中国大陆人群肤纹的历史应该是从 1922 年开始。

1928 年，M. Kudo 的论文《台南土著人的指纹——高山族阿美人和台湾人的指纹》发表。1929 年，T. Kanaseki 的研究文章《台湾（高山族）泰雅人的掌纹和足纹》在《东京人类学杂志》上发表。1945 年“二战”结束前，我国台湾地区民族肤纹研究大多由日本和德国研究者主持；我国台湾光复后，台湾地区人群肤纹的研究多转由我国台湾本地学者开展，涉及我国台湾高山族主要分支人群的手纹和足纹，以及沿海较大岛屿上的人群和祖籍为福建人群的肤纹。到 20 世纪 70 年代为止，日本、德国研究者和我国台湾地区学者等前后共发表了 58 篇关于肤纹研究的论文[6]。德国和日本学者的肤纹分析方法与英美不同，再加上德日间的分析方法也未趋同，这些文章在技术分析标准、项目参数标准上有很大不同，加之样本量不大、研究的项目比较单一，很难在几篇文章中凑齐一个人群或一个民族的指掌纹的近 10 项参数。

2003 年，我国台湾慈济大学体质人类学教师陈尧峰博士开始对原住民（高山族）的阿美（Ami）、噶玛兰（Kavalan）和太鲁阁（Truku）族群作研究，这是我国台湾地区本土项目中参数最齐全的民族群体的肤纹分析，就是使用了《ADA 标准—CDA 版本》和《CDA 标准》，并对我国台湾闽南人、客家人的肤纹做了研究。陈尧峰等的论文，建立了台湾的肤纹模式样本，可与我国大陆的其他 55 个民族群体对比。我国大陆与台湾地区密切合作，推动台湾肤纹研究规范发展。

二、“昆明世界大会”重要成果

国际人类学与民族学联合会第十六届世界大会（16th World Congress of The International Union of Anthropological and Ethnological Sciences，16 IUAES，简称昆明世界大会）为展示我国肤纹学研究进程，推进各国肤纹学学术交流，促进我国肤纹学的发展，提供了机会和平台[10]。

1. 决定发表统一了的《ADA 标准—CDA 版本》和《CDA 标准》

1978 年，中国大规模肤纹研究兴起时，我们注意到肤纹研究要全国统一标准才行。前几届的肤纹论文研讨会上，花了大段的时间讨论《民族肤纹研究的技术标准和项目标准》，有时也会有争论，甚至激烈争吵。在 2009 年的昆明世界大会上，大家分享了技术标准和项目标准的同一所带来的丰盛大餐。在专题会场上，会议主席张海国代表中国肤纹学研究协作组、上海人类学学会宣布，在近期发表《ADA 标准—CDA 版本》和《CDA 标准》论文或著作，使标准从内部使用的文件变为在社会上公开的文本。

2. 提出了民族肤纹的群体标记

民族肤纹学基础研究中，用已知特征、明确定位、指示标杆作用的地方族群作为分析的标记，简称群体标记（Population Marker，PM）。监视标记（Supervise Marker，SM）是 PM 模型校对、甄别的标准。

中国有 13 亿人口，认定 56 个民族。中国的民族划分比较清楚，人口交往还不太频繁，有些人数极少的民族还结聚一地。在这个时期内做好 56 个民族的肤纹捺印和研究工作，在时机上有许多有利因素。中国大规模民族肤纹的基础研究起于 20 世纪 80 年代初，至今已全部调查了 56 个民族共 150 多个群体[10]。

近年对所有公开发表的群体参数进行了整理和校核，发现有部分民族群体的项目参数残差不整。所谓项目参数整齐的意思是含有 TFRC、a-b RC、A、Lu、Lr、W、T/I、II、III、IV、H 共 6 个项目的 11 个参数。在长年的民族肤纹基础研究中，只是罗列群体数据，肤纹基础数据的生物学信息的发掘研究还有大量的工作要做[10]。

（1）肤纹的“岛式淀积”

有些族群经过迁徙后，较长时间生活在较为稳定的地理地带，犹如在岛上，是为“岛居人群”。

肤纹的地方族群标记（PM）显示岛居人群肤纹项目参数类同于大陆北方的中原人群。岛居人群的主体来自大陆南部沿海，而源于大陆中原等地。因为岛居人群的血统一段时期内较为严格，少与外属通婚，所以在沿海时代就有基因淀积，成为岛居人群后，这种基因淀积得到加速和纯化，是为“岛式淀积（island sedimentation）”。在“岛式淀积”作用下，发生表型“返祖现象”，回到群体原来固有的频率，肤纹表现了 Castle-Hard-Weinbery 平衡。“岛式淀积”是民族肤纹学理论的重要内容。我国岛居人群因“岛式淀积”的作用，使其肤纹特征“比北方人还北方人”[10]。

（2）肤纹的群体标记（PM）

肤纹 PM 是以多民族多群体为对象，以 SAS 系统的聚类分析为方法，以探索族群源流为目的之研究项目。标记的群体共有 32 个，包括：南北分类明确的各14个民族群体，计有28个民族群体；另外有美国和南非的黑色人种2个群体，北美白色人种的2个群体，共4个人种群体。犹如DNA Marker实验一样，以已知测未知[9]。

3. 公布了全国肤纹的总结性报告

完成一个国家的所有民族的肤纹参数调查，是一项浩大的研究项目，是各国人类学、肤纹学工作者美好的梦想。经过我们30年的努力，今天在中国，这个梦想成为现实[9]。

中国成为世界上第一个完成全民族肤纹调查的国家，56个民族的肤纹调查已完成，这是“昆明世界大会”公布的消息。

（1）汉族肤纹表现出强烈的杂合性

汉族的16个样本（包括合并群）中，4个样本聚入南方群，12个样本聚入北方群。取材于南方的9个样本，聚类于北方群。上海汉族3个样本，每个样本的人数都在1000人以上，都聚类于北方群。在某富含汉族的区段，其6个样本中，汉族有4个，汉族样本并没有单独聚类成为一群。我国汉族是中国乃至世界人口最多的民族，分析中发现各地（华东、西北、东北、西南）的汉族样本都与当地的民族聚类一群，中华民族多元一体，汉族是中华民族集合的后代。目前的资料表明，现代人类源于10万年前的非洲，3万～5万年前有一支祖先在亚洲东南部生活，后再向亚洲北部迁徙，先过长江再越黄河，约5000多年前在中原形成华夏民族，中华民族的古老遗传标记在今天还有表现。汉族的肤纹特征表现出强烈的民族杂合性[10]。

（2）否定我国台湾地区少数民族“南来说”

我国台湾地区少数民族（大陆称高山族、原住民）的2个样本分别是人数最多（人口为16.7万人）的阿美（Ami）样本和人数很少（人口约为800人）的噶玛兰（Kamalan）样本。我国台湾地区少数民族样本都聚类在北方群内，与我国台湾地区主流观点——“原住民源于南洋”的结论有所不同。我国台湾地区少数民族源自我国大陆，而且是北方[10]。

关于我国台湾地区少数民族的来源有三个方向：“南来”、“北来”、“西来”。其中“南来”是我国台湾岛内的主流看法，认为台湾少数民族主要来自南太平洋群岛。有许多文物证据——发现的古陶器、钱币、生活用品、生产工具等，都支持“南来”观点。而大陆学者同样发现了古代文物，发表了与我国台湾学者不同的看法。我国台湾地区少数民族的“北来”之说，是日本和岛内学者的又一观点，他们认为台湾少数民族主要来自于台湾北面的琉球群岛。“西来”就是来自海峡的西岸，这是我国大陆和部分台湾学人所持观点。

肤纹作为生物性状，是基因的产物，保留了人群最基本的特性。基因和肤纹遵从遗传学的规律，完全按照群体遗传的规律传宗接代。现在由肤纹的分析，否定了“南来”说，第一次由生物学的证据，加入历史和民族讨论。

（3）藏族的族源并非“南来”

藏族的 9 个样本（含合并群）都聚类在北方群中。在聚类的区段中，有 5 个藏族样本，是藏族群体较集中的区段。藏族肤纹表现为北方群特征，是北方民族，非“南来（印度）”之民族。藏族的族源与古羌族等有关。肤纹表明拉萨等地藏族主支有较多的北方血统[10]。

（4）我国台湾闽南汉族人和客家汉族人的肤纹支持“岛式淀积”理论

我国台湾闽南汉族（Han-2 Minnan）人是我国台湾地区人口最多的群体，占总人口的 80%左右。发现台湾闽南汉族人肤纹项目参数类同于大陆北方群。闽南人来自福建南部即闽南，而闽南人源于大陆中原等地。我们还发现，因为闽南人群的血统一段时期内较为严格，少与外属通婚，所以在闽南时就有基因淀积，世居我国台湾（岛）后，这种基因淀积得到加速和纯化。岛居住民特有的基因淀积和纯化现象在别的较封闭的环境也有所表现。在“岛式淀积”作用下，发生表型“返祖现象”，回到群体原来固有的频率和肤纹的 Castle-Hard- Weinbery 平衡。“岛式淀积”理论是我们的肤纹理论的重要内容。我们通过肤纹研究，发现台湾闽南人因“岛式淀积”的作用，使其肤纹更具有北方群特征。台湾客家汉族人（Han-Kejia）的肤纹项目参数的分布情况，及其在聚类树系图上所处的北方群的位置，都支持肤纹的“岛式淀积”假设[10]。

4. 我国台湾学者与大陆学者的更密切合作

笔者 2006 年访问台湾，对其肤纹研究作了更深的了解。台湾学者参加了昆明世界大会，亲身感受到大会的隆重、庄严、包容、和谐的气氛，为两岸进一步合作奠定基础。会上对分享研究成果、论文署名和单位标注方案等细节，进行了讨论，友好解决了许多问题[10]。

5. 其他成果

昆明世界大会是展示中国肤纹研究成果的大平台。在会上，世界肤纹学的专家也展示了他们自己的研究成果：肤纹的公安应用、医学应用、少数民族肤纹的研究、运动员选材、高校学生社团的肤纹学术活动、中原汉族肤纹的研究报告、我国台湾汉族人与少数民族间的肤纹学比较研究、少数民族大省——云南省民族肤纹研究的前景和瞻望、人类肤纹学的教学研究、非人灵长类猕猴掌面花纹的研究、自闭症儿童的肤纹诊断报道、中国学者在越南工作的报告——越南京族与孟高棉族群的关系、中华指纹博物馆的介绍、唇纹研究报告、唐氏患者与智障儿肤纹比较之统计研究、手足文化——基于手足的人类文明与前途的演讲等；美国、英国、印度尼西亚、马来西亚、白俄罗斯、印度、孟加拉国代表出席会议或发表书面报告；我国台湾和香港地区的肤纹专家也参加了大会。仅看这些论文题目和出席专家，可知昆明世界大会是多么精彩。

三、我们的不足

1. 含足纹项目的文章没有见到

肤纹包含指纹、掌纹、足纹。在昆明世界大会的诸多论文中，竟然没有一篇含有足纹项目的论文，这是令人担忧和唏嘘的现象。毕竟在21-三体遗传病的诊断中，足纹占有 25%的信息量。这传递给我们一个信号——肤纹研究中也有急功近利的坏毛病，足纹项目的研究比指纹和掌纹要付出更多。

2. 缺少接班人

昆明世界大会上有许多人的身份是教师，涉及人类学教学的教师仅有10%。大多数学者只是临时客串肤纹研究活动。

在与会的硕士、博士中，不到1%的人把自己的专业方向定在与肤纹有关的学问上。

可以预计，在 5 年后，有一个 5～10 年左右的空洞期——没有人会专注于肤纹学的研究，把中国现在领先世界肤纹研究 10～15 年的时间消耗殆尽。肤纹学缺少接班人，缺教师、缺学生，这种叫人忧心的情景，恐怕真的会出现。

3. 基础研究的固有顽疾

基础研究不像应用研究具有短、平、快特点，比较不容易成功。

爱因斯坦在 1934 年对“基础研究”困境问题就说过，“作为一个普遍的规律，科学所创造的知识和方法只是间接地有助于实用的目的，而且在许多情况下，还要等待几代以后才能见效”。肤纹学是人类学的经典，又是很基础的项目。要使肤纹学发挥活力，需要肤纹学者坚守学术阵地。进行诸如肤纹学基础研究的学人，要淡泊名利、与世无争，守好自己的田园，默默耕作，把追求事业的过程当成享受，视事业为兴趣，看肤纹当上瘾[11]。主管层面的领导，要支持基础研究，加大投入，放松研究环境，使经典肤纹学焕发青春之活力。

四、今后的方向

1. 丰富肤纹库

现有 28 个民族已经建立了 3 级模式的大样本，今后要努力建设大样本的 3 级模式数据库，依 3 级模式标准建立我国肤纹库。

2. 努力探讨肤纹的遗传机制

目前，有十几到几十个候选基因表明肤纹与遗传病有关。肤纹的遗传机制如何？肤纹的遗传方式及其证据是什么？肤纹的基因位点在哪儿？

近来，上海交通大学和复旦大学对肤纹的遗传做了某些探讨。

H–W 平衡计算是假设遗传方式的必要步骤。在 Genhunter 统计中有的 Lods＞3.0 的和性状连锁的标记有很多。但是，用 H–W 平衡做家系检验都是 $X^2>3.84$，$P<0.05$，表示差异显著，不符合遗传假设。同样在 linkage 中也有 Lods≥2.37 的项目，但是，也不符合 H–W 平衡的规律。

只有右手环指指纹的 W 性状，在 Genehunter 得 Lods=3.7678，D20S173。同样用 Linkage 得 Lods=2.125，标记物同样为 D20S173。两种方法都指示染色体 20q13.33 位点，即在 20qter 位置上有环指 W 的基因位点。更重要的是，H–W 平衡的家系统计也支持环指 W 的 AD 遗传模型。

313 个 STRP 对 22 条染色体做扫描，再用 Genehunter 和 Linkage 计算家系的遗传材料，可以直接把位点和性状作连锁。这种方法对多基因遗传的性状，可以找到主基因或起主要作用的基因。但是，如果不做 H–W 平衡分析，性状在家系中的传递方式就无法清楚，主要是因为家系材料中家庭数太少，达不到可检验的水准。

对 100 个家庭的 376 人做 AD 遗传模式分析，由 H–W 平衡为检验工具。结果符合 H–W 平衡的 AD 遗传模式。

对右手环指 W 指纹的遗传位点的探索，由 D20S173 标记指示 20q13.33 位点，是目前最详细的位置。

在 D20S173 的上下游位置做 finemapping（精细定位），是进一步要探讨的内容。

复旦大学曾报道过人类手指间区花纹的遗传研究的结果，表明此花纹有单基因遗传的现象。其他大学如华西医科大学做过双生子的肤纹研究，探讨肤纹遗传机制。

3. 大力普及指纹科学知识

手纹科学的建立也就 100 多年，而手相算命在中国有长达千年历史，宋朝相书《麻衣神相》流传至今，影响很大，涌出了不少算命大师。我国有很多人认可手相算命，算命有很大的地下市场。手相算命相对于肤纹的科学研究，大有劣币驱良币的架势。肤纹研究与手相算命的博弈将长期存在。

手相算命的重复性始终是他人诟病的主要内容，既不能为自己重复，也不能让别人重复。一种不能重复的实验结论，在科学面前难以畅通无阻。普及肤纹科学知识的任务非常繁重。

4. 对于肤纹学今后发展，提出 10 个要做的美好梦想

除了第 5、7 项在上文有所表述外，尚有以下的科目是今后要做的梦想，

或还有很多很多的梦想。

① 培养大量肤纹研究人才；② 把人类肤纹学教学，在更多高校开展；③ 指纹进化方向探讨：由繁至简；④ 依民族的显著差别，建立肤纹进化钟；⑤ 肤纹的基因定位研究；⑥ 完成亚洲的 Down Syndrome，诊断标准、制订任务（类似：DS，OMIM# 190685）；⑦ 多做含足纹项目的研究；⑧ 多做非人灵长类动物的肤纹研究；⑨ 按语言分区，进行汉族人肤纹研究；⑩ 按语言分区，进行民族肤纹研究。

注释：

[1] 杜若甫. 2004. 中国人群体遗传学. 北京：科学出版社，653–712 .

[2] Faulds H . 1880. On the skin-furrows of the hand. Nature，Oct.，28，22（574）：605.

[3] Hersche W. 1880. Skin furrows of the hand. Nature，Nov.，25，23（578）：76.

[4] Cummins H，Midlo C. 1943，1961 and 1976. Finger prints，palms and soles. Dover Publications，The Blakiston Company，Philadelphia.

[5] Penrose LS. 1963. Finger-Prints，Palms and Chromosomes. Nature 197：933–938.

[6] Schaumann B，Alter M. 1976. Dermatoglyphics in medical disorders. Springer-Verlag，New York Heidelberg Berlin.

[7] Mavalwala Jamshed. 1977. Dermatoglyphics—An International Bibliography. Mouton Publishers，The Hague，Paris.

[8] Reed T，Viken RJ，Rinehart SA. 2006. High heritability of fingertip arch patterns in twin-pairs. American Journal of Medical Genetics，140A：262–271.

[9] Hai-Guo Zhang，Yao-Fong Chen，Ming Ding，Li Jin，D. Troy Case，Yun-Ping Jiao，Xian-Ping Wang，Chong-Xian Bai，Gang Jin，Jiang-Ming Yang，Han Wang，Jian-Bing Yuan，Wei Huang，Zhu-Gang Wang，Ren-Biao Chen. 2010. Dermatoglyphics from All Chinese Ethnic Groups Reveal Geographic Patterning. PLoS One，Jan，20. 5（1）：e8783.

［10］张海国. 2012. 中华56个民族肤纹. 上海：上海交通大学出版社、上海交通大学电子音像出版社.
［11］张海国. 2012. 我的人类学研究.（上海）文汇报，2012–11–5：文汇学人—思想&人文版.

11 颅面复原技术研究进展

任　甫　翟桂英

辽宁医学院人类学研究所

在法医学、人类学、考古学研究中，经常遇到要在一个没有任何生前资料的无名颅骨上重建出近似其本人的生前相貌，这称为颅面复原[1]。颅骨是人脸的基础，面部的形态特征与颅骨密切相关[2]。因此，颅面复原的关键，是寻找颅骨与面部的解剖关系。目前的方法，是在颅骨上定义一些解剖标志点，然后测量这些标志点到面部的距离，也就是软组织厚度[3]，通过在这些标志点上加上软组织厚度的办法，来勾画面部的形态。

一、头面部软组织厚度的测量方法

头面部软组织厚度，即颅骨上的解剖学标志点到面部的法向距离。经各国学者的不懈努力，现已建立的研究头面部软组织厚度的方法有以下几种。

1. 直接测量法

1883 年，Welcker 用薄双刃刀片直接刺入测量点，然后再将测量刀片刺入的深度记为该点的软组织厚度，以此作为颅面复原的依据[4]。1895 年，His 把这种刀片法改进为针刺法，即用缝衣针套上橡皮圈，然后垂直刺入测量点软组织，在此过程中，面部软组织向上推移橡皮圈直到针尖抵达骨面，拔出针后，测量橡皮圈到针尖的距离，即为该点软组织的厚度[5]。1898 年，Kollamann 和 Buchly 所用的方法也是针刺法，但他们所使用的针在测量前先用油烟熏黑，然后再把针垂直刺入测点软组织抵达骨面，拔出钢针后测量被软组织擦掉油烟部分针的长度，即该测点的软组织厚度。在我国，颅面复原的研究工作起步较晚[6]。1983年，丁涛采用His的针刺法进行了软组织厚度的测量，为我国早期颅面复原提供了基础数据[7]。1989年，魏焕萍给缝衣针穿上薄的橡皮片，把针垂直刺入测量点软组织内抵达骨面，上下调节橡皮片使之恰好与皮肤表面接触，拔针后用游标卡尺进行测量，这是我国目前测点较多、内容较全面的面貌复原及口腔颌面外科正畸的基础资料[8]。

2. X线测量法

X线片上软组织与骨骼形成良好对比，这样就使得头面部的软组织厚度能通过头颅X线摄影进行测量，从而使头面部软组织厚度的测量对象从尸体测量转到活体测量。拍照后，在X线片上测量测点所在皮肤表面到颅骨边缘间的最短直线距离即为该点的软组织厚度。

小川及酒井分别在1960年及1970年用X线测量的方法[9]，对日本人头面部软组织厚度进行了测量，1986年，Dumont采用X线摄影法对软组织厚度进行了测量，并把用X线法及针刺法所测结果进行了比较，发现用X线法所测结果明显较针刺法大[10]。1985年，才东升用X线法对头面部软组织厚度进行了活体测量，并将测量结果同丁涛的针刺法进行了比较，结果显示活体X线测量软组织厚度值明显比针刺尸体软组织厚度值大[11]。孙尔玉等分别在1991年、1992年用X线法对中国北方汉族成人男、女性头面部软组织厚度及其与颅骨结构关系进行了研究[12]。1996年，陈守榕等对中国汉族成年女性的头面部软组织厚度进行了X线测量，并与6个民族成年女性软组织厚度做了比较[13]。

由于X线存在放大效应及局部选择测量点不准确、某些部位的测量无法实施、受测者受射线损害等缺点，所以存在一定的局限性。

3. 超声测量法

对活体来说，用超声测量是一种明显优于X线和卡尺测量的方法。Storfer[14]曾把X线法、超声法及针（刀）刺法对头面部软组织厚度的测量结果进行了比较，发现超声法较X线法更为准确。1996年，Auselbrook用超声技术测量了54项软组织厚度指标[15]。2000年，Manhein团队也使用该技术对软组织厚度进行了研究[16]。超声测量虽然可以在活体进行并且测量点明显增多，但超声测量法依然存在隔软组织定位及探头接触软组织时对软组织有压迫作用等不足。

4. CT 测量法

CT 具有高精度分辨能力，在适当的窗宽窗位下，能清楚显示骨骼及软组织。同时 CT 计算机的测距装置又为测量提供了极大的方便，而且避免了 X 线测量中存在的放大效应等问题，因而成为测量头面部软组织厚度的一种有前途的方法。用 CT 对头面部软组织厚度进行测量时，扫描基线必须和法兰克福平面平行[17]。扫描完毕后的测量应在适当的窗宽窗位下进行，前提是在该条件下软组织和颅骨能清楚辨认。

5. MRI 测量法

由于软组织与骨骼中的氢质子含量具有明显差异，因此，在 MRI 图像上软组织与颅骨之间的界限相当清楚。同时，MRI 可在受测者体位固定不变的情况下三维成像，而其计算机测量系统又为测量提供了极大的方便，因而在头面部的解剖学测量方面显示出巨大的优越性。

用 MRI 进行头面部测量时，对受试者的要求与 CT 扫描大致相同，不同的是由于 MRI 成像时间较长，所以要求受试者在较长的时间内保持固定不变的姿势才能使测量顺利进行。

2002 年，Sahni[18] 用 1 台超导型核磁共振对头面部软组织厚度进行了测量研究，并把测量结果同超声波法所测结果进行比较，两结果的大部分测量值基本吻合，头皮的测量数值几乎一致，而面侧部和下颌软组织的测值差异较大。Sahni 认为 MRI 可显示头面部任何部位的软组织影像，并可避免 X 射线所产生的误差及对受试者的伤害，目前尚无其他方法能像 MRI 这样给研究头面部形态学和面部软组织与颅骨结构关系等提供独特的途径，因而在颅面复原方面具有广阔的应用前景。

1995 年，陈腾等用场强 0.35Tesla 超导型 MRI 对中国汉族人头面部的软组织厚度进行了测量[19]。结果表明，MRI 测量不仅具有多平面成像、测点定位及测量结果准确的特点，同时 MRI 可用于活体，从而解决了以往尸体来源受限致测量样本偏少及在尸体上进行测量受影响因素较多的不足。这是我国首次运用MRI法在活体对头面部软组织厚度分不同年龄组进行测量且测量样本较大的研究报道。

二、软组织厚度测量方法学上存在的问题

测量尸体的软组织厚度，由于钢针刺入对周围皮肤软组织有一定的压迫作用，从而使测量结果偏小[20]；同时，即使是新鲜的尸体，也由于皮温下降、皮肤皱缩、失血、机体水分丢失及死后面部表情僵硬等一系列因素的影响，而使面部软组织厚度发生不同程度的变化，从而影响测量结果的准确性[21]。所以，在生活状态下测量软组织厚度应该是最佳的办法。

上面提到的对活体软组织厚度进行研究的方法中，MRI软组织成像优于X线、CT等，能同时再现生活状态下颅骨与面部的解剖标志点，单纯从软组织厚度测量的角度，确实优于其他几种方法。但这里面还有一个问题一直没有得到重视和解决，以往对头面部软组织厚度的研究，都是测量颅骨上的解剖学标志点到面部的法向距离，这往往不能与面部相应的标志点相对应，也即对应的颅骨与面部标志点的连线可能不一定是垂直于颅骨表面的，可能有一定的夹角，从而对软组织厚度的测量结果产生影响。

综上所述，提高颅面复原技术的根本是解决软组织厚度测量带来的问题，或者开辟新的途径进行复原。

注释：

［1］Aldridge K，Hill CA，Austin JR，et al. 2010 Brain phenotypes in two FGFR2 mouse models for Apert syndrome. Dev Dyn.，239（3）：987–997.

［2］Bigoni L，Velemínská J，Brůzek J. 2010.Three-dimensional geometric morphometric analysis of craniofacial sexual dimorphism in a Central European sample of known sex. Homo，61（1）：16–32.

［3］Boughner JC，Wat S，Diewert VM et al. 2008.Short-faced mice and developmental interactions between the brain and the face. J Anat. 213（6）：646–662.

［4］Bruner E，Ripani M. 2008. A Quantitative and Descriptive Approach to Morphological Variation of the Endocranial Base in Modern Humans. Am J Phys Anthropol，137（1）：30–40.

［5］Claes P，Vandermeulen D，De Greef S，et al. 2006 .Craniofacial reconstruction using a combined statistical model of face shape and soft tissue depths：methodology and validation. Forensic Sci Int.，159：147–158.

［6］De Greef S，Claes P，Vandermeulen D，et al. 2006.Large-scale in-vivo Caucasian facial soft tissue thickness database for craniofacial reconstruction. Forensic Sci Int.，159：126–146.

［7］丁涛. 1983. 109例男女尸体面部软组织厚度的测量//第一届全国法医学术论文选集. 北京：群众出版社，263–264.

［8］彭英福，余家树，陈廷瑜，等. 2007.土家族成年男性头面部软组织厚度测量. 吉首大学学报（自然科学版），28（1）：120–122.

［9］Deleon VB. Fluctuating asymmetry and stress in a medieval Nubian population. Am J Phys Anthropol. 2007，132（4）：520–534.

［10］Domaracki M，Stephan CN. 2006. Facial soft tissue thicknesses in Australian adult cadavers. J Forensic Sci.，51（1）：5–10.

［11］兰玉文. 1999. 颅像重合法研究与应用. 北京：群众出版社，92–115.

［12］孙尔玉，李春彪，孙雁. 1992.中国北方汉族青年女性头面部软组织厚度及眼鼻口与颅骨有关结构的关系. 解剖学报，23（3）：225–228.

［13］陈守榕，邓国顺. 1996 中国汉族成年女性与6个民族成年女性头面部软组织厚度的分析. 人类学学报，15（2）：178–180.

［14］Sforza C，Peretta R，Grandi G，et al. 2007. Soft tissue facial volumes and shape in skeletal Class III patients before and after orthognathic surgery treatment. J Plast Reconstr Aesthet Surg.，60（2）：130–138.

［15］Aulsebrook WA，Becker PJ，Iscan MY. 1996，Facial soft tissue thickness in the adult male Zulu. Fronsic Sci Int.，79（2）：83–102.

［16］Manhein MH，Listi GA，Barsley RE，et al. 2000. In vivo facial tissue depth measurements for children and adults. J Forensic Sci.，45（1）：48–60.

［17］Phillips VM，Smuts NA. 1996. Facial reconstruction：Utilization of computerized tomography to measure facial tissue thickness in a mixed racial population. Forensic Sci Int.，83：51–59.

［18］Sahni D，Jit I，Gupta M，et al. 2002.Preliminary study on Facial Soft Tissue Thickness by Magnetic Resonance Imaging in Northwest Indians. Forensic Sic Communications，4：1.

［19］陈腾，刘明俊，杨广夫. 1998. 国人头面部软组织厚度的 MRI 测量. 中国法医学杂志，13（1）：28–32.

［20］Fourie Z，Damstra J，Gerrits PO，et al. 2010.Accuracy and reliability of facial soft tissue depth measurements using cone beam computer tomography. Forensic Sci Int，199（1–3）：9–14.

［21］Stephan CN，Henneberg M. 2006. Recognition by forensic facial approximation：case specific examples and empirical tests. Forensic Sci Int，156（2–3）：182–91.

第四章

医学人类学

12 生物医学人类学的发展现状

席焕久

辽宁医学院生物人类学研究所

科技的发展与社会的进步使全球发生巨大变化，移民、城市化、科学技术高速发展的同时也带来了国家政治不稳定、经济不平衡、社会不安宁、气候不正常、空气不干净、食品不安全、饮水不放心。全球面临着严重的问题：①气候变暖。生物圈如空气、水、海洋、土壤、森林承受人类破坏容量达临界点，气候变化给生态环境带来不可挽回的损失。②生物多样性受到破坏。2006 年 40%陆生脊椎动物、60%鱼类、95%海洋无脊椎动物、87%微管类植物正面临绝种、濒危、脆弱、接近威胁或依赖保护；22%鸟类（一万多种）处于困扰中、40%哺乳动物、50%两栖动物、77%爬行动物处于境地边缘[1, 2]。③人类更加关注健康。拥挤的城市人口为感染性疾病提供了大量宿主，环境的变化影响疾病的发展，社区与家庭对卫生等提出新的需求，但是医疗保健不公平，民族/社会等级影响健康服务，科技发展影响生活方式和人的体质。

这些变化使研究人类体质和文化的学科——人类学从全球、国家、地区到社区、家庭；从生产到生活；从群体到个体，深入各个角落和层面。人类学成为 21 世纪全球性的学科[3, 4]，越来越深刻地影响着人们的生产、生活等各个领域，与人类健康和疾病密切相关的医学人类学越来越受到重视。有人提出生物医学人类学构成人类学第五领域①，成为当今非常活跃的领域，充分反映了人们对与健康相关的社会、文化、生物和环境的广泛兴趣。

---

① 五个领域即社会与文化、生物、考古和语言人类学及医学人类学。

一、医学人类学

1. 医学人类学的演变

1898 年，被称为医学人类学之父的 W.H.R.River（英国内科医生、实验心理人类学家）、C.G.Seligman 和 A Handdon-Torres Straits 开始了澳大利亚与新几内亚的美拉尼西亚岛之间托雷斯海峡（Torres Straits）的探险，在探险中，收集了澳大利亚土著居民的传统健康的观念和实践等资料。1924 年，River 这位第一个非西方医学的民族学家，企图把医学实践与文化社会组织特征联系起来，应用远征收集到的材料驳斥了西方医生及不同时代观测者们的流行意见，即非西方社会的民族医学实践是一个没有联系的大杂烩和毫无意义的习俗。相反，他认为，在有文字记载以前的社会，健康与治疗的思想和实践就构成了疾病原因的文化理念的紧密结构。1927年，River写了 Ethnomedicine、Medicine、Magic 和 Religion，1940s 人类学家帮助提供健康行为的文化差异。40 年代某些作者选择这些术语反映健康与疾病的哲学研究。1953 年 Caudill 出版了 *Apllied Anthropology in Medicine*，第一次把人类学应用于医学领域，1955 年 Pauls 写了《健康文化和社区》，成为第一部医学人类学教科书，随着 Scotch 的 Medical Anthropology 和 Paul 在文章中提到人类学家的问世，才开始正式使用医学人类学这个术语。70 年代医学人类学的发展达到全盛时期[5]。

1967 年，早期的医学人类学组织成立，主席为应用人类学家 Hazel Weidman，1969 年该组织隶属于应用人类学学会，1972 年，心理人类学家 Dorothea Leighton 为首任医学人类学学会主席，医学人类学学会成为美国人类学会最大的分支。会员由 657 名发展到 1523 名（1993 年）（含加拿大和欧洲会员）。英国有很多医学人类学家，有些学者对经济政治、临床问题的关心超过了对生物文化的关心。澳大利亚、拉丁美洲、菲律宾、印度都有大量医学人类学家在相关领域工作。

1978 年，Foster 等提出人类学的 4 个来源：早期体质人类学对人类进化、适应的研究，早期民族医学，精神现象研究，国际卫生工作。80 年代医学人类学迅速发展，后来医学人类学分为文化医学人类学和生物医学人类学。

2. 概念

生物医学人类学是从生物、文化两方面研究与疾病、健康、卫生保健相关的人类学活动，是健康与疾病方面新出现的生物人类学的亚学科，用体质人类学和医学人类学概念研究人的健康或疾病，把人类学传统兴趣（进化、人的差异、遗传等）带入与医学有关方面（人的差异、生物与文化适应和进化类型）的研究，强调用生物医学、生物行为、流行病学和进化方法、社会科学理解疾病传播，病因的分子、细胞机制，生物与社会文化对健康影响，从人口水平上研究疾病的表现与原因，其中心概念是适应。医学人类学在欧洲称 Anthropology of Medicine，Anthropology of Health，Anthropology of Illness，Medical Anthropology，在美国称 Medical Anthropology，Biological Medical Anthropology。有些学者把其归入文化人类学（因研究文化对健康与疾病影响）、应用人类学（应用在健康与疾病中）、医学社会学（社会文化因素作用）、身心与行为医学等。

3. 研究内容

生物医学人类学研究内容十分广泛，主要包括：① 民族医药学与生物文化；② 生长发育、老龄与死亡、伦理；③ 酗酒、药物滥用、吸烟；④ 健康（人口、儿童、老人、妇女、家庭与社区、民族/人种、环境/职业、生殖、全球、难民、精神健康）、不平等；⑤ 与生态学、行为科学、营养学、政治经济学、遗传学、流行病学、护理学、人口学的关系；⑥ 其他：生物医学与生物医疗技术影响（非西方背景）、慢病、残疾、医患关系、暴力、灾难、人权等。

哈佛大学主要研究：① 地方传统的医学知识与实践；② 新的生物技术和人经历的医学文化发展；③ 生殖技术与亲属关系的重建；④ 医疗保健的全球不平等性；⑤ 疾病（HIV/AIDS）全球化及反应；⑥ 政府在医学中的角色；⑦ 人种、民族、性别在医学实践中的作用；⑧ 暴力与灾难；⑨ 药物与药物性生活方式。

4. 学术组织与出版物

中国没有专门的医学人类学学术组织。美国医学人类学会有1700多名会员，是美国人类学会中分支最大的。

中国的医学人类学出版物很少，无专门杂志。专著与教科书不多，只查到席焕久（1983，1992）、陈华（1998）、张有春（2012）等编的医学人类学著作。美国出版物很多，杂志（26种以上）有：*Social Science and Medicine*（1966）；*Medical Anthropology Newsletter*（1968）；*Medical Anthropology Quarterly*（1987）；*J Ethnobiology and Ethnomedicine*（2005）。著作（几十部）有：*Introducing Medical Anthropology*（Merrill Singer et al.，2012）；*Medical Anthropology*（Thomas MJ et al.，1990；Foster et al.，1978；Scotch 1963）；*Training Manual in Applied Medical Anthropology*（Hill，1991）；*Medical Anthropology: Contemporary Theory and Method*（Johnson et al.，1990）；*The Anthropology of Medicine*（Romanucci-Ross et al.，1983）；*Culture，Disease，and Healing：Studies in Medical Anthropology*（Landy，1977）。

5. 专业教育

中国的学科目录无医学人类学。美国有学士、硕士、博士、博士后培养计划。Uni. South Florida*，UC. Berkeley，Uni. of Arizona*；UC. San Francisco；Uni. of Connecticut*；Johns Hopkins Uni.；Uni. Washington*提供PhD（*还提供MA/PhD）；UK Durham Uni.提供MSc/PhD。哈佛大学医学院与人类学系（艺术与科学部）共同培养MA、MD/PhD、Post-doctoral fellowship。

中国设立的人类学专业/学院/系很少，只有中国科学院、部分综合性大学、医学院（如复旦大学、中山大学、中国人民大学、清华大学、辽宁医学院、中医药和民族院校等）单独开设，大部分医学人类学内容分散在民族医学、社会医学、医学社会学、流行病学、医学文化学等课程中。美国330多所大学有人类学专业、学科，均单独开设，53所大学有培养学位计划，全球有专门网站（如美国哈佛大学等）[6]。

二、生物医学人类学的新特点

现在生物医学人类学更加重视民族医药学研究和人的医学差异的研究，分子生物学技术已引入该领域，注意整合生物与文化（含经济政治），关注生活方式的变化，流行病学已成为生物医学人类学的重要工具，生态学与人类学紧密结合。

1. 人的医学差异的深入研究

（1）常规研究。一般是研究身高、体重和血型以及肤色、眼色、眼鼻耳口形所表现的多样性。ABO 血型具有纬度地带性，从寒温带到热带 O 型逐渐减少，B 型逐渐增多；美洲的印第安人和秘鲁人 O 型多，A、B 型少；欧洲人 A 型、O 型多，B 型少；澳洲土著人 B 型少，A 型多；阿拉伯、土耳其 B 型多；亚洲人 B 型多；非洲人和太平洋岛屿 A 型、B 型多。

（2）注重免疫与疾病易感性。人群的免疫功能和疾病易感性不同。如苯丙酮尿症发病率（表 12-1）就有人群差异。

表 12-1　苯丙酮尿症（phenylketonuria，PKU）发病率

欧洲人、欧洲美国人	高
日本人、非洲美国人、Ashkenazic 犹太人	极少
东爱尔兰人	0.014
伦敦	0.007
斯堪的那维亚	0.0038

（3）药物代谢。由于药代动力学、药效动力学不同，同一种药物个体差异很大。药物代谢酶的差异，编码酶蛋白基因多态性导致同一剂量有的有效、有的无效、有的发生不良反应。华法林临床治疗量中国人为 3.3mg/d，白人为 6.1mg/d。有的药代谢速率不同（表 12-2）。就非典型假性胆碱酯酶危险性来说，黑人、东方人、美国印第安人非常低，白人略高，Ashknazic Jews、阿拉斯加、因纽特人最高。

表 12-2 CYP2c19 慢代谢率（%）

族群	比率	族群	比率
欧美白人	3.0～5.0	中国人	15.0～17.0
瓦努阿图人	>70	美国白人	3.0
非裔	6.0	印裔	20.8
华裔	14.3	日裔	22.5
韩裔	12.6		

（根据金立，褚嘉佑，2006）[7]

（4）体成分。美国成年黑人（男）平均骨密度比白人高 8%～12%，黑人的脱脂整骨较重，管状致密骨的横截面积较大，骨质密度也较大，黑、白成年人骨骼的辐射吸收密度之间差异平均为 4%～8%，黑人妇女体钙浓度和骨中矿物质浓度比白人高 5%～8%。同年龄与性别的黑人儿童与成年人的相对体重较白人大，相对体脂较白人小。与白人相比，黑人的平均脂肪值较小，平均体重较大，白种人脂肪最多，非洲人最少，躯干/内脏脂肪水平亚洲人最高。

白种人水中肌重 1.5g/cm^3，黑种人 11.3g/cm^3。美国黑人有氧代谢能力低于高加索人，黑人有更多 IIA 型纤维，I 型纤维少，非洲中、西部黑人股外侧肌有较多的快缩肌纤维，较强的糖酵解活性。

2. 生活方式的变迁成为新重点

（1）生活方式属于文化范畴。生活方式是文化传统的民众化、生活化、社会化、形式化、具体化的表现形式，是物质生产、社会建构、文化创造等文明成果最终落到日常生活而被人们享用的样式，是生存状况和生活质量集中的反映。中国有 5000 多年文明史，从唐宋到明清基本是小农经济，家族制度社会结构，皇权官僚政治体制，小农生活方式世代沿袭，少有变化。生活方式变迁主要是近现代的变化，特别是现代。

（2）生活方式变迁。生活方式变迁经历了不同的阶段。消费方式的日用品从自给自足到市场化；交通由驿站、轿子、小车、马车、人力车、自行车到汽车、电车、轮船、火车、飞机；通讯方式从 1896 年清政府办邮政开始的电报、电话到手机、计算机；衣着打扮由简单粗糙到多样化；休闲方式由家庭式到体育、旅游、戏剧、电影、游戏、公园等多种方式[8]。

社会文化和自然生态的变化导致生活方式变化，人口密度加大，平均寿命延长，疾病随之变化，在进化中出现了新的疾病，死因谱变化。当前，我们的生活方式由简单、平淡、温饱型向小康、营养型、丰富多彩型发展，消费结构发生变化，人们更加关注健康，卫生保健投入不断加大。

3. 补充与替代医学得到重视

补充与替代医学（complementary and alternative medicine）指西医以外的体系（如中医、印度医学等）、疗法（如按摩、针灸、草药等）等。在发达国家有 20%～65%患者接受这种疗法。1987—2005 年中国为 130 个国家和地区培训 54 000 多名中医类人才。

WHO 在中国建立 3 个针灸培训中心，已有 36 000 人得到培训。JAMA，New England，Lancet，Cancer J Clinic Oncology 也发表其科研文章。

（1）美国重视补充与替代医学。目前，补充与替代医学的研究超过生物医学的研究，最明显的是美国药学研究升麻类草药、海胆亚目类，这些药物过去只出现在特殊药店与市场。1992 年美国国会决定成立替代医学办公室，1998 年改为国立补充与替代医学中心，1999 年成立 27 个国家中心和一个国家研究所，1993 年投入 200 万美元，2005 年的投入达到 1.21 亿美元。哈佛大学、斯坦福大学、马里兰大学、加州大学旧金山分校等 20 多所大学成立了研究中心，美国 117 所医学院中有 75 所（64%）开设了选修或必修课[9]。

（2）与西医的区别。西医也称科学医学、正统医学、主流医学。西医具有客观性、简洁性、量化、确定性等特点。民族医学对宇宙、人体的认识粗糙、简单，但是它的独特之处在于民族医学历史长，整体观强，重视心理、社会、自然因素和个性化，医患关系融洽，药物更接近自然。

（3）民族医学地位与作用。WHO 重视民族医学的作用。1978 年初级保健国际会议发表阿拉木图宣言，开启了西医与传统医学之间的对话，支持在初级卫生保健中使用传统医学资源，但要经过医学科学实验验证，证明是安全和有效的传统治疗方法和药物。

在第 40 届、41 届、42 届、44 届世界保健会议上分别整体规划了药用植物的采集、培养和保护，认识到传统药物是基本医药资源，鼓励不同国家的传统医药产品，刺激传统医学医生与现代西医医生的合作，鼓励使用被科学证实安全和有效的传统药物，降低各国的医疗费用。

4. 生态学与人类学紧密结合

当前存在很多人类学与生态学的交叉学科，如医学生态学、人类生态学、生态人类学、疾病生态学等，充分体现了人类学与生态学的紧密结合。社会文化生态与自然生态不仅影响人的体质，也影响人的健康与疾病。

（1）生态与体质。在生物学中，动物的生态适应有三条法则：① 伯格曼法则（Bergmann & aposs's rule），即动物的体积，在温暖的地方比在寒冷的地方较小、轻，相反亦然。② 阿伦法则（Allen rule），即动物突出的肢体在较冷的地方比热的地方短，相反亦然。③ 格洛洛法则（Gloger's rule），即动物颜色在暖湿气候显现深色，相反在干寒气候呈现较浅颜色。我国居民的身高有从南向北不断升高倾向，这说明人的体质特点也符合这些法则，只不过不如动物那么丰富罢了。

生物与文化影响疾病在个体与群体中的表达（如肥胖），人体不能进化到处理现代生活的很多问题（如对过腻的食物、低出生率、噪声等），一些疾病是机体不适应环境的结果，很多基因在过去环境中没有适应，只是简单的有害，使我们必须处理、应对诸如 Alzheimer、癌等。有些已经适应了，如高原环境下的体质。西藏是青藏高原的主体，海拔平均 4000 米以上，空气稀薄，是典型的高原环境，藏族长期生活在高原环境中，体质发生了适应性变化：高原居民坐高相对高，腿短；明显的胸深（男）和胸宽（女），胸骨长、宽；锁骨长和宽数值很大；肋骨长，面积很大，曲度数值很小。有最大的氧摄能力，运动时运送 O_2 能力上升，更大的肺活量，肺容量残气量，更佳睡眠质量，更好的高海拔体力劳动表现，较低的 Hb 浓度。高原比平原居民血浆胆固醇、低密度脂蛋白非常低，高密度脂蛋白略低，青春发育期瘦素水平随年龄变化男性下降，女性上升。从相关基因上看，HIF 调控基因（EGLN1，EPAS1），2 个 HIF 靶基因（PRKAA1，NOSZA）是西藏和安第斯山居民候选基因。只有 HIF 通路基因 EGLN1 是两地公共的[10]。藏族高原适应达到了形态、机能、体成分完美的统一。

（2）微生物生态与药物耐受。人与致病微生物构成了宿主与寄生的关系，人的文化和行为影响疾病的扩散、机体的状态，生活方式也与疾病扩散有关（如 kuru），同时影响宿主与寄生。由于人类滥用抗生素，在养殖业添加剂中大量应用抗生素，导致细菌产生耐药性，致敏度降低 11%，金黄色葡萄球菌耐药性达 95%，葡萄球菌对青霉素耐药达 90%，链球菌对大环内酯耐药达 10%～70%，大肠埃希菌对左氧氟沙星、环丙沙星耐药超过 70%，因而导致住院时间延长，死亡率升高，经济负担加大，人类正面临感染性疾病的威胁。据统计，每年有 8 万人因滥用抗生素而死亡，动物饲料大量应用添加剂，不断培养一批一批的耐药菌株。从市售鸡肉中分离到的 51 株沙门氏菌，检测发现全部菌株对至少 3 种以上抗生素耐药，耐 5 种抗生素的 9 株（17.6%），耐 6～9 种抗生素的 12 株（23.5%），耐 10 种以上抗生素的 9 株（17.6%）（根据国家食源性疾病监测网，2010）。

5. 更加注意医学文化的研究

医学是一种文化，医学只有放在文化中才算真正的医学，而文化中不能缺乏医学文化，否则就是不完整的文化。不仅如此，文化在人的适应能力方面起着重要作用。

（1）医学观念正在发生变化。医学服务已经从医院转移到医院和社区，由单一的病理服务到生理、病理、心理服务，由单纯治疗到治疗、康复、保健，医学模式由单纯生物医学模式转变为生物、心理、社会模式，人们的健康观也在发生变化。这些观念的变化实际上就是文化的变化。

（2）疾病与文化有关。不同的文化背景对疾病的认识不同，寄生虫病在特里斯坦达库尼亚群岛（太平洋）不被认为是病，有些疾病 20 年前并不存在，今天却到处流行，出现了肥胖、糖尿病等文化疾病。艾滋病就与社会文化密切相关。海默研究发现：海地艾滋病流行是因为贫穷而卖血、卖淫、吸毒，男性至上主义，认为女守单一配偶制，男追求多重性关系，女用安全套是不忠贞的。从生物学上看 AIDS 是最易预防的，只要采血、输血有严格规程，性交使用安全套，静脉注射 1 人 1 针就可以预防。这说明疾病不单纯是生物学的问题，也是文化问题。

（3）新伦理道德与人文精神的挑战。器官移植、生殖技术、基因治疗、克隆技术、医患关系给伦理道德提出了新的挑战。人是自然人又是社会人，而医学上往往把人当做自然人或生物体，认为死亡就是分子的瓦解，疾病就是系统、器官、组织、细胞、分子的异常，忽视心理、社会、情感、思想的作用。

医疗资源浪费高达 20%～30%，大处方滥开药（普通感冒就用最贵的抗生素）、滥检查（头磕掉一块皮就做 CT、MRI 大检查）、大处理（顺产也要做剖腹产，门诊能确诊也要住院），使医源性疾病增多，药物性肝损害达 3%～4.5%/年，短时间多次做 CT，X 射线损害成倍增加。这种过度医疗消费是全球性的。据《健康报》报道，有 13 000 万美国人服用、涂用、注射、吸服各类药物，居世界人均之首。美国医院的一项统计表明，15 万住院病人的 11 609 次检查中 939 次是不必要的，尿常规、生化、尿培养 80%不必要。一项统计提出，10%药物可有可无，60%药物无效，只有 10%药物有效。西班牙杂志某调查显示，60 种病不治而愈，30%～40%的不应做手术。

（4）饮食文化与营养过剩。营养过剩导致生活方式疾病不断出现，严重威胁人类健康。据统计发达国家和发展中国家每年死于慢病（肥胖、高血压、高血脂、冠心病、脂肪肝、动脉硬化、糖尿病等）的人数分别达 820 万和 1170 万，发病率大幅上升。2002 年中国居民摄入（人/天）热量 2951 大卡，蛋白质 8115 克，脂肪 9013 克，超过发展中国家水平，已进入中等发达国家水平行列（根据联合国粮农组织统计）。在食品工业，由于精制米保质期长，损失了 80%～90%的矿物质；种植蔬菜依赖复合肥料使营养的损失达 60%。

三、学科交叉与合作的发展趋势

学科交叉是科技发展的总趋势，是创新的动力与源泉，是新学科的生长点。人类学是研究人的科学，充分体现了以人为本，涉及人的文化、体质等，本身就有交叉的天性。众所周知，要理解人的体质生长与成熟就需要体育科学、人类学、人类生物学、医学、心理学、教育学等学科的知识，解决任何一个健康问题都需要多学科合作，学科交叉与合作已成为当前的一种趋势。

1. 科学合作与学科交叉的发展趋势

谢彩霞曾对5595篇文献（来自Sci、SSci、A&HC等13个数据库）进行分析发现，1864—1993年学科数从52个增加到72个，新增的20 个学科（含人类工程学）均属跨学科。Wordlist展示了跨学科词汇出现次数，1945—1953年无，1954—1963年2次，1964—1993年67次，1994—2003年129次。

跨学科词汇本身也发生变化。单词interdisciplinary 是伍德沃斯首创于20世纪 20 年代，意思是跨学科、交叉学科。1930 年“跨学科活动”正式出现在文件中，1937年被收录于《新韦氏大学词典》和《牛津英语辞典（增补本）》中，20 世纪 60 年代后成为热点关键词，出现“跨学科关系”、“跨学科性”和“跨学科论”等词汇。Interdiscipline（ID）又衍生出IDE（跨学科调查）、IDR（跨学科研究）、IDU（跨学科单位）等缩写词。词汇的变化反映了学科的交叉[11]。

2. 生物医学人类学本身就是学科交叉的产物

医学人类学高度交叉，把人类学、社会学、经济学、人口学、医学、护理学、公共卫生及其他学科联系在一起。生物医学人类学是体质人类学与医学的交叉学科，人类学、医学都体现了自然科学与社会科学的结合。

研究课题充满了学科的跨越。多学科、多部门研究项目在研究人的健康、疾病和卫生保健生物文化适应时，常包括人类学家、流行病学家、临床医务人员和保健人员、国家公共卫生人员，同时包含生态学、营养科学、流行病学等。我们在关于西藏藏族生物人类学的回顾的研究中收集到的 399 文章就涉及（人类学、体育科学、遗传学、环境科学、生态学、法医学、考古学、生物学、分子生物学、药学、基础医学、临床医学、预防医学、康复医学等）几十个专业学科，发表在 203 种杂志（87 种英文杂志，116 种中文杂志）上。

3. 生物医学人类学自身的发展需要借助其他学科的研究方法

传统方法包括体质测量、观察、田野调查、血清学，这些方法过去、现在、将来仍具有强大生命力，但只用这些方法远远不够，需要借助科技发展提供的新方法，包括分子生物学、几何学、计算机技术、三维重建、纳米技术、影像技术，才能使研究工作提高到一个新水平。

4. 大数据（Bigdata）时代的要求

2002年2月，《纽约时报》的专栏提出“大数据时代已经到来”。大数据以数据量大，类型繁多，价值密度低，速度快，实效高为特点。人的体质差异，基因多态性，医学观念与实践，疾病流行，疾病的个性化医疗都是大数据，需要众多同行的采集，需要不同领域专家的合作，需要多个学科的交叉与合作才能完成。

总之，学科交叉与合作是科技发展的总趋势，是创新的动力与源泉，也是新学科的生长点。当前，医学人类学已经成为人类学中最大、最典型、人们最感兴趣的领域。让我们相互合作，促进学科交叉发展，开创生物人类学研究的新天地！

注释：

［1］约翰·博德利. 2010. 人类学与当今人类问题. 5版. 周云水，史济纯，何小荣，译. 北京：北京大学出版社.

［2］中国科学技术协会. 2010. 生态学学科发展报告. 北京：中国科学技术出版社.

［3］Hannerz UIf. 2010. Anthropology’s World Life in a Twenty-First-Century Discipline. Pluto Press.

［4］James Birx H. 2010. 21st Century Anthropology A Reference Handbook Vol 1 Sage Los Angeles London New Delhi Singapore Washington DC.

［5］席焕久. 1992. 医学人类学. 北京：人民卫生出版社.

［6］Craig Stanford，John S Allen and Susan C Anton. 2013. Biological Anthropology. The Natural History of Humankind，Boston Columbus Indianapolis，New York，et al.

［7］金力，褚嘉祐. 2006. 中华民族遗传多态性研究. 上海：上海科学技术出版社.

［8］李长莉. 2008. 中国人的生活方式. 成都：四川人民出版社.

［9］Merrill Singer and Hans Baer. 2012. Introducing Medical Anthropology：A

Discipline in Action. Rowman & Littlefield Publishers，INC Lanham New York Toronto Plymouth UK.

[10] 席焕久. 2013. 藏族的高原适应——西藏藏族生物人类学研究回顾. 人类学学报，32（3）：247–255.

[11] 谢彩霞. 2007. 科学合作促进学科交叉发展的研究. 科技与管理，（5）：97–100.

13　多点、合作的民族志研究：来自女性主义的启示

赖立里

北京大学医学人文研究院

“多点民族志”的观点来自《写文化》的主编之一马库斯（George Marcus，1995），他提出在当下全球化的背景下，民族志研究不应当再局限于某一“在那里”的封闭社区，而是“致力于研究事物生成的当下状况以及对尚未知晓事物的预见”[1]。这时我们对“多点”的理解，不应局限于多个地点，即民族志研究者追踪其研究对象在各个调查点之间活动和迁移，而且包括同一地点的多重研究对象（不仅是人也包括物）乃至多个研究者与研究对象自身不同的出发点，这样的点来考虑。再往前进一步，甚至研究对象也不是一个固定的“点”（无论是人也好还是物也好），而是事物发展的过程，那么研究必然是多点的。既然多点，必然需要田野研究合作关系。

“合作”民族志已经成为当下人类学研究的一个重要趋势。马库斯也在《合作的想象》一文中着力介绍了田野作业中人类学家与报告人应有的“共谋”的合作关系，以超越过去关于研究中不平等关系的简单道德关怀。也就是说，“研究对象是知识生产的合作伙伴”[1]。于是这样的“共谋”合作关系已经不再是对某一（或某些）静止的文化现象的“深描”或“从整体上”对某一社会的揭示，这样本质主义的思维，也没有止步于认识到知识生产的权力关系，仅此而已。如马库斯所说，“民族志的功能并不仅仅要对文化进行描述……而是要去积极地传播那些在田野调查中成就的关于合作的陈述”[1]，这样的合作陈述对于知识生产扮演了怎样的角色？这样的认识，对于民族志研究的意义何在？下面先以目前正在进行的一个合作研究项目——“发掘整理少数民族

医药的人类学研究”来加以介绍。最后通过对女性主义认识论如何启发了这个民族志研究的方法论路径来作总结。

一、研究项目介绍

这个项目是笔者与美国芝加哥大学人类学系冯珠娣教授合作进行的一个人类学民族志研究项目。起始于2010年我们参与的国家中医药管理局承接的科技部“十一五”规划的一个子项目并做补充研究。一年的合作之后，我们转为直接与地方研究机构合作。计划在5年的时间（2010—2015）内考察民族医药作为正规知识、替代疗法以及民族和国家的文化遗产的历史呈现。迄今为止，我们主要与西南六省的十位“外行人类学家”（罗红光教授用语）合作，由他们承担部分民族志访谈和参与观察的工作。

我们研究的主要内容是“发掘整理”民族医药的国家力量（从认识论到实践上的规范化努力）与“在地”的创新性文化发现（地方医药的相关积极分子）相互交会的复杂空间。其中，各地民族医药行医者（他们的个人史、专长、观点、临床以及采药用药实践）是我们关注的重点。通过“外行人类学”合作研究者获得几个民族医药所在地的“地方性理解”，同时对各地发展民族医药的活动有一个相对可靠的比较性视野。

从目前我们的研究发现来说，首先一个普遍的现象就是民族地区的人们对草药的亲密感情，不仅从医的医生，还有饮食（从烹饪到食客）、农人、自由市场的顾客都显示出与我们这样在习惯大城市生活的人不曾体会的“接地气”的感情以及关于植物的各种说法；也不仅仅是民族地区或“地方上”那些种药、采药、喜食野菜的当地人，还包括积极采集标本（收集样本）进行植物、饮食、草药等田野研究的社会和自然科学研究者们。在亚热带草木繁盛的大山里，每个人都边走边看路边是否生长着他们想找的植物。无论在自由市场、街边摊，还是沿着高速公路和山间小道，人们总在被各色植物散发出的能量所吸引着。

同时，多年种药、采药和用药实践的农村习惯也与我们所观察到的当地“天人合一”不作自然与文化二分的独特人与环境关系有关。譬如，民族医生与充满不可知力量的大自然环境的密切关系是否增进了他们治疗的灵验，而不仅仅是遣方用药的结果？在我们的田野调查中就有这样一个傈僳族医生，他的医术得自去世的父亲与祖父的“阴传”，而且碰到疑难病症时也会在晚上通过做梦寻求先人的帮助，告诉他到山上的什么位置去找什么药；一位在当地瑶医医院久负盛名的瑶族医生一直在口袋里放着道教的护身符；大部分医生都会告诉我们他们选择当医生是因为“命中注定”或者某种特殊的缘分，甚至在临床实践中，他们也会告诉我们能否治好病人要看“缘分”；几乎所有人都在强调医德，选徒弟的时候最重要的就是看徒弟的品行如何。所有这些医疗文化都可以在我们的民族志研究中找到。

一方面，这些地方知识不可避免地与“发掘整理”所代表的官方正规知识会有摩擦、不合拍，也为建构“民族医药体系”及其分类系统带来不小的压力。另一方面，这些民族医药或多或少都与相对发达的传统中医有着相似之处，之间的关系相当复杂，如何与中医划界是建构民族医药系统任务中相当重要的环节。每当我们请当地医生将其医术与中医比较时，大都会有意做出区别，这也可以说是在外来的压力下自发的一种身份展演——临床诊断和治疗的理念及实践与中医和西医的差别以表明他们的实践所内含的民族的、集体的特性。一些医者甚至热切地将他们的专长置于少数民族文化的语言和实践的编织之中。但是这样看似整齐、分明的区隔常常会受到一些已经深植其中、不假思索的传统中医概念（如阴阳），以及家族传承中常见的保密（如秘方或秘药）的干扰。同时地方医生也在新形成的民族医药体系之下创新并重塑他们的临床工作。这些非常富于生产性的摩擦和张力就是我们的研究“田野”。

民族医药从业者的专门知识及实践是我们这个课题的核心部分，需要这些地方合作人员初步掌握人类学方法论后进行访谈及参与观察，她们对于研究的贡献是不言而喻的。

二、合作

《写文化》的作者们对之前的人类学研究所想象的客观真实做出了反思，大家达成的共识是完全的客观显然不可能，而詹姆斯·克里福德在序言中则强调“部分真实”，并坚持将“报道人”看作民族志研究的共同作者，而民族志研究者作为记录并做出阐释的观察者，只有这样，他认为“我们才可以问出更有新意，也更具批评性的问题”[2, 3]。在我们的民族医药研究项目中，地方研究者既是我们的合作者也是“报道人”，而且我们也切实将她们当作我们的合作者。此研究项目的发端就是在于相关研究人员感到人类学的文化视角对于发掘整理民族医药项目的高度相关性，从而邀请我们加入民族医药研究队伍中，与“发掘整理”项目平行进行我们的人类学研究，相互促进。因此，我们的这个人类学项目是以人类学田野研究的方法论培训班开始的，迄今已经举办了三次，主要目的是培养地方民族医药研究人员的人类学视角。第一次培训班是关于访谈和笔录；第二次培训是参与观察和田野笔记的写作；第三次培训是如何通过民族志写作对田野材料进行梳理、总结和提升。培训并非单向度的，这三次培训同时也是人类学与民族医药研究者在认识论上进行深度交流、碰撞的机会，大家通过对一些共同关心的问题进行讨论，更加理解了彼此领域的一些研究旨趣所在，为我们的合作打下了基础。合作过程也经历了人员的变动和研究范围的缩窄等变化，最终沉淀下来的是分布在 6 个省（湖北、湖南、广西、海南、云南、四川）的 10 位研究人员，研究对象是阿昌族、傈僳族、黎族、羌族、土家族、瑶族、壮族 7 个民族的医疗实践。

同时需要强调的是这样的“外行人类学者”的视野往往可以提出一些我们原本想不到的问题。在 2013 年 6 月举办的西南人类学论坛上，我们的研究团队集体组成了一个关于民族医药研究的专题小组进行汇报，这对于我们研究团队的这些医药研究的专门学者来说，是第一次参加人类学的学术活动并报告我们的民族志研究。她们提出了许多新鲜的视角，比如成都中医药大学的老师提出的问题是“从医者对草药的感情是否可以传承”，“羌族老医生下山进城在医院里坐诊后，为什么会头痛”等既新鲜又“非常人类学”的问题。

总结来说，既然民族志只能生产片面的真实，合作可能是一个不错的选择。合作也可以看作某种程度上的联结（connectivity），如 James Faubion 所说：联结事关嵌入（embeddedness），而人类学家（自从《写文化》之后）不再妄称能够超越自己在田野的嵌入，他/她的位置与那些报道人、合作者、批评家、反对者一样，都是嵌入特定位置的[4]。

这样独特的视角，也与我们的研究队伍绝大多数为女性有关。如克里福德在《写文化》前言指出：从女性主义的角度重新思考民族志写作显然具有潜在的意义。（这样的视角）不但对身份以及自我或他者关系的历史、政治建构提出疑问，它同样也提醒大家总是处于不同性别的位置，因而每个人做出的阐释都不可避免的是片面的[2, 3]。

三、女性合作研究的几点认识

在我们的研究团队中，包括主导研究的两位女性人类学家，一共有10位女性，2 位男性。这并非有意为之，自从我们承接这个项目以来，就是以女性为绝大多数。回过头来看，恐怕其中一个原因在于“民族医药研究”相对于实验室、临床研究来说，相对“次要”，甚至“容易”，于是“自然而然”地落在了女性头上。但是自从我们开展研究以来，我们发现许多女性团队所独有的优势，总结起来有以下几点。

首先，女性研究者更容易接触到民间女性在传承预防、治疗技术方面的口传知识及活动（也对这方面的信息更为敏感）。

其次，人类学访谈很难深入真正的家庭生活内部，但是我们对男性占多数的民间医生的访谈往往得以窥见一些细节，得益于我们自身的女性研究群体。

再次，女性很少被赋予“专家”的地位，但是在与我们的交谈中总会展现她们自身拥有的非正规的知识（她们往往也有民族医药的专长），譬如家屋外或水池旁边的普通植物所具备的药用价值。这些知识可以被看作（也应该是）普通知识（common knowledge），这正是人类学研究所要寻找的（人们说几乎每个瑶族、壮族或黎族妇女都懂）；不难想象，这样的知识难登医疗界的大雅之堂，因而极容易被研究者所忽视。

最后，一个非常基本的事实，我们的合作研究要求地方研究者对每一个访谈都做出认真、细致的笔录。我们的培训也一再强调笔录接近访谈场景的重要性，同时作为两位具备相当经验的人类学者，冯珠娣教授与我非常清楚细节的重要性。我们的女性合作者们的细心和耐心保证了笔录基本可以再现访谈场景的要求。不得不提的还有女性共同体所结成的亲昵与合作的无间。

四、结语：合作/共谋

女性主义学者 Dona Haraway 在分析知识的情境性时指出，既然任何研究者都不可能拥有“上帝之眼（God’s-eye-view）”，每个人都因只能站在地面而不可避免的具有局限性，因此，所谓的主观研究与客观现实之间的完全二分是不可能的。她强调一种女性主义视角下的客观性，即对于“在地的限制”（limited location）和知识的“情境性”（situated knowledges）的充分认识，而非执着于“超越表象看本质”以及主、客体的分离的虚妄[5]。Haraway 强调，只有认识到知识的“情境性”或部分性（partiality），我们才会去寻求这些部分知识的联结并对一些无法事先预知开放有所期待[1]。如 Strathern 所指出的，“一个真正的科学的探索者，她寻求客观性的主体位置不是身份认同，而是部分联结”[6]，也就是合作。

回应开篇马库斯对于人类学合作研究所做出的展望，合作其实也是一种共谋，是参与其中的各方共同的想象。我们这个“发掘整理少数民族医药的人类学研究”项目，参与者包括一位美国人类学者、一位中国人类学者、7 个地方民族医药研究团队、数百位来自 7 个民族地区的地方医药相关人员（医药人员及家人、病人、文化人、政府官员）。大家怀抱不同的目的、兴趣及价值取向、权力关系，以及对于“民族医药”的不同理解，在“发掘整理少数民族医药”的国家主导力量之下，都参与到“民族医药”的知识生产中。我们的研究是“发现”7 个早已存在于民间的所谓“少数民族医药”，还是我们这些各方力量在共同“发明”这 7 个民族医药？边界恐怕没有那么清晰，而我们对于知识生产的认识恐怕也得益于这样一个多点、合作的民族志研究，尤其是我们的女性研究者们。

注释：

［1］马库斯. 2007. 合作的想象. 思想战线，（4）.
［2］詹姆斯・克利福德，乔治・马库斯. 2006. 写文化：民族志的诗学与政治学. 北京：商务印书馆.
［3］James Clifford & George Marcus. 1987. *Writing Culture: The Poetics and*

Politics of Ethnography，University of California Press.

［4］James D. Faubion & George E. 2009. Marcus，eds.，*Fieldwork is not what it used to be：Learning Anthropology's Method in a Time of Transition*，Ithaca and London：Cornell University Press.

［5］Dona Haraway，Situated Knowleges. 1988.The Science Question in Feminism and The Privilege of Partial Connection，*Feminist Studies* Vol. 14，No. 3.

［6］Marilyn Strathern. 2005. *Partial Connections*（Updated Edition），Altamira Press.

第五章
分子人类学

14　用与种系发生相关的DNA序列解读人类起源

黄　石

中南大学医学遗传学国家重点实验室

一、前言

研究者普遍认为现代人有四种：非洲人、欧洲人、东亚人、澳大利亚土著人。对于现代人的进化，主要流行的观点有两种：其一是多地区独立进化附带杂交学说[1，2]；其二是近代出非洲说[3]。多地区起源模型认为直立人在更新世的时候走出非洲，并向其他地方扩散，由地域不同造成的不同分化并附带一定程度的迁徙杂交，形成了表形各异的不同民族，这些民族最后在世界各地形成了各式各样的现代人。最早的人类化石记录出现在大约 235 万年以前，这些化石人种和之后的人类均属同种。虽然化石数据的独立分析倾向支持多地区起源学说，并且更新世遗留至今的文化遗迹也支持这一学说，但是至今没能有系统一致的分子证据来独立地证实这一学说。

近代出非洲说模型最早是 Stringer 针对某些类似现代人的化石而提出的，其能够演变成为现今的主流观点，主要是得到了 DNA 数据的支持[4]。该学说认为解剖学上与现代人无异的古人最早出现在 20 万至 15 万年前的非洲，并在 6 万至 4 万年前进入中东，并随之快速扩散到世界各地，取代了最早于两百万年前离开非洲到世界各地独立进化的原始人类。这一学说虽然有部分化石和 DNA 数据的支持，但从来都不是一个自洽的系统，并且与其他相关研究领域内的研究结果之间，一直有着各种各样的矛盾。例如，以 Y 染色体做出的种族发生史，将混血人种中东人的出现排在白人和东亚人之前，而线粒体却将中东人排在白人和东亚人分化之后。中国和中东存在有距今至少 10 万年的具有现代人类特征的化石，在南阿拉伯半岛发现了距今至少 10 万年的现代非洲人所制作的努比亚（Nubian）复杂石器，说明了现代非洲人迁入亚洲的时间，比现有的 DNA 分子分析结果要更早一些。再如，现代非洲人所用过的石器在中国十分稀少。

另外，对于澳洲土著人的不同寻常的表形多样性和混血特征，目前公认还没有任何流行观点能给出解释[3]。

更为重要却并没有被广泛注意的是，出非洲说模型的分子分析的方法理论系统，依靠的是一些过于简单化的前提或假设，如基因组具有无限多可容忍突变的中性位点或大量中性垃圾 DNA 等。 如果事实证明这些前提假设并不普遍成立，那出非洲说是否还能站得住脚？ 要进行分子系统发生学的研究，也就是从遗传多样性来解读种群关系史，当然是应该在真正弄懂遗传多样性的含义之后，而不是之前。然而，决定遗传多样性的关键因素，至今仍是领域内顶尖学者公开承认的长期未解之谜[5]。显然，在这样的背景下，近代出非洲说所依赖的分子证据，不能排除是来自盲人摸象的猜想。

在过去的十年里，本实验室对遗传多样性的决定因素进行了深入研究，提出了遗传多样性是熵的新概念，以及遗传多样性上限假说（以下简称为上限假说）[6–9]。遗传多样性这个谜的代表性现象，就是分子进化领域内第一个也是最令人困惑和惊讶的结果——遗传等距离[10]。这一结果完全出乎达尔文学说的预料。近半个世纪来，学者们一直把对这一现象的一个就事论事的循环表述（tautology）——分子钟，误判为最重要的分子进化现象，错误地用一个对事实的片面循环表述来解释并替代了该事实现象，导致几乎所有的专业学者都不知道遗传等距离现象的客观存在。多年的研究发现了无数证伪分子钟的证据，分子钟只有非常有限的适用范围，但这与遗传等距离现象的普遍存在无关。然而一个普遍分子钟的成立，对于分子进化的中性理论的建立，对于出非洲说所依赖的、充斥于所有相关文献中的无限多位点的假设，却是必不可少的。但分子钟和中性理论的伪证，以及分子钟作为遗传等距离现象的伪替身，却长期被领域内学者视而不见。 这当然很正常，因为一个片面理论范式是不可能被驳倒的，而只能是被新范式所取代和挤倒，而新范式必然会遇到既得利益的抵制和冷遇，以及任何新理论都必然会面对更为苛刻的质疑。因而取代过程必然是漫长的而非一蹴而就的，正如科学史无一例外所显示的那样。

遗传等距离现象包含了两个完全不同的模式：极限距离和（与时间成线性关系的）线性距离。中性理论和分子钟只解释了遗传等距离现象中的线性距离部分，而上限假说才是极限距离的解释。现代人的基因组中只有很小一部分序列符合线性距离条件，而大部分（几乎全部基因组）都已经达到了极限距离。

如何知道哪些序列已经达到了遗传变异的极限呢？一个简单方法就是计算任意三个物种之间，序列做两两比对后的重叠位点（某位点同时在不同物种中发生了各自独特的突变）数目。同时发生了突变的重叠位点，造成了该三种物种的蛋白质编码的某一氨基酸位置，发生了各自特异的改变。如果按照中性理论的观点来看：这样的重叠位点出现的概率应该很小，因为中性理论假设这样的中性突变的位点有无限多，因而每次突变都应该高概率地发生在新的或没有过突变的位点上，从而不会造成重叠突变的出现。而在上限假说中，这种现象是遗传变异水平到达极限后的一个必然反映，应是很常见的，且事实也是如此。快变序列为了适应环境，将会迅速将所有可突变的位点全部或大部突变完，因此，当适应另一新环境时，新突变只会并只需发生在过去已经有过突变的位点。只有这样，物种在漫长的生存过程中，才不会靠增加基因组长度或新突变位点这种其实并不存在的方式来适应环境。中性理论只适用于那些还没达到遗传变异上限的慢变序列，只有慢变序列才符合无限多位点的假设，只有在慢变序列中，大部分位点才没有发生过突变。因此，新突变总是能发生在未发生过突变的位点上。可是现如今几乎所有的研究都忽略了这一点，虽然大部分序列已经达到了最大变异极限，却依然采用它们作为与进化时间成正比的序列进行分子分类学分析。本实验室过去几年的一系列文章，已经证明了大部分序列处于变异极限，或含有大量重叠位点的事实。虽然不奇怪但还是不免令人遗憾的是，目前这些文章仍基本处在被视而不见的状况。

同时发生了突变的重叠位点对遗传距离已经不再有任何贡献，因为这些重叠位点已经让遗传距离和进化时间不再成比例，如果再用重叠位点计算得到的极限遗传距离去估算进化时间，那么将必然会得到不正确的结果。我们为了克服这样的问题，提出了“慢钟法”。这一方法只把慢变序列挑出来，标准就是：慢变序列只有相当少的，甚至是没有重叠位点。这样的方法挑出来的序列用来做人猿进化上的分离时间，能够得到符合常识和形态学的结果，即人和黑猩猩不是一类，黑猩猩应该与大猩猩和红毛猩猩归为一类，而这一结果也符合化石记录，当然也跟用快变序列的结果完全不同（Huang，2012）。

在本研究中，我们用“慢钟法”解析了人类常染色体遗传多样性的海量数据，估算了人群分离时间和进化分支拓扑结构。由于Y染色体和线粒体受到强烈自然选择，无法分离出中性慢变序列，我们只用这类序列来独立验证慢变序列所得出的进化拓扑结构。这里，我们首次在分子分类学系统内区分了“内在生理系统”与“外在环境”两种不同的对序列的自然选择。只有受到内在生理系统选择的序列，才对判断群体的生理相似性有意义，而生理相似性与遗传亲缘相似性是密不可分的。相反，受到外在环境选择的序列只能反映类似外在环境，因而不能用来判断生理或遗传亲缘关系。

二、分析结果

1. 常染色体慢变序列

（1）重叠位点在快变序列中富集

各个不同人种共享有 80%～85%的遗传变异，是 20 世纪 70 年代初被 Lewontin 首次发现的一个著名现象，并被解释为在分子水平不存在人种划分。但这一结果是来自快变序列，慢变序列也是如此吗？我们将人类与恒河猴的全基因组直系同源蛋白序列按照相似性排序，挑选出快变和慢变序列。我们下载了千人基因组的数据，包括了 4 大类人——非洲、美洲、亚洲和欧洲。如果一个 SNP 只在一种人里面出现，那么说明这个 SNP 位点是不共享的。一个 SNP 在所有人种里面都出现，它就是一个共有的 SNP。我们将不同进化率的序列分成三类，并将对应的 SNP 找出。结果显示，共有的 SNP 在快变序列中富集（表 14-1）。这说明 SNP 位点共享并不是过去所认为的不同人种基因交流的结果（基因交流不应只在快变序列发生），而是快变序列变异到达极限后，重复突变多次独立发生的结果。因此，种族的划分是有遗传基础的，只是不能用参与适应环境的快变序列来揭示。

表 14-1 SNP 的共有程度和进化速率成正相关

SNP 类型	非共享（%）	共享（%）	所有 SNPs 数目	突变速度
慢变非同义	74	5.3	2663	慢
全部非同义	68	8.5	299 488	中等
全部同义	62	13	203 737	快

（2）慢变序列中的常见 SNPs 没有受到自然选择

由于我们使用慢变序列，或者说是高保守的基因序列，去做系统发生分析，所以很重要的一点就是要证明我们用的序列变异或 SNPs 都是中性的（与进化时间成线性关系），而不是受到环境选择的。首先，我们验证了发生在这些慢变序列里的变异，是否具有慢变中性变异所应该具有较少重叠位点的特性。在 31 个随机挑选的慢变蛋白质中（人和猴子有 99%相同），发现重叠位点出现的频率为 9.6%。相反地，在随机选取的 63 个快变基因序列中（人和猴子有 93%相同），重叠位点平均出现率为 26.1%（是前者的 2.73 倍，$p<0.01$）。这些结果可以说明保守程度高的蛋白序列有较少的重叠位点，符合概率理论预测，证明这些蛋白序列中的变异位点是随机分布的，也就是不受自然选择的。

我们接着研究了慢变基因是否受到了正选择影响。我们挑选的这组慢变基因并没有在 Nielson 等人找到的 56 个正选择基因中出现。同样，这些慢变基因也没有在 Bakewell 等人找到的 154 个正选择基因中出现。在上述两套正选择基因列表中，有 111 个正选择基因可以进行人和猴子的相似性对比，它们平均长度为 601 个氨基酸，人和猴子平均有 88.6%的序列相同。而整个基因组所有蛋白的平均长度为 560 个氨基酸，平均相同度为 87.8%。 因此，受到正选择的基因突变率跟全基因组水平的突变率比较接近，说明慢变基因通常没有受到正选择。

（3）快变和慢变序列遗传多样性的差别

我们进一步验证了这组慢变基因中的非同义 SNPs 也没有受到任何负选择。千人基因组中包括了一些美洲混合人种——哥伦比亚（CML）、洛杉矶的墨西哥人（MXL），波多黎各人（PUR），美国西南部的美籍非洲人（ASW）。近代形成的混合人种理应有更多的遗传多样性，哪些序列才能准确反映出混合人种的遗传多样性高的特点呢？我们在使用不同序列进行分析后，发现只有慢变序列中的非同义突变SNPs，才符合预期地显示了混合人种较高的遗传多样性，如ASW高于非洲人和欧洲人。使用线粒体、Y染色体和全基因组等序列，基本无法得到预期的结果。慢变序列的同义突变 SNPs 和终止密码子 SNP 也无法得到预期的结果。用终止密码子 SNP 做的分析与用其他类型的 SNP（常染色体的同义突变 SNPs、随机挑选的常染色体SNP）得到的结果类似。因为终止密码子明显受到强烈的负选择，只有不受负选择的 SNPs 才会得到与终止密码子SNP不一样的结果。而只有用慢变序列中的非同义突变 SNPs，才能得到与终止密码子 SNP 明显对立的结果。由此得出，除去慢变非同义突变 SNP 以外的所有其他 SNP 都是受到负选择的，因此只有慢变非同义突变SNPs才对解读人种发生时间有意义。

（4）关于主要人种进化发生树和分离时间

遗传距离是由两个分离种群的各自变异积累共同造成的。考虑到不同种群的突变速度与可容忍突变范围大小的差异，遗传距离在很多情况下并不能准确反映种群的分离时间。为了克服这一困难，我们用了一个新策略，仅关注一只单个种群中存在的变异或SNPs，这些变异部分来自祖先遗传，部分来自新突变，而新突变应该是种群特异的，至少在慢变序列如此。因此，当用种群A存在的SNP来计算与种群B的距离时，这一距离仅是由A的新突变造成的，而与B的新突变无关。当我们只是关心A与B还是C亲缘距离近时，我们就用A种群存在的SNPs去计算AB和AC的距离，如AB＜AC，则A和B共享更多的来自祖先遗传的SNPs，也即亲缘关系更近。同样，我们用B存在的SNPs去计算BA和BC的距离，用C存在的SNPs来计算CA和CB的距离，综合所有计算后，就可得出ABC三者的进化树。我们分析了IBS（欧洲人）、YRI（非洲人）和 CHS（中国南方人）的数据后，发现 IBS 与 YRI 和CHS大致是等距离的（IBS与CHS稍近一些），且YRI与CHS的距离小于 YRI 与 IBS 的距离。这些结果显示，中国人 CHS 常染色体大部分来自非洲黑人并混有部分欧洲人常染色体。我们进一步估算了分离时间，发现 IBS 和YRI至少在211万年前就已经分开。

（5）关于丹尼索瓦人和尼安德特人的祖先和后裔

我们接下来用高分辨的测序结果，对4万多年前的古人丹尼索瓦人、尼安德特人和阿尔泰人的种系发生进行了研究分析。用慢变序列做出来的 PCA（principal component analysis）散点图结果，显示这三种人是在现代人的变异范围当中，是非洲和欧亚土著人杂交而来。相反，如用快变序列作分析，这三种人都不在现代人的变异范围内，与其他研究者的结论一致。这是因为，快变序列中有相当一部分具有适应外在环境的功能，四万多年前的古人所生活的环境，可想而知是与今天有很多不同的。

进一步研究发现，丹人与现代人中的澳洲土著人和巴布亚新几内亚人距离最近，显示了他们之间属于直系遗传或祖先后裔关系。与非洲的 Sandawe、Pygmy 和 Hadaza 人比较后，发现丹人与东非洲桑人 Sandawe 最近。

其他研究人员发现的所谓丹人或尼人与现代人杂交的证据，其实反映的不是杂交，而是部分快变序列在过去和今天共享了某些自然环境。有证据显示丹人生存地在 4 万年前具有热带雨林的气候特征，而丹人祖先非洲人和丹人的最直系后裔南亚岛国人都在热带雨林生活。 因此，丹人与南亚热带雨林人共享一部分快变 SNPs，除部分来自直系遗传外，也是因为对相似环境的适应造成的。杂交假说显然不能解释慢变和快变序列的巨大差异，因为杂交过程不牵涉对慢变和快变序列的区别对待。只有自然选择才能区分这两类序列，也就是只有部分快变序列才有参与适应环境的功能，因而才能被选择。

2. 线粒体序列分析

虽然线粒体基因组整体突变速率非常高，但还是存在相对快慢之分，以及适应内在生理与外在环境的序列之分，适应内在生理系统的序列突变速率相对较低，这些较慢变序列包括核糖体 rRNA、tRNA 和蛋白质的非同义变异位点。这类序列的功能性，使他们不能被用来估算进化时间，但可被用来判断生理相似性，以及相关的遗传亲缘关系和进化分支拓扑结构。 通过分析这类序列，我们得到了和以上常染色体分析一致的结果，即首先分化出欧洲人和非洲人，然后才分离出东亚人。我们同时发现，丹人、尼人和阿尔泰人的线粒体来自非洲的桑人和小矮人的常见型 L0a 和 L1b/c，并与澳洲土著人常见的 Q 等单倍型共享某些 SNPs 如位点 5460 等。这一结果不仅支持了常染色体的分析结论，并进一步揭示了非洲人在近代进入欧亚大陆与欧亚人杂交的细节，是非洲女性与欧亚男性的第一代混血，进一步不断在主要是非洲人的群体内婚配生产，而产生了丹人和尼人。

3. Y染色体SNPs分析

Y 染色体整体受到强烈负选择，因此，共享序列通常反映的是共享的内在生理系统和外在自然环境。我们分析了千人基因组 Y 染色体的非重组区和非重复区的全部 SNPs，并综合了 Pozinik 等人发表的非洲土著人的 Y 染色体数据。分析得到的进化树，与以上两套独立数据的分析结果基本一致。例如，有 166 个 SNPs 将 Y 单倍体型 A、B、C、D、E 归类为一组或非洲组，有 264 个 SNPs 将 C、D、E 与 F 或欧亚组归为一组。支持 A、B、C、D、E 为一组的 SNPs 中，有 95%都是与黑猩猩序列相同的，显示了对非洲生态环境的适应。而支持 C、D、E、F 为一组的 SNPs 中，有 81%与黑猩猩序列不同，显示了对欧亚大陆环境的适应。因为 C、D 人群生活在欧亚，他们与非洲人共享的 SNP 可能反映的是类似的生理特征，因此，应该把他们与非洲人分为一组。相反，C、D 与 F 共享的 SNPs 可能大部分反映的是对欧亚环境的适应，而不是共同生理特征或共同祖先。非洲 E 与 F 共享的 SNPs 有可能反映的是欧亚人迁徙返回非洲。

中国人（NO）与欧洲人（RQ）共享一些 Y 染色体 SNPs，与非洲人距离稍远，似乎与线粒体和常染色体结果矛盾。但这提示 200 万年前出非洲的东亚人，可能是一支由欧洲男性和非洲女性组成的群体。当然也不能排除欧亚大陆人共享了某些环境选择，但由于其他欧亚大陆（混合人种）单倍型 I、J、G、L 和 T 等，没有这些 SNPs，用外在环境选择来解释 NO 与 RQ 共享的 SNPs，显得有些牵强。

目前流行的 Y 染色体人种进化关系树，与线粒体的进化树在中东人与欧亚人的进化关系上有较大分歧，而我们的分析结果是统一一致的。例如，Y 单倍体型 C 和 D 是在南亚岛屿国家、日本和中北亚地区的常见类型，Y 数据的独立分析显示，他们与非洲土著人的常见型 A 和 B 划为一组，这一分组符合常染色体的研究结论，即他们是丹人、尼人和阿尔泰人的后裔，拥有非洲土著人祖先。发现 Sanadwe 人中，B 比 A 要高发，但两种都属常见型。 同时，线粒体独立分析结论显示，这些 Y 为 C 或 D 的人中常见的 Q、Y 和 G 线粒体单倍型，与丹人、尼人和阿尔泰人的线粒体共享某些位点，并与非洲土著人或 Sandawe 常见的 L0 和 L1 型距离最近。另外，Y 分析结果也验证了由线粒体得出的非欧杂交细节，即第一代混血，进一步不断在非洲人群体内婚配生产，而产生了丹人和尼人，导致了这些人的 Y 染色体和线粒体都主要来自非洲人而不是欧洲人（某些尼人 Y 染色体为欧洲 R1b3），同时由于协同进化（见下），而带有了欧亚人的印记。这些非洲型的 Y 染色体和线粒体，渐进式地演变成为今天中北亚和澳洲土著人的常见代表类型。这些混合人群中混进的现代欧亚型 Y 染色体单倍型如 R1b3，可能是由于与非洲古老型线粒体的非渐进式混合而导致的不和谐，最终伴随部分尼人的灭绝而罕见于今天的尼人直系后裔中。

目前流行的 Y 染色体和线粒体单倍体进化树，是用新生型等位基因（derived allele）建立进化枝（clade），把共享新生型的划为一组。与黑猩猩相同的被定义为祖先型等位基因（ancestral allele），不同的为新生型（derived）。但如果有广泛的重复突变，则这种定义显然是不可能正确的，必然不能给出自洽的结果。所有实验数据都显示，重复突变极其普遍，对于快速适应环境极为重要。确实，流行进化树看似自洽的结论，实际上是部分来自选择性利用数据（cherry picking）。例如，在 264 个 C、D、E、F 单倍型共享的 Y 染色体 SNPs 中，有 50（19%）个是祖先型。这 50 个 SNPs 在单倍型 A 和 B 中为新生型，从而支持 A 和 B 为一组，与把 B 划为与 C、D、E、F 同组的流行结论相矛盾。但在 Poznik 等人的文章中，这些矛盾数据被没有理由的删掉不计。同样，B、C、D、E、F 共享的 502 个 SNPs 中有高达 42%为祖先型。相反，RQ 或 ON 这些较少争议的较靠近进化树分支末端的分组，基本不存在类似的矛盾数据。

我们还发现了将 A 和 B 划为一组的其他证据。我们分析显示，Y 染色体的通常用作人类学分析的非重组与非重复区部分可被划出两组，一组重复序列相对较多，较难测序，另一组相反，这两组没有截然的界限，嵌合存在。与欧亚相关的单倍型的 SNPs 通常聚集在重复序列较多较难测序的一组，而非洲人 A 或 B 特异的 SNPs 在两组都有发生，且更多地发生在重复序列较少较易测序的一组。这提示，非洲土著人比欧亚人享有更宽的 Y 序列可容忍变异区。这两种人群的混杂，不管是出非洲还是返回非洲，由于 Y 染色体与线粒体和常染色体的协同进化，必然造成杂合人群的 Y 染色体具有介于这两者之间的状态。确实，杂合人群高发的 Y 单倍型 C、D、E、Q、N、T、G、I、J、O1、O2 等，有着较多的 SNPs 位于在欧洲型 R 和中国南方型 O3a2a 中属于高保守区的序列。

4. 农业群体常见的线粒体变异

以上分析同时也发现了一个新的生物学现象，Y 染色体和线粒体或常染色体互相之间协同进化，这一现象可用于鉴别混合人种和人种迁徙。这里我们在线粒体中也发现了类似现象。虽然线粒体或 Y 染色体没有重组发生，但协同进化会使混血人种的线粒体或 Y 染色体带有两种祖先人种的嵌合。线粒体功能需要 2000 左右的常染色体蛋白基因，因此，必然会存在线粒体与常染色体相互适应而协同进化的现象。我们发现了一个与农业发源和扩散相关的线粒体 SNP 3010，其在中国南方人常见的 D4 单倍型中的出现频率几乎为 100%，在其他混血务农种群中的频率也非常高（中东 J 99%，欧洲 H 72%，非洲 L2a 21%），而在同地区非农业人口中的频率却非常低（欧洲 U 4.6%，非洲 L0a 2.4%）。这一发现意味着农业可能最早起源于典型汉人聚集的中国中南地区，并伴随着人口迁徙和杂交而扩散到中东及非洲和欧洲。值得注意的是，SNP3010 位于 16s rRNA 中，具有功能性，与某些胃肠疾病有关，如周期性呕吐综合征（cyclic vomiting syndrome）。这种与胃肠疾病的关联，显然也隐含了该 SNP 与食物的关系。

5. 2.4 万年前的古西伯利亚人之谜

古人 DNA 是验证我们的新分析框架和证伪流行方法的最佳数据。这是因为古人的生存环境与今天有较大不同，流行方法采用的快变序列有相当部分是反映环境的，必然会对古人与今人的遗传关系问题，给出由于未考虑环境因素而造成的明显不符常理的结论。

最近，Raghavan 等人报道了一个 2.4 万年前的西伯利亚中南部人的基因组。按照多地区说 200 万年的人类存在时间，两万年前某一地区的古人，应与今天该地的人有遗传连续性，并在通常情况下，应该在常染色体、Y 染色体和线粒体上都有一致统一的体现。我们用常染色体慢变 SNPs 发现，这位古西伯利亚人与千人基因组中的芬兰人距离最近，其次为 CEU、GBR、IBS、

CLM、TSI、MXL、CHB、CHS、PUR、JPT、ASW、YRI 和 LWK。（现代西伯利亚人或俄罗斯人的基因组暂无数据，故无法直接比较）芬兰人在地理上是最靠近俄罗斯的北欧国家，并具有很强的东方混血（他们常见的 Y 单倍型 N 就是东亚 O 分化出去的），无论是文化还是血缘，是最像俄罗斯人或西伯利亚人或最具东方色彩的欧洲人。古西伯利亚人的线粒体单倍型为 U，今天最常见于芬兰和与芬兰接壤的俄罗斯西北地区。他的 Y 单倍型为 R1b3，是最常见的欧洲型。因此，所有三套独立的 DNA 分析，都给出了一致自洽的结果，这位 2.4 万年前的古西伯利亚人，就是具有东方混血的北欧人，与常理预期完全吻合。同时，与非欧洲人群比较，这位古西伯利亚人与美洲哥伦比亚人和墨西哥人最近，与东亚人较远，显示这位古人的后代，主要留在了西伯利亚和北欧，而他的祖先某一支部分迁徙到了美洲，这与常理推论和其他类证据也是吻合的。

相反，Raghavan 等人用常染色体的快变 SNPs 进行分析，认为这位古西伯利亚人与美洲土著人关系最近。这显然与线粒体和 Y 染色体结论相左，是不符最简约常理的。虽然西伯利亚人是欧亚混血，最有可能是美洲的早期开拓者，但如果某位古西伯利亚人具有今天美洲人的常染色体，难道最简约常理不会让我们猜想他应该有美洲人的 Y 染色体和线粒体？而且，各类与人有关的化石与文化证据显示，美洲有人存在的历史至少有 4 万～6 万年。2.4 万年前的古西伯利亚人完全可能与美洲早期主流移民潮不存在必然关系，而应该与今天生活在西伯利亚、俄罗斯和芬兰这一地区的人群有相对来说更加紧密的必然联系。

常染色体快变 SNPs 有相当一部分通常反映的是外在环境的自然选择，显示 2.4 万年前的西伯利亚中南部，与今天的美洲大陆有类似的自然环境，而与今天的北欧和西伯利亚有较大差异。2.4 万年前正处于海洋氧同位素第三期 MIS3 晚期，这是一个间冰期并且气候温湿。显然，这位 2.4 万年前的古西伯利亚人的基因组，只有在我们的解析框架内，才有了一个完整自洽符合常情的故事。

这位古西伯利亚人也为 Y 染色体 SNPs 中存在我们所说的两种类型提供证据，一类受到外在自然环境选择，一类受到内在生理系统选择。从 Poznik 等人的文章数据里，我们找到了一组与流行进化树相矛盾的 Y 染色体 SNPs，包括C–F共享祖先型而A和B共享新生型的一些SNPs，这类SNPs较有可能是受到外在环境选择的。我们发现，在这类SNPs中，古西伯利亚人的R1b3单倍型与今天的现代人R1b3的差异为43%，并均表现为古西伯利亚人与今天的非洲类型A、B或E相同。而在其他SNPs中，差异仅为4%，主要集中在能区分R亚型的SNPs中。这些数据显示，2.4万年前的古人与今天的人有较大的自然环境差异，但生理系统差异相对较小。并且，这些结果也提示，几万年前的西伯利亚中南部地区可能有类似今天非洲的自然环境，或者那时在该地区生存的古人有更多的非洲血统，与他们是尼人的后代有关。同样，4万多年前的西伯利亚中南部地区的阿尔泰尼人也是R1b3，在与外在环境选择有关的SNPs中，与今天的现代人R1b3的差异为25%，并均表现为阿尔泰尼人与今天的非洲类型A、B或E相同。而在其他SNPs中，差异仅为1.3%，主要集中在能区分R亚型的SNPs中。

另外，在237个阿尔泰尼人、古西伯利亚人和今天某R1b3型都有测序的SNPs中（R1b3数据来自Poznik等人文章），阿尔泰尼人和古西伯利亚人完全相同，但他们与今天的R1b3有2个SNPs不同，都集中在区分R亚型的SNPs中。这显示古西伯利亚人与阿尔泰尼人关系更近，与今天的人反而较远。由于这位古西伯利亚人就是解剖学意义上的现代人，这一结果直接意味着4万多年前的阿尔泰尼人也是现代人。

我们进一步用千人基因组数据证实了这一结论。在227个阿尔泰尼人、古西伯利亚人和千人基因组都有测序的SNPs中，阿尔泰尼人与古西伯利亚人完全相同，但与千人中的137个R1b3个体中的一个（CLM_HG01148）有1个SNP差异（千人中的R1b3个体平均每人有24个SNPs没有信息），与其他136个完全相同。另外，与千人中的11个R1a1a个体有平均1.6个差异，与所有千人的平均差异为12.9个SNP。千人中平均每两人的差异为13.4个SNP。如果阿尔泰尼人不属于现代人，则他们与现代人的平均距离或与古西伯利亚人的距离应该大于现代人之间的平均距离。

但不同于Y染色体，阿尔泰尼人的常染色体和线粒体与千人基因组的平均距离，或与古西伯利亚人的距离，明显大于千人中每两人的平均距离。这种现代型Y染色体和古老型线粒体的非渐进式混合，会造成基因组内不同功能单位组合的不和谐，加上古老型线粒体的非洲起源所导致的对欧亚较寒冷气候的适应问题，可能是尼人最终在欧亚大陆灭绝而能在澳洲生存的部分原因。

三、讨论

以上的分析结果，修正并完善了多地区起源说和出非洲说，首次解析了澳洲土著人的起源和出乎寻常的多样性。修正统一后的新模型符合了相关领域内大多数结果，包括分子、化石、考古、气候、语言、人类体征和文化特质（图 14-1）。

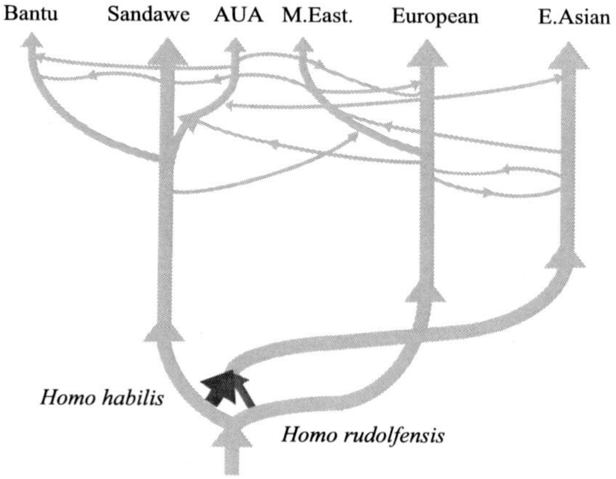

图 14-1　多地区连续进化附带杂交模型

Fig. 14-1　The multiregional continuity with hybridization model

1. 序列保守性与功能的关系

以前的思维认为：序列的保守性代表着功能性。然而实际上，保守性高和低的序列各自有其特异的功能性。较低的保守性或较快的突变速率，意味着可以有很好的适应外在环境的功能；而较高的保守性和较低的突变速率，对于一个系统的内在稳定维系，有着十分重要的作用。快变序列包含两种功能：适应环境和构建内在生理系统。对细菌和病毒来说，相比慢变基因而言，它们的快变基因对它们适应药物作用，无疑是更加重要的。

快变序列极限最佳多样性水平的维系，一方面来自促使多样性增加以适应环境的正选择，一方面来自多样性或随机无序过度而导致的疾病或死亡。因此，快变序列的某一特定变异组合，对正常人来说，通常反映的是某一特定年代的某一特定生存环境，以及与这些环境相适应的某些特定生理特征。

2. 分子结论与已知各类现象的统一

本研究的分子工作较全面地解释了大部分已知现象，而这些现象反过来也验证了本研究的结论和方法。例如，分子分析认为，澳大利亚土著人以及亚洲南部和大洋洲的部分人群，是源于丹人和尼人，也即非洲土著人和欧亚人的混血。确实，这类人群在长相、肤色和体长等方面具备非洲矮人体征。另外，澳大利亚土著人的一种语言——由Lardil人说的达明语（Damin），是除了非洲桑人外唯一一个用“咔哒”声（click）作为辅音的语言。但他们也有不像非洲土著人的特征，如拥有茂盛的胡子、大量的体毛、前突的眉骨以及高鼻梁，这都暗示了他们有高加索人的混合。实际上，Stringer等人曾经提出过一套鉴定现代人的解剖学指标，而这些指标可同时将尼人和澳大利亚土著人排除在现代人之外，显示了这两种人具备一定的形态相似性（包括前突的眉骨和较斜较低的前额），与本研究的分子结论一致。

丹人和巴布亚新几内亚人在快变序列上有较高相似性，除遗传因素外，也许是因为这两类人都具有热带雨林生活的特征。大约5.9万至2.4万年前的海洋氧同位素第三期（MIS3 period），是间冰期并且气候温湿，而且丹人洞穴沿着中国西部边境到南亚这条路径上，至少在今天，是树林和降雨量丰富的地区。

连续进化附带杂交假说一直以来都有形态证据支持。早期在中国西南的现代人都同时具有蒙古人和尼安德特人的特征，如柳江人、资阳人、丽江人、穿洞人，这些人头骨枕骨表面都有发髻状隆起，这一特征常见于尼安德特人（Wu，2004）。尼安德特人使用旧石器时代的莫斯特人所制作的工具，这种工具同样也存在于中国西南水洞沟遗址。这些结果提示尼人和丹人从北向南的迁徙，与本研究的Y染色体和线粒体结论一致，即南亚和中北亚的Y染色体C单倍型来自于尼人和丹人，且最早来自非洲土著人，同属Y染色体A、B、C、D、E这一非洲人组。同样，尼人和丹人的线粒体，以及澳大利亚土著人常见的Q线粒体，主要来自非洲土著人的L1b/c和L0a。

本研究也发现非洲黑人特别是班图人 LWK 具有混血特征，班图人代表性的线粒体 L3e、L2a 和 Y 染色体单倍体 E，与欧亚型关系较近。他们可能来自非洲土著人与返回非洲的欧亚人的杂交。尼安德特人有可能曾经迁回非洲，非洲确实存在尼人的化石 Djebel Irhoud 和莫斯特石器。

现代人头骨的解剖学多样性似乎是少于古代猿人的，这与多地区起源说似乎矛盾，实则不然。按照上限理论和显而易见的现实数据，进化方向主要有两个：其一是表形和遗传多样性在同类物种中的增加，并最终到达极限多样性水平；而另一个方向是复杂性增加及其伴随的极限遗传多样性的降低。物种内极限遗传多样性的降低，自然带来解剖学表形多样性的降低。随着人类脑容量的增加，会带来人类自身复杂性的增加，必然导致人类自身极限遗传多样性的降低。另外，本分子研究和以前化石分析所发现的极为广泛的人种牵涉杂交现象，也部分中和了人种特异的分化特征。

3. 什么是人？

最早的人属中，包括了至少 3 种不同表形的人，其中 Homo rudolfensis 最像欧洲人，体格高大，比较平的脸（orthognathic）。这种脸在现代东南欧的 Dinarics 人中最典型，并在 80 万年前的欧洲直立人先驱人（Homo antecessor）中已经较为明显，而同时代的亚洲直立人却没有。这些化石证据和本研究分子结论提示，人类作为单独物种，已经存在了两百多万年，并在那时就有了较大的种内表形分化。最新 Dmanisi 直立人的研究提示，所有两百多万年前的各种表形各异的人，都属于同一物种。这一物种的最显著的特征，是以器物制造为代表的创造力。这一时期首次出现了具有一定技术含量的石器制造，意味着地球上的 DNA 生物群中，第一次出现了创造力。虽然猩猩也偶尔用石器，但与人类石器在创意上有本质区别，猩猩不会制造刀类石器，并且在人类的教导下也始终学不会。

值得注意的是，与“石”拼音相同的汉字，如“始、世、时、识、示、师、视、矢、室、事、实、是、释、史、诗、式、氏、十、适、筮、饰、殖、食、豕、屎、尸、逝”等，出乎寻常地代表着大量最基本最重要的概念，如创始、宇宙、时间、知识、识别、显示、大师、观察、弓箭、家室、事实、认定、解释、历史、诗歌、公式、氏族、完美、适宜、占卦、繁殖、食物、猪、排泄物、尸体、逝去等。其他汉字也有一些代表重要概念的，但都不具备类似的重要性和多重性。在德语中，石头和创造智慧的紧密联系，在“爱因斯坦”这个与天才智慧同义的字中得到了充分体现，“爱因斯坦（Einstein）”的意思就是“一个（ein）石头（stein）”。至于这些文字联系是否只是巧合，有待未来研究。注意到古代读音通常与现代不同，我们正在与语言学家合作，研究在古代语言中是否有类似现象。

综合各类数据，可以推测人类语言和创始力的起源可能与石头密切相关。没有证据和逻辑显示新石器与旧石器人类在创始力上有质的区别，既然人类已经存在了两百多万年，并有了同样长时间的创石器历史，与“石”相关的发音、文字和概念理应是人类早期文明的一部分，并不断随时间而扩增。古人类与现代人在脑容量或智商上的差别，应属于种内正常量的变异，而不是种间质的差异。直立人中的石器大师，其智商和创始力可能不会比现代人中某些人群低。现代人中正常智商的范围分布极广（IQ 分数 70～210），最高与最低可超过 3 倍，明显大于直立人与现代人在平均脑容量上的差别（900cc 和 1400cc）。显然我们不能用智商高低来区分人与非人类。同样的道理，用脑容量作为区分指标也是没有说服力的，而用任何其他头部的解剖学指标如下巴或眉骨的前突程度等，或者直立双腿行走，则更加缺乏客观科学根据和先验逻辑必然性。

“创始力”这个词表达了只有创才有始的含义，与“创始人”用法一致，比“创造力”更恰当深刻完整。无始就无普及无影响。创始力虽与智商有联系，但不等同于智商。用创始力来定义人，既符合先验理性逻辑，也与现实数据吻合。创始力的特征，是可以在基本能力或程序（algorithm of creativity）保持大致不变的情况下，通过重复循环使用该程序，使被造物或文明随时间不断并无限地向复杂有序的方向增长。比较人类社会和任一动物社会的历史，有无文明或被造物的复杂有序性的增长是显而易见的本质区别。

四、结论

总之，本研究的理论基础是一个更加完善的分子进化与群体遗传学系统——遗传多样性上限假说。该系统吸收了现有理论的合理部分，首次全面解读了遗传多样性这一长期未解之谜，认识到了线性和极限多样性两种现实，纠正了过去只注意到线性而忽略极限的片面认知，指出了“近代出非洲说”的问题在于误用了“无限多位点”这一已经被证伪的前提，以及依赖对数据的选择性使用来回避矛盾。本研究使用了慢变序列和真正不受自然选择的线性距离，同时也使用了能判断生理相似性的功能序列，第一次用不依靠伪前提的客观方法，对人类进化历史进行了分子解析。三套相对独立的 DNA 数据的分析，给出了相互验证的一致结果，有力地支持和完善了“多地区连续进化附带杂交”学说，对人类起源给出了一个统一的新模型，解决了澳洲土著人起源这一长期无解之谜。 最后我们认为，一个正确的生命科学理论和在该理论指导下的历史研究结论，应该是没有或不可能有一例反证的，应该能与任一物理学理论相媲美。希望未来的生命科学研究，能建立真理无反证的严谨科学标准，从多角度为本研究的理论基础和结论，以及其他研究的相关对立结论进行证伪。另外，如果历史能帮助了解现实，那么，能否有力地帮助解决一些现实生物医学难题，也必然应是进化历史研究真伪的试金石。

致谢

笔者感谢本研究团队成员袁德健、朱作斌、陆稀彤、罗登辉、王大朋、于军、徐书华、Joseph Daniels。 感谢吴新智院士的讨论和建议，感谢任继昉和刘江涛对本文的阅读指正。 因篇幅所限，大量相关文献未被引用，特此致歉。本文属会议摘要类格式，侧重呈现结论和方法，而结论所依赖的原始研究数据和结果，已经投稿到相关专业杂志和国际会议，不便在此重复，恳请读者原谅。

注释：

[1] Wolpoff，M.H.，Wu，X.Z.，and Thorne，A.G. 1984. Modern homo sapiens origins：a general theory of hominid evolution involving the fossil evidence from east Asia（New York：Alan R. Liss）.

[2] Wu，X. 2004. On the origin of modern humans in China. *Quaternary International*，（117）：131–140.

[3] Stringer，C.B.，and Andrews，P. 1988. Genetic and fossil evidence for the origin of modern humans. *Science*，(239)：1263–1268.

[4] Cann，R.L.，Stoneking，A.C.，and Wilson，A.C. 1987. Mitochondrial DNA and human evolution. *Nature*，(325)：31–36.

[5] Leffler，E.M.，Bullaughey，K.，Matute，D.R.，Meyer，W.K.，Segurel，L.，Venkat，A.，Andolfatto，P.，and Przeworski，M. 2012. Revisiting an old riddle：what determines genetic diversity levels within species? *PLoS Biol*，(10)：e1001388.

[6] Hu，T.，Long，M.，Yuan，D.，Zhu，Z.，Huang，Y.，and Huang，S. 2013. The genetic equidistance result，misreading by the molecular clock and neutral theory and reinterpretation nearly half of a century later. *Sci China Life Sci*，(56)：254–261.

[7] Huang，S. 2008. The genetic equidistance result of molecular evolution is independent of mutation rates. *J Comp Sci Syst Biol*，(1)：092–102.

[8] Huang，S. 2010. The overlap feature of the genetic equidistance result，a fundamental biological phenomenon overlooked for nearly half of a century. *Biological Theory*，(5)：40–52.

[9] Huang，S. 2012. Primate phylogeny：molecular evidence for a pongid clade excluding humans and a prosimian clade containing tarsiers. *Sci China Life Sci*，(55)：709–725.

[10] Margoliash，E. 1963. Primary structure and evolution of cytochrome c. *Proc Natl Acad Sci*，(50)：672–679.

第六章

其他

15 人类工效学标准及数据的进展

赵朝义

中国标准化研究院

人类工效学根据人体特性设计和改进系统，在保证安全、健康、舒适的基础上，使“人—机—环”系统具有更好的性能和更高的效率。以人为中心的人类工效学标准和数据可使产品和系统的研发和设计过程增值，提高产品和系统的可用性。人类工效学是现代设计理论的基础，随着信息技术的快速发展及其在各行业的广泛应用，人与系统交互信息日益庞杂，针对提高信息呈现和操控与人的心理和生理特性适应性的人类工效学标准和数据越来越受到重视。

一、人类工效学

人类工效学（ergonomics，简称工效学）是从20世纪50年代开始迅速发展起来的一门新兴的边缘学科。根据国际人类工效学学会（IEA）的定义，人类工效学是研究人与系统中其他因素之间的相互作用并将其相关理论、原则、数据和方法应用于设计以提高人类生活质量、优化系统整体绩效的学科。ISO/TC 159工效学技术委员会采用了该定义。美国学者倾向将人类工效学称为“人因工程学”（Human Factor Engineering），在日本则采用“人间工学”这一名称，在我国，除了“人类工效学”外，常用的名称还有“人机工程学”、“人因工程学”、“人体工程学”、“人机环境工程学”等。

人类工效学的主要研究领域包括：① 人的特性研究。人体生理、心理、感知、能力限度等特性是人类工效学研究的基础，也是各行业进行产品设计和产品优化的基本依据。② 人机界面设计。人与机相互作用的过程就是利用人机界面上的显示器与控制器，实现人与机的信息交换的过程。研究人机界面的组成并使其优化匹配，以改善产品的人机界面设计，实现高满意度的可用性目标。③ 作业环境研究。分析在各种环境下人的生理、心理反应，作业环境对人工作和生活的影响，从而提出控制、改善和预防不良环境的措施，使之适应人的需求。④ 作业方法及其改善。主要研究从事体力作业、技能作业和脑力作业时人的生理与心理反应、工作能力及信息处理特点，以及合理的负荷和能量消耗、工作与休息制度、作业条件程序和方法，从而优化作业条件，降低劳动负荷，减少操作失误。⑤ 系统安全性和可靠性。研究人因失误的特征和规律，找出导致人因失误的各种因素，提出控制和预防措施。⑥ 人—机—环系统总体设计。研究人—机—环系统的优化，使系统中的人与机器、环境都能发挥出各自的能力，实现人—机—环系统的整体性能最优化。

尽管人类工效学作为一门独立的学科只有几十年的历史，但其原理与方法的使用源远流长，而且深入人们的生产、生活的各个环节。人类工效学原理和方法的应用能有效地提高企业竞争力，改善人们的生活质量，在节省资金、人力、时间和自然资源、最优化设计和生产程序、提高系统的可靠性、改进工作效能、保障人的健康和安全等方面能够发挥重要的作用。随着社会、经济的迅速发展，人类工效学越来越显示出它的重要性，同时也越来越受到各行各业的高度重视。当前，人类工效学已经广泛应用于制造、建筑、交通、信息、安全、劳动保护、航空航天和军事等诸多领域，可以说涉及人类生活的一切相关领域都存在着人—机—环的协调发展问题，都有人类工效学原理和方法的应用。

二、人类工效学标准化

人类工效学标准化是根据人体特性设计工作系统、工作设备和产品的要求，旨在提高产品的可用性，从而提高操作者或用户的生产率、改善其健康、安全和舒适度。人类工效学标准化的范围主要包括有关人类主要特性的基本标准；有关设备、程序、产品或系统的操作或使用中的人的因素的标准；有关环境物质因素对人类影响的标准；用于人类工效学测试程序和数据处理的标准；人类工效学的一般指导原则等。

人类工效学标准面向产品、工作系统和工作设备等广泛领域。以人为中心的产品和程序设计的人类工效学标准，可以为产品研发过程和生产过程增值。利用人类工效学原理、方法和程序，在产品研发阶段，可开发出用户友好的产品以实现竞争优势；在生产过程中，可营造人类友好和高效的生产系统，使工作条件、环境更加健康、安全。人类工效学标准化效益主要体现在提供一致的人类工效学要求，作为机器设计的可靠依据，改善用户的健康、安全和舒适度以及整体性能，满足自由贸易条件下对于人类工效学和高效产品的要求，改善产品的可用性。

人类工效学原则、数据和设计不仅关系工作设备、工作系统或工作环境的设计，还关系个人使用的消费者产品、休闲活动设备和非工作环境等，因此人类工效学标准化对于提升普遍生活质量和工作质量都具有明显的意义。

1. 国际标准化组织

国际标准化组织（ISO）的人类工效学技术委员会（ISO/TC 159）成立于1974年，负责包括术语、方法和人因数据在内的人类工效学领域的国际标准制定、修订工作，在1981年发布了第一个人类工效学国际标准ISO 6385：1981《工作系统设计中的人类工效学原则》。截至2013年9月，ISO/TC 159及其分技术委员会制定发布人类工效学国际标准110项。

ISO/TC 159下设有通用工效学原则、人体测量与生物力学、人—系统交互工效学、物理环境工效学等4个分技术委员会。

（1）通用工效学原则分技术委员会（TC 159/SC 1）

目前，TC 159/SC 1有3个工作组，分别是工效学设计和工效学原则、与心理工作相关的工效学原则、工效学过程标准，负责制定通用工效学原则方面的国际标准。

TC1 59/SC 1共制定发布了5项国际标准，其中1项是人类工效学通用方法、原则与概念，1项是工作系统设计的工效学原则，3项是心理负荷相关的工效学原则系列标准。

（2）人体测量和生物力学分技术委员会（TC 159/SC 3）

TC 159/SC 3现有2个工作组，分别是人体测量、人体力量，手工操作和力的限制，负责制定人体测量和生物力学方面的国际标准。

TC 159/SC 3 共制定发布了 17 项国际标准，其中关于人体测量的国际标准有 5 项，关于人体力量和姿势的国际标准有 6 项，关于人体尺寸在机械安全、人体模型、身体模板和工业产品设计中应用的国际标准有 6 项。

（3）人—系统交互工效学分技术委员会（TC 159/SC 4）

TC 159/SC 4 的工作范围包括系统（多是基于计算机的）与设计、制造、使用和维护系统的人之间交互的工效学标准化，其范围主要包括硬件工效学（包括输入、显示和交互设备）、软件工效学（包括对话和交互设计）和以人为中心设计过程和方法（包括可用性工程和参与式设计方法）等。由于计算机信息技术的快速发展和广泛应用，人—系统交互工效学技术要求对产品设计日益重要，该分技术委员会是 ISO/TC 159 中工作最活跃的分技术委员会，现有 10 个工作组。

截至目前，TC 159/SC 4 共制定发布了 57 项国际标准，其中包括 38 项人—系统交互工效学（ISO 9241）系列标准，3 项显示器和操纵器设计的工效学要求（ISO 9355）系列标准，7 项控制中心的工效学设计（ISO 11064）系列标准，5 项日用品的易操作性（ISO 20282）系列标准，3 项多媒体用户界面的软件工效学（ISO 14915）系列标准，1 项空间定向和运动方向工效学要求的国际标准。

（4）物理环境工效学分技术委员会（TC 159/SC 5）

TC 159/SC 5 现有 4 个工作组，分别是热环境、综合环境、针对特殊人群的物理环境和空气的感知品质，负责制定物理环境工效学方面的国际标准。

TC 159/SC 5 共制定发布了 31 项国际标准，其中关于热环境工效学的国际标准有 21 项，关于听视觉工效学的国际标准有 6 项。

2. 我国人类工效学标准化

中国的人类工效学标准化工作开展得比较早，全国人类工效学标准化技术委员会成立于 1980 年 5 月，其在国家标准化管理委员会（SAC）中的技术委员会编号为 SAC/TC 7，对口联系 ISO/TC 159，秘书处设在中国标准化研究院。“人类工效学”这个名词也是在这个技术委员会成立大会期间首先使用的。1984 年，国防科工委成立了国家军用人—机—环系统工程标准化技术委员会。

人类工效学标准化技术委员会的成立，不仅推动了中国人类工效学标准化工作的发展，也极大地促进了中国人类工效学学科的发展。

全国人类工效学标准化技术委员负责人类工效学技术领域的标准化归口工作，统一规划、研究和审议全国有关人类工效学的基础标准的制定。目前，全国人类工效学标准化技术委员会共制定发布人类工效学国家标准 63 项，其中，工效学基本指导原则标准 5 项，人体测量与生物力学标准 22 项，人—系统交互工效学标准 20 项，物理环境工效学标准 16 项。

3. 人类工效学标准化的发展趋势分析

人类工效学标准化的主要领域正在从机械设计和制造、工作设计和组织、工作场所环境控制等，向信息技术领域等新技术领域发展。特别是在经常发生迅速变化或系统调整的高度创新领域，通过人类工效学设计能够明显提高用户的效率，减少培训的工作和支出。发达国家政府越来越重视人类工效学标准化的作用，并在国家涉及劳动安全与健康的法律和法规中引入工效学标准。为了使劳动者避免肌肉骨骼疾病，发达国家日益重视产品和环境设计中的人类工效学问题，将符合人类工效学标准作为达到法律要求的条件。在欧盟已经存在一系列被广泛接受的工效学标准，用于规范工作环境和产品的设计。

人类工效学标准化工作日益关注老年人、残疾人等特殊群体的特性和需求。2010 年国际标准日的主题是“标准让世界更畅通”，在环境、产品设计中考虑特殊人群的特殊需求，使环境和产品尽可能惠及全部人群，尤其是信息的无障碍，这些正在成为人类工效学标准化的热点内容。

人类工效学标准更加注重国际协调。德国、英国、法国等发达国家都不再单独制定其国家标准，而是直接参与制定或采用人类工效学国际标准。发展中国家也日益重视人类工效学问题，积极将人类工效学国际标准转换为本国标准。

三、人类工效学基础数据

人类工效学基础数据主要由人体形态、人体力学和人体感知（视、听、触等）等各类与消费品、服装、工具、设备和环境设计相关的人体特性数据组成，是从工业设计的角度对特定人群生理、心理特征整体状况的科学描述。工效学基础数据的应用几乎涉及人类活动的所有领域，所有供人使用的产品和环境只有考虑“人”的各种生理特点和能力限制，才能真正满足“人”的需求，用中国人的数据才能设计和生产出适合中国人的产品。例如，我国的服装号型、驾驶室布置、家具设计等应采用中国人体尺寸数据，操控器的设计应依据中国人的力学数据，交通标识与显示器的设计应适应中国人的视觉特性等。先进技术可以引进，工效学基础数据无法直接引用外国数据。因此，工效学基础数据不仅是工效学研究的基础，也是一个国家社会生产生活的基本技术依据，是一个国家的基础性数据资源，对国家的科技进步、经济与社会发展具有重要的支撑作用。

1. 国外人类工效学基础数据

随着 20 世纪 50 年代人类工效学学科的建立和发展，工效学在经济社会发展的应用越来越广泛，尤其是伴随着全球经济的一体化和以人为中心设计理念的普及，在产品功能日益同质化的市场环境中，产品的使用体验越来越受到商家和消费者的重视，提升产品和技术宜人性的工效学基础数据也日益受到各国政府和企业的重视。

鉴于工效学基础数据在人们生活和社会生产中的重要基础性作用，许多发达国家将其作为国家的技术基础资源来建设，建立了较为完善的数据调查体系和更新机制。

（1）美国

美国的工效学基础数据研究和应用最初主要集中在军事工业领域，有记载的人体测量工作始于 20 世纪初。1977 年美国航空医疗研究院建立了美国人体尺寸数据库，第一次将人体测量数据运用于研究和生产中。美国早期工效学数据的采集基本由军方负责，约 10 年更新一次，研究成果汇编成手册或制定成标准后供军内外使用。例如，1988 年，美国陆军的内迪克研究开发与工程中心组织的美国陆军人体测量工作，美国空军的阿姆斯特朗航天医学研究实验室组织的人感知和能力的工程数据调查。美国航空航天局的人体测量与生物力学实验室从 1985 年开始采集航天员的人体几何尺寸和力学数据，并建立了航天员人体尺寸、握力及肌肉力量等数据库，此数据库的建立为航天任务规划、航天工具设计及航天员工作能力评估提供了参考依据和设计标准。

随着工效学研究在民用领域的兴起，如今美国所用的数据多由军民两方共同采集、协调研究。例如，2003 年，美国商务部、陆军部、海军部联合 20 多家企业、大学以及科研机构开展的“SizeUSA”全美人体尺寸测量项目，共测得有效样本 1 万多个。1997—2001 年，美国赖特帕特森空军基地的计算机化人体测量与设计实验室联合工业合作伙伴（包括波音公司、通用汽车公司、伟世通公司、英国 BAE 系统公司、三菱汽车公司、美国国家职业安全与卫生研究院等）组织实施的美国和欧洲平民体表测量项目（Civilian American and European Surface Anthropometry Resource，CAESAR）对北约组织内的 18～65 岁的普通民众进行人体测量，抽样国家包括为美国、荷兰和意大利。美国健康和公众服务部的国家职业安全与健康研究院开展了人的工作能力等数据采集和调查，发布了手工抬举工作指南、个人听力防护及衰减数据等。美国一些大学和协会也在开展特定的工效学基础数据的测量和分析工作，例如，威奇托州立大学调查了 25～54 岁的成年人关节活动范围数据，美国工业卫生协会组织了人的背部能力动态测量工作。

目前使用最多的工效学数据来自美国国防部人因工程技术顾问组（Human Factors Engineering Technical Advisory Group）发布的各类工效学研究报告，数据种类极为广泛，包括视觉、听觉、静态人体尺寸、关节活动角度、关节肌肉力量、推拉力量、可及范围、工作空间尺寸、热环境、反应时、运动觉等相关数据。国防部人因工程技术顾问组由来自军民两方的 20 多个技术团体或行业协会（如美国人因与工效学学会、美国心理学学会、电气与电子工程师协会、美国汽车工程师学会、航天医学协会等）的代表组成。

美国的工效学数据调查强调采用标准化的测量方法，制定和颁布了《人的工作能力测量》、《背负能力测量》等工效学数据测量标准。

（2）欧盟

欧盟国家的科技和工业非常发达，政府和企业在工业设计和劳动生产中非常注重人类工效学技术的研究与应用，英、德等国已经形成了比较完善的工效学基础数据调查和更新机制。

英国是开展工效学研究最早的国家之一。英国的工效学基础数据调查工作主要由英国贸易与工业部负责。1998 年，英国贸易与工业部颁布了成年人人体尺寸和力量测量手册。2001年，英国贸易与工业部联合17家科研机构以及相关企业，在全英国范围内对16～95岁的公民进行了“SizeUK”全国性人体尺寸测量项目，样本超过11 000人，建立了英国国家人体尺寸数据库。同时，英国国防部也组织工效学数据调查工作，在2004年发布实施的英国军用标准DEF STAN 00-25《系统设计人机工程系统标准》中提供了最新的各类工效学基础数据。

德国早在20世纪70年代就开始采集工效学基础数据，德国标准协会制定了诸如《人类工效学人体尺寸》、《人的体力》等一批人体工效学基础数据标准，并在90年代后进行了更新。2005年，德国国家统计局联合80多个机构和公司，在全德境内的30多个城市完成了最新一次的人体抽样测量，样本总数达13 362人，对其国民身体尺寸数据进行了更新。

从20世纪末到21世纪初，波兰、荷兰、葡萄牙等国家分别对本国的老年女人、老人和工人进行了人体测量工作。

（3）亚洲

在亚洲，日本、韩国较重视工效学在产品设计中的应用，建有持续更新的工效学基础数据库，有力地支撑了其产业发展。

日本的工效学基础数据采集和研究主要由日本经济产业省提供经费支持，日本无障碍设计基金会负责工效学基础数据社会需求调查，人间生活工学研究所负责人体尺寸数据测量，国家技术与评价研究所和日本产业技术综合研究所负责其他人体特性数据的采集和研究。在政府的支持下，日本建有长效的全民工效学基础数据采集跟踪研究机制，1942—1945年日本开展了首次人体测量，其后，大约每隔10年重新组织一次测量工作，更新日本人体尺寸数据和相关标准。1992—1994年再次进行全国性测量，共测量儿童和成年人共34 000人，尤其对女性进行了较为细致的人体测量，建立成衣标准尺码系统。2004年，人间生活工学研究所受经济产业省委托，启动了“人间特性基础整备事业”项目，再次对全日本进行人体尺寸测量工作，这是人间生活工学研究所组织的第四次人体尺寸测量工作。日本国家技术与评价研究所和日本产业技术综合研究所对不同年龄日本人的肌肉力量、上肢操作力、关节活动角度进行了长期跟踪测量，每年定期对不同年龄日本人的听觉、视觉、触觉、认知特性进行测量，目前已积累了较完善的数据。

韩国在 1979 年、1986 年、1992 年进行过全国范围的人体测量。2004 年，韩国技术标准局组织测量了 5000 多人的人体尺寸，2007 年完成了 21～68 岁韩国人的肌肉力量测量工作，采集了握力、提力、推力、压力、扭力等 80 多项工效学基础数据。

泰国在 2006—2009 年进行了“SizeThailand”人体测量项目，“SizeThailand”项目委员会由泰国工业标准化研究所、国家统计局、国家科学技术发展委员会、科研院所和企业等共同组成，共测量得到 13 442 个样本，年龄跨度为 16 岁到 60 岁。

2. 我国人类工效学基础数据

1986—1987 年，中国标准化研究院在国家项目的支持下，对全国成年人（18～59 岁）进行了 22 000 多人的人体测量工作，采集了包括人体尺寸、体重等 73 项工效学基础数据，在此基础上发布了我国成年人人体尺寸的系列国家标准。2006—2007 年，在国家科技基础条件平台工作重点项目的支持下，中国标准化研究院组织完成了第一次全国未成年人人体尺寸测量工作，抽样地区涉及十余个省（市、自治区），抽样样本量达 2 万余人，测量项目达 170 余项。人体尺寸数据具有较强的时效性，一般每十年就需修订一次，而我国现有成年人人体尺寸数据采集于 1986 年，近 20 多年来，我国人民生活水平有了质的飞跃，身体体形发生了巨大变化，现有的成年人人体数据已无法准确反映当前我国国民的身体状况。

近年来，我国一些科研院所和高校根据各自需要，开展过小规模的工效学数据测量。例如，2008 年，东华大学与雅戈尔西服公司合作，调查采集了华东、华北、华中及西南四大区域的 2500 个成年人的体形数据。这些小规模的工效学数据采集调查工作，一般存在抽样点过于集中、样本量严重不足、采集标准不统一、数据无法兼容和共享等问题。

除人体尺寸数据外，我国其他工效学基础数据基本空白。人群的工效学基础数据与人种、区域、文化、经济社会发展水平等因素密切相关，具有显著的地区和文化差异。由于我国工效学基础数据的缺失，我国研究机构和企业在科研和产品设计时常常被迫使用外国的数据和标准，由此带来了一系列问题，甚至造成安全隐患。

四、中国成年人工效学基础参数调查

经科技部批准设立的、国家科技基础性工作专项“中国成年人工效学基础参数调查”项目于2013年6月启动，计划于2018年5月完成。该项目旨在系统调查我国成年人的身体特征和工作能力等工效学基础参数数据，掌握我国不同地区、不同年龄、不同性别人群的人体特性状况和分布特点，为我国工效学研究、产品和环境的人性化设计提供科学的数据支持，改变目前我国工效学数据严重匮乏的不利局面，为“以人为本”科学发展观在技术领域的落实和我国工业设计领域的自主创新提供必要的基础数据。

本次工效学基础数据调查工作由中国标准化研究院牵头组织实施，将采用标准化的数据采集和调查方法，以18～75岁的中国成年人为对象，将全国区域划分为6个区，经过科学抽样，每个区内抽取4～6个测量点，采取三维人体扫描等国际最新技术，采集我国不同地区、不同年龄、不同性别人群的工效学基础参数数据，在全国范围内测量和调查2万多个人、采集200多项工效学基础数据，本次采集的数据将包括以下参数项：

人体形态参数——人在静止状态下，对人体形态进行的各种测量得到的人体结构参数。人体测量姿势主要有立姿和坐姿，包括身高、眼高、腰围等立姿测量项目；坐高、坐深、膝高等坐姿测量项目；以及头面部、手部和足部尺寸等。人体尺寸数据是产品外型和空间布局设计的基本技术依据。

人体力学参数——人体各类动力学和运动学参数，主要包括人体关节活动度（颈、肩、肘、髋、腕、膝、踝、手指等的活动角度）、不同操作姿势和角度下的推力、拉力、提力、蹬踏力、握力、捏力、按压力、拧力等。人体力学参数是设计机械设备的操纵系统所必需的基础数据。

视觉参数——人机界面设计所需的视觉特性参数，主要包括视距、视敏度、视野等。视觉参数可为显示器、图形符号的设计提供依据。

听觉参数——人体对声音信号的听觉感知特性参数，主要包括声音信号的声压级和频率，以及听力阈值等。听觉参数是音响、广播等听觉显示器和建筑物声学设计的基础参数。

触觉参数——皮肤受到机械刺激而引起的感觉特性参数，包括触觉的空间感知阈值和字符感知阈值等。触觉参数将为操控器等的设计提供数据依据。

本次人体测量将采用国际最先进的三维人体扫描技术，相比于传统的手工人体测量手段，具有许多技术优点，例如，三维人体扫描现场测量速度快，效率高，强度低，精度易控。传统手工测量耗时长，为提高测量速度，往往需要一支庞大的测量队伍。每名测量员一天中上下起立多达上百次，极易因疲劳而影响精度。而三维人体测量系统一次扫描时间不超过 15 秒，人体尺寸提取工作由计算机自动完成，人员培训相对简单。这一点对于大规模的人体测量调查尤其重要。三维人体扫描能够提供完整的人体三维数据，可提供各种身体曲面、截面的特征，可直接用于产品的三维数字化设计，而手工测量只能获得一维人体尺寸。三维扫描人体数据再利用性高，手工测量结束后不可能加测新的数据项，而三维人体测量则由于保存了被测者完整的人体三维扫描图像，随时可以调出原始数据，测量新的项目，以满足不断变化的社会需求。

注释：

［1］席焕久，陈昭. 2010. 人体测量方法（第二版）. 北京：科学出版社.

［2］中国标准化研究院. 2011. 2010 国际标准化发展研究报告. 北京：中国标准出版社.

［3］赵朝义. 2013. 人类工效学基础数据调查研究. 人类工效学，19(1)：76-79.

［4］NASA/SP-2010-3407.2010. Human Integration Design Handbook. Washington, DC: National Aeronautics Space Administration.

［5］DTI/Pub 2917/3k/6/98/NP.1998. The Handbook of Adult Anthropometric and Strength Measurements: Data for Design Safety. London: Department of Trade and Industry.

16 陆军人体测量研究现状综述

丁松涛 郑晓慧 袁晓华 张学智 肖 惠

防化研究院第一研究所

一、概述

人体测量获得的人体特征数据不仅是人类学研究的主要对象，也是陆军装备发展的基础和推动力。近年来，各种先进技术和仪器设备的出现，大大推动了人类学研究的快速发展。军用装备对于人体特征参数的需求凸现，但陆军装备对人类学研究成果的吸收利用却相对滞后。

人体测量学是人类学研究的一个重要方面，它研究人体各项特征参数，通过测量人体各部位的尺寸、各部位的活动特征、生理和心理特性等来确定个体之间和群体之间在人体上的差别，用以研究人的基本特征，从而为工业设计、人机工程、工程设计、人类学研究、医学等提供人体基础资料[1]。人体特征参数数据是武器装备设计的基础，是人—机—环系统达到平衡和谐的重要保证[2]。陆军装备种类繁多，与人体结合紧密，对人体特征参数的需求较为迫切，因此一直以来非常受重视。本文介绍我国陆军开展的人体测量研究工作，并依此展望人体测量工作的未来发展趋势。

二、陆军人体特征参数的特殊性

陆军是军队的主要组成部分，是一个多兵种、多系统和多层次有机结合的整体，主要由步兵、装甲兵、炮兵、陆军防空兵、工程兵、防化兵等兵种组成；主要装备有步兵武器、汽车、坦克、装甲车、火炮、导弹（火箭）、直升机、无人机和各种技术器材等。陆军具有作战人数多、作战距离近、人机结合紧密等特点，武器装备都必须靠人去掌握和操纵，人已经成为系统的一部分，对整体作战能力有重要影响，因此，全面系统地研究陆军人体特征，在陆军武器装备的论证、研制、作战使用中充分考虑人与装备的结合，是提高陆军武器装备作战效能的有效途径和必然趋势。

陆军人体特征参数数据是我军武器装备建设的重要基础和可靠保障，数据模式有其自身的特点，必须针对陆军人员的人体特征参数进行专门研究，而不能采用国民数据或其他通用数据库来进行军用装备设计。这是因为：第一，武器装备对人体参数有更苛刻的需求，装备对空间要求苛刻，对可靠性要求高，对尺寸要求严格；第二，武器装备与民用设备不同，它的合适与否，不仅仅是舒适感问题，严重的还会威胁到人员的生命安全，甚至影响到整个战争力；第三，武器装备操作者基本为我军受试者，这一群体有着不同于普通群众的显著特征——年龄段集中，参军时身体条件有一定的要求，军事训练也对身体形态的塑造有一定的影响。

三、人体测量历史

1. 外国陆军人体测量的发展历史

人体特征参数数据库中的数据应用可贯穿于陆军武器装备论证、设计、生产、评价和使用的全过程。从论证设计角度讲，可利用参数数据进行装备的各种尺寸、空间、布局、触发力、载荷等设计，借助人体特征数据手册和标准化应用模型，还可在真实设计和生产开始之前，分析方案的技术可行性，及时发现方案的缺陷，评估装备对人的适应性，优选方案，从而减小研制风险、缩短开发周期、节约经费。从生产角度讲，根据数据库中参数的分布情况可设计装备的号型分组，用以指导各号型之间的产量比例关系，例如服装的号型划分及各地区的发放比例。这种有参照性的生产一方面可以提高号型适配率，另一方面可以减少无用产品的出现率，避免浪费。因此，外国陆军对人体测量十分重视，相关研究开始得较早。

加拿大[3]军方运用非接触测量技术采集了受试者的个体体型数据，选择准确的个体服装，并用于研究不同军种的服装号型规则。英国 Colchester 的防卫服装及纺织代办处利用三维人体扫描系统，加上防弹部门的参与，用于制造防护盔甲。

历史上影响最深远的一次军队人体测量工作，是美军在 1988 年完成的美军首次大规模人体测量，其所建立的人体特征参数数据库（ANSUR）成为目前国际上多个领域工效学设计的重要基础[4]。鉴于人体测量数据的时效性和美军编制体制的变化、人员结构的调整，距今已经 20 余年，需要对数据库进行更新。根据美军士兵研发设计与工程中心（U.S.Army Soldier RD & E Center）的报告，美军在 ANSUR 数据库的基础上，正在进行一次大规模人体测量，以重建数据库（ASAP），项目计划时间范围为 2009—2014 年[5]。该数据库建成后，美军设想今后战斗人员的穿戴（wears）、负重（carries）、空运（flies）、驾驶（drives）、坐骑工具（rides in）、作业处（works in）和睡眠物（sleeps in）均将依照这个海量数据库来进行设计。该项目计划样本量大约 13 000 人，其中现役（active duty）男性 3510 人，现役女性 2900 人，国民卫队（guard）男性 2530 人，国民卫队女性 2530 人，另测量飞行员超过 1000 人。按照计划进度，目前已经基本完成数据的采集工作，但没有在官方网站上发布新的报告。

2. 我国陆军人体测量的发展历史

自从新中国成立以来，我国武器装备开始快速发展。早期由于研制实力和经费等的限制，陆军武器装备以引进为主。外军武器装备设计时考虑的用户群体为外国军人，对于不同种族的人群，无论从外部形态、肢体力量等方面都有非常显著的差异。例如：俄罗斯人属于白色人种，深眼窝、高鼻梁、亚长腿型；我国人属于黄色人种，面部偏平、塌鼻子、亚短腿型。引进的苏联（现为俄罗斯）防毒面具，尺寸不合适，无法与我军人员的面部紧贴，密合性和舒适性不好，严重影响面具的使用。引进的苏联坦克，离合器和油门距离驾驶座偏远，我军人员驾驶操作困难、易疲劳。基于这些需求，我国开始开展针对我军人员的人体测量工作。

1957—1958 年，防化研究院的光相达等[6]联合复旦大学开展我军头面型测量研究工作，对我军成员头面型的 28 个参数进行了统计分析，有效样本量为 43 324 人，涵盖了 23 个省份、27 个民族，并在统计结果上制作出了标准人头模型，在防毒面具领域沿用至今。在“九五”及“十五”期间，装甲兵装备技术研究所针对装甲兵的具体需求，调查测量了装甲兵军人的部分人体参数，形成了装甲车辆人—机—环境系统总体设计要求等标准[7]。1997—1999 年，总后勤部利用自行研制的人体尺寸非接触测量系统，测量了 12 058 名男军人、3964 名女军人的 36 个尺寸参数数据，建立了我军历史上第一个“中国军人服装用人体尺寸数据库”，为军服设计制作和某些单兵防护装备的研究设计、制定军服号型标准提供了必要的数据依据[8]。总后勤部军需研究所采用 CT 扫描结合计算机图形图像处理的方法（简称 CT 法）来进行头面型测量[9]，采集有效样本 1192 个，在军衔上覆盖了中校以下的所有军衔，民族分布上涉及了 19 个主要民族，地区分布上则覆盖了 22 个省、4 个直辖市、3 个自治区，将七大军区一千多个样本分为圆高头型、圆正头型、特圆高头型、中正头型、中高头型、特圆特高头型、特圆正头型和圆特高头型这样八类头型，然后对这八类头型分别采用归一化算法，生成各自的标准头型。

3. 近期陆军人体测量概况

陆军装备的设计仅有部分尺寸数据是远远不够的。为了满足装备设计的多方面需求，2009—2012 年由总装备部防化研究院牵头，总装备部炮兵防空兵装备技术研究所、装甲兵装备技术研究所、工程兵装备论证试验研究所、轻武器论证研究所的共同推进下，联合中国标准化研究院、北京航空航天大学、武汉大学、北京科技大学、中国科学院心理研究所开展陆军大规模人体特征参数测量。为了更好地服务装备发展，该测量以人体表面形态测量为主体，同时还开展人体关节活动角度、操纵力、生理、心理测量等研究。基于我国陆军当前以及未来装备对人体特征参数的需求，根据目前人体测量学技术手段现状，筛选确定了人体测量参数 385 项、人体三维扫描图像和三份心理问卷。结合我军装备实际操作者现状和测量工作难度，本次测量仅考虑男性军人，军衔为正营以下，年龄为 16～38 岁。采用整群随机抽样方案，最终获得有效样本量为 10 319 人。

采用 human solution 三维人体扫描仪采集人体表面形态数据，沿用国际标准的三种扫描姿态，如图 16-1 所示。对于需要较高精度的部位，采用 human solution 高精度三维头部扫描仪扫描，设计如图 16-2 所示姿势获得手部三维形态和头部三维形态。采用专用的尺寸提取软件来完成全身尺寸的数据提取工作，同时自行开发了专用的头部和手部尺寸提取技术。为了保证测量精度，全部的头部尺寸和部分身体尺寸同时采用手工测量方法获得数据。综合手工测量和软件提取，共完成静态尺寸参数 151 项。

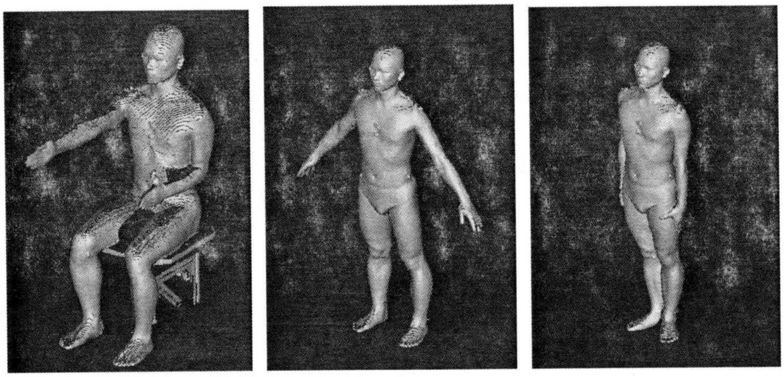

图 16-1 全身三维扫描图

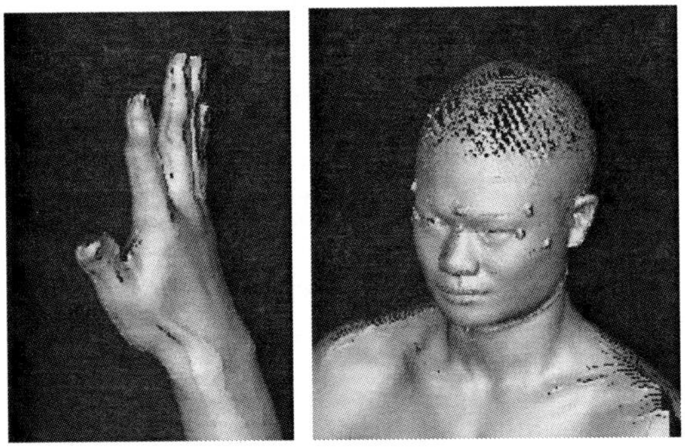

图 16-2 手部和头部三维扫描图

采用手工测量法采集人体功能尺寸参数 82 项，包括操纵装备时几种典型特殊姿态的尺寸修正量，例如跪姿、卧姿、爬姿时的体长、体高、眼高等数据；不同着装时的尺寸修正量，如着防化服、坦克服等；其他功能尺寸，如最大前伸长、上肢上举高等。关节活动角度的测量采用先进的空间位置仪（NDI），通过建立人体测量坐标系后记录关节特征点的位置变化，计算出关节角度的变化范围，采集关节活动角度参数 40 项。肢体操纵力采用自研的肢体操纵力测试仪来进行测量，采集人体手部、腿部在不同的关节角度下的施力特性，记录施力曲线，获得最大操纵力数据80项。运动生理数据采用功率自行车法采集记录运动至力竭状态过程中人员的摄氧量、通气量、心率等数据。心理数据主要包括与装备操纵密切相关的基本数据，如反应时、运动时和双手协调性等。另外还利用国际通用的人格因素调查问卷调研了我军人员人格特征状况，针对我军人员组成现状，设计了专用的陆军人员能力倾向和心理健康问卷，调研了人员的能力倾向分类和心理健康状况，为未来的人员选拔和岗位胜任模型提供依据。

在对测量数据分析处理的基础上建立了“陆军人体特征参数数据库”，同时还在尺寸参数和三维扫描图像的基础上构建了“陆军三维标准应用模型”。

四、未来发展趋势

科学技术飞速发展的当今时代，人体测量研究工作也呈现新的发展态势，主要是向三维化、精细化和多层次化方向发展。

（1）三维化。随着计算机技术和精密仪器技术的发展，人体测量技术涌现出许多新成员，其中三维人体测量技术是人体测量领域一个里程碑式的进展，将人体测量推进了三维化时代。未来人体测量及其应用领域需求，对人体曲面特征和空间状态要求更高，因此三维化方向是必然的发展趋势。

（2）精细化。装备设计越来越考虑人性化需求，对各种细节要求也就越来越高，包括更精细的小尺寸、更细致的人体特征等。为了满足装备设计日益细致的需求，人体测量也需要对更多的细节加以关注，实现精细化发展。

（3）多层次化。人体的特征是多维的，包括外形、生理、心理等多方面，这些方面对装备设计和使用均有不同程度的影响。以往的人体测量，更多关注人体尺寸数据和外部形态特征，随着技术的发展，对其他方面的关注度也在逐步提高。

五、总结

为了改善装备的舒适度、便捷性，延长装备操作有效时间，提高装备作战效能，陆军装备设计对人体特征参数提出了迫切的需求。由于陆军装备对人体特征参数需求较高，有必要开展单独的人体测量研究工作。新中国成立以来，我军多次从不同角度采用不同方法开展过部分人体测量；2009—2012年开展了针对装备设计的人体测量工作，建立了首个系统、完善、参数覆盖全面的“陆军人体特征参数数据库”和“三维标准应用模型”，为今后一段时间我军装备发展提供准确可靠的数据基础。三维化、精细化和多层次化是未来人体测量领域的主要发展方向。

注释：

[1] 邵象清. 1985.人体测量手册. 上海：上海辞书出版社.

[2] Mark S. Sanders Ernest J. McCormick. 2002. 工程和设计中的人因学. 北京：清华大学出版社.

[3] Anthropometric survey of the land forces，1997：Final report.

[4] DOD-HDBK-743A，Military Handbook Anthropometry of U.S. Military Personnel.

[5] TR-09/014. Anthropometric survey（ANSUR）II pilot study：methods and summary statistics，2009.

[6] 光相达，等. 1958 年我军成员头面型调查统计资料，1962.

[7] GJB 1835—1993 装甲车辆人—机—环境系统总体设计要求.

[8] 夏鹏泽，曾长松，姜志华，等. 2001. 军人人体尺寸数据库抽测样本量的确定. 纺织学报，22（2）：16—19.

[9] 董芳华. 2004. 男军人三维头面型数据分析管理系统应用研究. 武汉：华中科技大学.

17　人类学者为什么需要了解灵长类

张　鹏

中山大学人类学系

一、什么是灵长类学

灵长类学（Primatology）是研究灵长类的学科。与人类学（Anthropology）一样，灵长类学没有研究方向限制，是对一类物种的进化、生态、行为、智能、遗传和保护等进行整体研究的领域。人类学者习惯于把灵长类学归纳为生物人类学（又称体质人类学）的一个分支。众所周知，灵长类是猿猴和人类的总称，包括化石种和660余种现生种类。灵长类学者通过对人类与猿猴的比较研究，思考“人是什么、从哪里来、到哪里去”等人类学核心问题。在思考人类本性（human nature）方面，灵长类学者与人类学者不谋而合[1]。

近几十年来，灵长类学发展迅速。英国、法国、意大利、西班牙等30个国家创立了灵长类学会。此外，美国、日本和德国都建立了具有代表性的综合研究机构，例如美国八人国家级灵长类研究中心、日本京都大学灵长类研究所和德国马普人类进化研究所等。这些综合性研究机构为学科发展和人才培养起到重要的推动作用。英国、澳大利亚、韩国、泰国、印度尼西亚等国也陆续建立了灵长类研究中心。据2006年国际灵长类学会统计，目前世界上有七千余名灵长类学学者，其中不乏许多著名人类学者，包括阿尔伯特·胡顿（Hooton EA）、罗伯特·耶基斯（Yerkes RM）、今西锦司（Imanishi K）、珍妮古道尔（Goodall J）、弗朗斯·迪瓦尔（F de Waal）和诺贝尔生物学奖得主洛伦兹（Lorenz Z）和廷伯根（Tinbergen N）等。灵长类学作为人类学的一门支撑学科，其理论、原理和方法强烈地诱发着人们的研究兴趣，启发着对人类本性及其生物学特征的不断探索（图 17-1）。

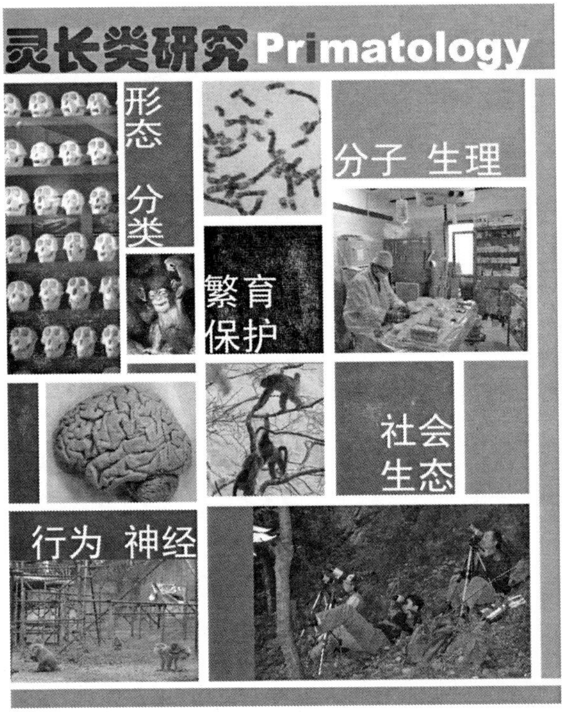

图 17-1　灵长类研究

虽然在国际上人类学系普遍开设了灵长类学课程，培养了大批优秀的灵长类学学者，但是目前我国灵长类学学者和人类学学者之间的融合程度与国际上存在明显的差距。首先，在美国、加拿大、日本等发达国家中，灵长类学已是人类学中的一门独立分支学科，例如日本政府学术振兴会的研究经费中专设有灵长类学方向，而目前我国灵长类学仍不是一门学科，在学科建设方面，国内灵长类仍与欧美日等国家存在差距；其次，国内人类学方向中仍未建立灵长类学专业的学生培养渠道，灵长类学者基本毕业并从教于生物学专业；最后，目前人类学专业学生以文科生为主，对生物人类学知识了解较少。即使在国内人类学学科建制最完善的中山大学人类学系，笔者也经常会被学生问道“猴子也有社会吗？”、“人类学学者为什么要研究灵长类？”等问题。朴素的问题体现了国内人类学与灵长类学之间的隔阂。针对这个问题，本文希望从灵长类学的发展历史、研究方向，探讨灵长类学与人类学的交集。

二、人类学与灵长类学的初遇

长期以来世界各民族和地区文化都曾认为人类是超越生命接近神灵而存在的。关于“人是什么、从哪里来、到哪里去”的问题，《圣经》、《埃及神话》或“女娲造人”等传统解释都把人作为神灵化身。直到最近，人们才开始理性地考虑自己在自然界中的位置。1859 年出版的达尔文（Charles Robert Darwin）的《物种起源》（Darwin，1859），解释了生物适应、多样性、类似、差异、地理分布模式、生物间竞争与合作、拟态等很多曾难以理解的生物学现象，推动了生物学革命[2]。达尔文在 1871 年《人类起源与性淘汰》和 1872 年《人类与动物的表情》的两本书中进一步明确地指出人类可能起源于某种猿猴[3]。1863 年赫胥黎（Thomas Henry Huxley）在《人在自然界位置》中更直接地指出人类与猿猴的近似性不仅表现在解剖学特征上，而且在行为、心理、模仿注视、记忆、想象、推理、工具使用、武器使用、语言、自我意识、审美等方面，两者都具有类似之处。书中推测人类祖先最初应该出现于非洲。1924 年解剖学学者雷蒙 • 达特（Raymond Dart，1893—1988）在南非发现 250 万年前的汤恩小孩化石（Taung Child）①证实了这一推测[4]。人类学与灵长类学在研究人性起源的问题上相遇了。

人类学与灵长类学的初遇孕育了比较解剖学（comparative anatomy）②。其中最主要的研究课题之一是探讨直立行走及其相关的形态学特征[5]。尤其是通过研究现生灵长类骨骼牙齿形态，比较初期人类化石和类人猿化石，复原化石种类的运动样式和生活。1959 年，路易斯利基（Louis S.B Leakey）等人类学家在东非坦桑尼亚和肯尼亚发现距今约 175 万年前的能人化石标本[6]。20 世纪 20 年代以后，在我国陆续出土了元谋猿人、蓝田猿人、北京猿人、和县猿人等直立人标本。越来越多的化石和解剖学发现将人类与生物连接起来，形成了探索人类起源的基础。

---

① 1924 年南非的汤恩（Taung）石灰岩采石场的工人在爆破时炸出了一个 250 万年前的幼儿头骨化石。该小孩有许多似猿的性状，例如接近大猩猩的脑容量和向前突出的上下颌骨。但是，汤恩小孩是两足行走的，被认为是最早的人科化石。

② 比较解剖学是用解剖的方法研究比较动物各类群的器官、系统形态和结构的一门学科。根据器官的同功或同源依据，阐明动物各类别间的系统演化关系，为生物进化理论提供证据。

初遇并非总是一帆风顺。早期人类学学者关心社会的起源和文化共通性，出版了《古代社会》[7]和《世界通用文化的列表》[8]等著作。遗憾的是，生物进化论思想随后被误用于“社会达尔文主义”或“优生学”之中，引发了社会动荡和纳粹主义扩张。20世纪以后，美国文化人类学创始人之一鲍亚士（Franz Boas）提出了文化相对论的观点，批评了随意将生物学概念套用于人类社会研究的方法。文化相对论有利于消除人种差别的思想，在当时有着积极的意义。但是在这一思想影响下，人类学研究逐渐忽略了人类文化的共通性，而集中于研究各文化间的差异性，以及民族志研究。人类学与生物学的初遇出现了裂痕：人类学成为以研究人类文化为主的人文科学，而生物学成为以研究生物（除人类以外）进化为主的自然科学。在人文科学与自然科学的裂缝之间，灵长类学得到了发展空间。

三、西方灵长类学的发展

19世纪初，欧洲的灵长类研究主要是用猿猴作为代替人类的模型动物（如利用小鼠、猫、狗、猿猴等实验动物作为模型来研究人类疾病的病因、病理、疾病发生和发展过程、患者的抗病机理及诊断和防治方法等），进行梅毒、急性脊髓前角灰质炎研究和黄热病等人类疾病和神经生理学研究[9]。20世纪初，美国著名人类学者胡顿从生物人类学角度出发，研究灵长类的行为学、分类学等。其弟子库里治（H Coolidge）对倭黑猩猩进行了详尽的叙述，并将倭黑猩猩从黑猩猩中分离，认定为一个独立的物种[10]。1932年雷蒙·达特在南非发现南方古猿，确立了“人类是经常直立行走的动物”的定义[11]，成为“二战”结束前人类学界最著名的考古发现之一。

1914年美国心理学者耶基斯夫妇尝试对饲育环境下大型类人猿、猕猴进行心理学实验，了解灵长类的智力、语言起源等课题。他们在《大型类人猿：一项关于类人猿生活的研究》[12]和《黑猩猩：实验室研究》[13]书中提出了对饲养条件下猿猴个体的感觉、知觉、言语能力和与个体间的社会关系等研究方向。这些研究随后被定义为比较心理学（comparative psychology）①。1931

① 比较心理学是指研究人与动物的行为和心理，并将人与其他动物间的差异进行相互比较的学科。

年耶基斯的学生尼森(Nissen HW)尝试研究非洲黑猩猩野生种群的社会生态,1932 年宾汉姆(Bingham HC)前往非洲研究野生大猩猩。但是,由于野外很难观察到野生猿猴,所以在第二次世界大战以前,灵长类学的野外研究一直未能得到充分发展[9]。

第二次世界大战结束以后,人类学者沃什本(Sherwood Larned Washburn)、利基和达特先后对非洲的草原狒狒、黑猩猩和大猩猩野生种群开展了长期研究,希望了解早期人类祖先从森林迁移至草原后都会遇到什么样的环境压力,什么淘汰压力造就了初期人类进化等人类学问题(Washbourn,1961)。1970 年诺贝尔生物学奖获得者洛伦兹和廷伯根将进化生态学的概念巩固并活用于人类学和灵长类学的研究中,确立了动物行为学(ethology)①。洛伦兹提出人类脱化假说,认为黑猩猩原本是人类,但是在草原与人类祖先的竞争中失败后,黑猩猩退回森林,由此逐渐失去了原有的人类特点[14]。他的假说虽然被随后的研究否定了,但是他这种独特的思考方式给人们以启迪,与同时代的研究者相比,他积极地推动黑猩猩与人类近缘的思想。1960 年他将黑猩猩归为人科,这一分类一直被沿用至今。

然而,值得一提的是整个欧洲大陆和北美大陆没有猿猴的自然分布。猿猴分布于亚洲、非洲和南美洲,由于其赖以生存的环境遭到严重干扰和破坏,大多数种类处于濒危状态。许多国家都对灵长类动物采取严格的保护措施,并作为国家战略资源受到高度重视,所以,欧美的野外调查一定程度上受其资源匮乏的限制。

四、日本灵长类学的发展

日本虽然仅有一个猿猴种类——日本猕猴,但是日本学者很早就意识到这一生物资源。第二次世界大战结束以后,日本学者启动了灵长类的野外研究热潮(伊谷纯一郎,1985)。1950 年人类学者今西锦司在《自然》杂志中写道“研究灵长类有利于揭示人类本性”。他在《生物的世界》和《生物社会的理论》(1975)中,指出灵长类社会研究对理解“人类家庭起源”和“社会

① 动物行为学是研究动物对环境和其他生物的互动等问题的学科,研究的对象包括动物的沟通行为、情绪表达、社交行为、学习行为、繁殖行为等。

起源”的重要性。随后，大批日本学者前往东南亚、非洲等地，研究野生长臂猿、黑猩猩、倭黑猩猩和大猩猩等类人猿（立花隆，1991）。对饲养种群的研究方面，1920年黑田亮（Kuroda R）最早开始了日本灵长类心理学研究（立花隆，1991）。

1964年，今西锦司提出“欧美猿猴资源匮乏，人们必须到国外才能见到野生猿猴种群。而日本人很容易见到猿猴，文化传统中也渗透着关于猿猴的朴素知识，具有发展灵长类学的自然和文化优势。利用这些优势，日本可以进行长期研究并建立一所综合性的灵长类研究所，超越欧美，领先于世界”。同年，今西锦司的提案被日本人类学会和东京大学联合递交至政府。日本政府迅速通过议案，于1967年组建了京都大学灵长类研究所。在随后的60年里，日本灵长类学者数量增至600人，形成了一套不同于西方的研究方法，成为国际上引领该学科发展的一股力量。京都大学灵长类研究所也成为世界首屈一指的灵长类学研究机构。以2005—2008年为例，该研究所每年保持获得400万美元以上的纵向研究经费，每年出版SCI英文论文100篇以上，三年内在*Nature*、*Science*、*Current Biology*和*Molecular Evolution*等国际著名杂志出版论文24篇，组织国际研究会18次，推动国外调查约200人次，同时为不同领域的国内外学者提供了系统的科研和交流平台，奠定了日本灵长类学的发展基础。

五、中国灵长类学的发展

我国是世界上灵长类资源最为丰富的国家之一，有8属25个现生物种和7属40余个化石物种。国内灵长类主要分布于云南、贵州、广西和藏南等南方省份地区，但是大部分种类都处于濒危状态。

我国已发表了3000余篇灵长类学论文，涉及分类、进化、生态、保护、繁殖和神经生理等多个领域[15]。遗憾的是这些文章多以中文发表，不利于与国际同行的交流。近年来，政府大力加强支持科研组织间的国际合作和学术交流。1990年后海归学者们带回大量国外研究资源和信息，提高了国内灵长类学的研究水平，并产生了一些重要的研究成果。2002年中国科学院在北京首次承办了“第19届国际灵长类学大会”，强调了我国具有绝好的灵长类资源，提出积极建设中国灵长类学的发展方针。

政府近年来加大了对灵长类保护的投入，建立了40余个和灵长类动物有关的国家级自然保护区。国家林业总局颁布了法规，对野生灵长类的买卖、科学实验用猴等进行了严格的限制。一些学术和民间团体也关注灵长类的保护，例如中国动物学会灵长专家组、大自然保护协会（www.tnc.org.cn）、世界自然基金会（www.wwfchina.org）等。而目前我们仍需要推行更加具体的措施，包括对我国灵长类种群分布情况进行较全面的调查，严格控制灵长类非法贸易和进出口数量，在野生动物保护法中添加对食蟹猴、狨等非我国原产灵长类种类的保护规定等。

近年来国内很多院校陆续推动了灵长类学教育，例如北京大学、西北大学、香港大学和中山大学等诸多院校已开设了介绍灵长类学的课程。中国科学院动物研究所、昆明动物研究所和中国科学院古脊椎动物与古人类研究所等机构也积累了长期的灵长类研究数据，为我国发展系统的灵长类学研究和教育奠定了良好基础。

六、从灵长类学视角思考人性起源

1. 人类在自然界中的位置

灵长类包括原猴类、新世界猴、旧世界猴、类人猿（包括人类）等自然类群[14]。其中现代人属于动物界脊索动物门哺乳纲灵长目人科人属智人种（*Homo sapiens*）。学名的前者 *Homo* 为人属名称，后者 *sapiens* 为智人种名（图17-2）。以下简要介绍灵长类的各类群。

（1）原猴类。原猴类又叫低等灵长类，是灵长类的活化石，维持着6500万年前初期猿猴的状态，包括狐猴型和懒猴型两个亚目。前者仅分布于非洲的马达加斯加岛及其周边岛屿。后者分布范围较广，在非洲和亚洲都有发现。很多原猴类有夜行性的特征。

（2）新世界猴。新世界猴是分布于中、南美洲的猴子，包括卷尾猴科、青猴科、僧面猴科和蜘蛛猴科。除了绢毛猴以外，新世界猴都生活在潮热的热带雨林，主食水果、嫩叶、昆虫和鸟蛋等。他们与旧世界猴的主要区别之

图 17-2　现生灵长类

一是鼻的外部形状。新世界猴的鼻部软骨间隔很宽，鼻孔开向侧方，鼻孔间距较宽，故被称为阔鼻猴类。此外，新世界猴有 12 个前臼齿，而旧世界猴、长臂猿科和人科只有 8 个前臼齿。

（3）旧世界猴。旧世界猴即猴科，分布于非洲和亚洲，是我们最熟悉的猿猴种类。其分为猴亚科和疣猴亚科两大部分。猴亚科的主要特征是前肢稍长于后肢、尾短、面部裸出，其中猕猴、台湾猴和臧酋猴等猕猴属种类在我国最为常见。与猴亚科相比，疣猴亚科体型瘦长，后肢长于前肢，拇指退化，而拇趾粗大，头显得更圆，尾很长。金丝猴和白头叶猴等是我们较熟悉的疣猴亚科种类。猴亚科种类多有暂时储存食物的颊囊，坐骨皮肤硬化形成坐茧。而疣猴亚科一般没有颊囊，而是形成复胃结构，容量是猴亚科胃容量的 3 倍左右，适应于大量取食树皮和树叶等低能量食物。旧世界猴的鼻孔都是朝下的，鼻间距较窄，故有被称为狭鼻猴类。他们体型一般比新世界猴大，很可能是人类和类人猿的直系祖先。

（4）长臂猿科和人科。长臂猿科是较为原始的类人猿，体型小，又叫小型类人猿，其中包括长臂猿属、白眉长臂猿属、黑冠长臂猿属和合趾猿属的十余个种类。长臂猿仅分布于亚洲，分布范围东起中国云南、海南省，西至印度阿萨省以及东南亚地区，活动的范围可达海拔 2700 米。海南长臂猿是我国的特有种类，仅有 20 余只，几近灭亡，是世界上最濒危的猿猴。

人科包括大型类人猿种类（大猩猩属、黑猩猩属、猩猩属）、绝迹的原始人类和现生人类。大型类人猿在进化上非常接近于人类。他们有发达的大脑、复杂的认知能力及稳定的社会结构，以及与人类相似的感情和精神世界。他们的行为、组织结构、生理和代谢的特点也均与人类相似。例如在体质特征方面，类人猿和人类都有复杂的大脑结构、宽阔的胸廓、盲肠、蚓突以及扁平的胸骨。

但是，类人猿与人类也有明显区别，例如类人猿善于臂行、前肢长于后肢、无法完全直立行走等。历史上曾经出现过几十种类人猿，大多数都已绝灭。如今类人猿仅分布于非洲和亚洲的森林里，由于栖息地被破坏和人类的捕猎，所有类人猿都面临灭绝的危险。人类是目前最为昌盛的人科种类，人口高达 60 余亿，分布于世界各地。

2. 家庭的起源

形成家庭也许是人类社会与其他灵长类社会最明显的区别之一。自 18 世纪中叶以来，学者们不约而同地认为家庭是人类社会的基本单元，并开始探讨人类社会和家庭的起源，出现了 1861 年巴霍芬（Johann Jakob Bachofen. 1851—1887）的《母权论》、1870 年摩尔根（Lewis Henry Morgan，1818—1881）的《人类家庭的血亲和姻亲制度》、1871 年爱德华·泰勒（Edward Burnett Tylor，1832—1917）的《原始文化》、1949 年默多克（George Murdock，1897—1985）的《社会结构》、韦斯特马克（Edward A Westermarck，1862—1939）的《人类婚姻史》（1981）等经典著作。但是，学者们对早期的家庭形态和家庭的起源过程等关键问题一直存在着诸多分歧。出现分歧的主要原因是学者们无法找到连续的历史证据，因为早期家庭的形态或家庭形成过程都不会保留在化石里。文化人类学者试图从现存的少数原始部落的社会特征中挖掘信息，然而这些部落都零碎地分布在偏远地区，现存的原始社会部落未必能够反映600万年前早期人类的社会形态。

20世纪上半叶，学者们开始关注其他灵长类的行为和社会进化，并意识到可以从这些近缘物种中寻找人类出现之前社会进化的答案[16,17]。除了单独生活的部分原猴类和猩猩以外，灵长类动物基本上都生活在社会群中，形成一夫一妻型社会、一妻多夫型社会、母系一夫多妻型社会、母系多夫多妻型社会、母系重层社会、双系型社会、父系一夫多妻型社会、父系多夫多妻型社会和父系重层社会等多样社会模式[18]。

灵长类能够形成如此多样的社会，主要是因为系统进化和生态环境适应两个推动力[19]。系统进化是塑造灵长类社会结构的内在力量，使每个灵长类物种都有其典型的社会结构，这些社会结构从简单向复杂，从单独活动向群体生活的方向进化。相对而言，生态环境适应是塑造社会结构的外在力量。社会生态学理论表明灵长类的固有社会形态会有一定的可塑性，受种群生息环境、种群密度等生态学因素的影响。例如红绿疣猴的社会可塑性很高，大多数种群形成双系多夫多妻型社会，也有的种群形成母系一夫多妻型社会，这主要是适应不同生态环境的结果。灵长类社会研究与生态人类学研究结合，可以为解释人类家庭起源和社会进化等问题提供更新、更完善的思路。

例如，在灵长类中，重层社会是目前发现最复杂的社会结构，仅埃及狒狒、狮尾狒、金丝猴属和人类形成了这种社会。我国的金丝猴属于叶猴类，但是与其他种类不同的是，金丝猴没有明显的领地性，形成了非常宽松开放的社会体系。猴群由若干个一雄多雌的繁殖单元组成，单元内雌性一般只与自己的家长雄性交配。这些繁殖单元可以一起取食，共同活动时间长达几个月甚至几年，组成一个社群。这样金丝猴社会中包括个体、一雄多雌繁殖单元和社群等多个社会组织，不同社会组织间交织着复杂的社会关系。类似地，非洲桑民族也形成了开放的重层社会体系，基本社会单元是一夫多妻家庭，相互有亲缘关系的家庭形成“有持续性的家庭集合”的核心结构，其他家庭可能汇聚，但是也随时可以离开[20]。尽管是不同的物种，但是埃及狒狒、狮尾狒、金丝猴和人类形成了类似的社会结构。因此，对灵长类社会的进一步研究将有助于理解人类初期的社会形态和进化机制。

3. 政治的起源

和人类一样，猿猴群内有着复杂的亲缘关系网。雄性猩猩会通过多种“屈服式的问候行为”来表达对高等级个体的敬意，例如相互握手、亲吻脸部或头部、喘着气来回跑动以及有节奏地挪动树叶或树枝。他们也会用行为欺骗对方，例如黑猩猩发现食物时一般会大叫吸引其他个体一起取食，不过有的“狡猾”个体会静悄悄地将食物藏起来，等大家午休时再挖出来自己享用。黑猩猩的智能是其他灵长类动物无法比拟的，不难想象他们的社会关系也会更加错综复杂（图 17-3）。

图 17-3　野生黑猩猩具有复杂的社会关系

德瓦尔在《黑猩猩的政治学》[21]一书中清晰地描述了十年来曼哈勒黑猩猩群内的权力争夺。领导雄性是黑猩猩群内核心。它们未必是体型强壮者，有些领导雄性虽然个子不大，但是具有很高的情商和组织能力，会通过问候、联盟和威胁等多种手段，娴熟拉拢追随者。为达到垄断发情雌性的目的，它们会预先与雌性们建立长期的感情基础。而群内有些年轻雄性们由于急于上位，贸然出头追逐发情雌性，反而适得其反，甚至会成为被打击的对象。领导雄性在群中最有力的“政治资本”就是其与追随者和雌性们建立的感情基础。黑猩猩社会中普遍存在着计划、联盟和阴谋等做法。雄性等级替换中，基本上每次都伴随着选择盟友和盟友背叛的现象。黑猩猩雄性间争夺领导地位的钩心斗角，其精彩程度不亚于《三国演义》。下面是《黑猩猩的政治学》

中描述的一场权力争夺情景。

曼哈勒群内的现任领导是一位强壮的中年雄性。他希望群内所有个体臣服于自己，不时地打压老二和老三雄性，因为他们既是他的盟友，也是他最危险的竞争者。

老二期待自己上位的日子，开始尝试挑战现任领导，但是受阻于领导和老三的联手，屡屡被咬伤。他可能意识到联手对抗领导的胜算更大，于是开始主动拉拢老三。

领导意识到老二和老三联手会对自己不利，于是也开始主动拉拢老三。

老三在被两方拉扰的同时，也有自己的想法，因为他知道争斗双方都希望得到他的支持。他可以支持一方赢得战斗，但是更希望高地位雄性们两败俱伤，从而他获渔翁之利。所以在两个高位雄性的争斗中，他选择延迟支持任何一方，有意地让双方相互消耗实力。其中的证据是老三虽然虚张声势地加入战斗，但是总是毫发未损，而两个高地位雄性则是遍体鳞伤。趁高地位的雄性忙于打斗的时候，老三公然与发情雌性们交配，因为他知道高地位雄性都有求于他，不会阻止他的任何行为。

随后的三周里，经过多次争斗，胜利的天平渐渐偏向老二。随后事情出现了戏剧性的变化。老三开始背叛陷入颓势的领导，明确地与老二联盟，联手殴打领导。很快老二成为新的领导，垄断了群内 90%的交配权。而原来的老大，则无法继续留在群内，不久就消失了。

黑猩猩的权力斗争不意味着脏和坏，几次权力更迭后，几只雄性们会形成集体领导等更民主的形式。政治资本这种表述似乎拟于人类的社会活动，不过黑猩猩的智能是其他灵长类动物无法比拟的，将人类看做一种有政治的动物并不是件坏事情，就像《黑猩猩的政治学》一书封面上的那句话“政治也许比人类的历史更久远”。

4. 文化的起源

人们曾普遍认为“人类是唯一具有文化的动物”，将文化作为区别人和动物的最有力的标志之一。然而随着灵长类行为学的发展，人们发现猿猴也有文化行为[22]。猿猴文化行为虽没有人类的那样博大精深，却也有多样的表现方式。日本猴洗红薯的文化、黑猩猩钓食白蚁和砸坚果的文化行为已经家喻户晓，成为很多国家教科书中动物文化行为的范例。

文化与本能不同，是非遗传性出生后习得、通过一定途径传播和继承的行为[23]。猿猴的所有文化行为都不是天生就会的，而是某个个体创造出，通过横向（朋友）或纵向（母子）间的途径传播，随后世代继承保留下来的，成为某个种群特有的行为。随着研究的展开，越来越多的灵长类文化行为被发现。例如黑猩猩用草药自我治疗、日本猴洗温泉、非洲黑猩猩和南美卷尾猴用石头砸开坚果、泰国食蟹猴用石头敲开贝壳等[24]。其中值得期待的是可以从物种生物学和进化角度理解文化的意义，例如动物的自我理疗行为可能是从提高自身抵抗能力、获得更高的适应能力的方面考虑。虽然猿猴的文化行为非常简单，但是它和人类文化起源可能是一个连续的过程。最近由于灵长类文化行为研究的飞跃，甚至形成了文化灵长类学的新领域[23, 25]（图 17-4、图 17-5）。

图 17-4　黑猩猩使用的石器

图 17-5　早期人类使用的石器

5. 语言的起源

语言起源是人类进化研究中最大的难题之一。通过比较灵长类通信行为与人类语言，学者们提出了一系列人类语言起源的假说。

进化形成假说[26]认为人类祖先在形成发声语言之前，是像黑猩猩一样通过肢体语言相互交流的。例如人们说话时会无意识地挥动手臂协助表达，这是各民族人共同的特点。早期人类可能主要用右手表达肢体语言（大部分人是右撇子），刺激了大脑左半球的活动，形成了控制语言的中枢。但是这一假说的问题是没有解释人们为什么需要肢体语言。肢体语言比纯音节声音通信更复杂，如果灵长类可以通过纯音节声音通信相互交流，就没有必要形成复杂的肢体语言。另外，早期人类如果频繁用肢体语言交流的话，会妨碍携抱婴儿、使用工具等正常生活。近年的研究表明大型类人猿有较高的语言认知能力，如果能够克服喉咙等发声器官与人类的差异，似乎不需要肢体语言的过渡就可以形成人类的复杂声音语言。

社会关系维持假说[27]认为人类语言的主要功能是信息交流和维持社会关系。现代人的语言交流同时兼顾了这两种功能，于是学者们主要讨论哪一个功能促使了合成语言的起源。迈尔斯[28]认为语言的主要功能是维持社会关系。例如恋人间说话主要是为了维持关系，而实际谈话内容并不重要。邓巴[29]分析大学学生们的说话内容，发现大部分内容是关于社会关系等的八卦闲聊。这与对桑民族等狩猎采集民的研究结果一致。他进一步发现灵长类主要通过理毛行为调节社会关系，但是随着群内个体增多，理毛个体间组合会呈几何数增加。灵长类的大脑新皮质面积与群的大小相关，表明维持社会关系可以增加智能。按照灵长类的规律，人的大脑新皮质的面积适合约为 150 个个体的群。邓巴推测人类祖先生活在 150 个个体的社会群内，在维持社会关系的过程中，锻炼了智能。不过邓巴的推论存在漏洞。如果猕猴社会群大于 100 个个体，理毛行为一般会主要集中在直系血缘个体之间，而不会形成几何数增长的现象。另外他没有说明维持社会关系、智能和语言三者之间的关系。

笔者认为语言起源主要与传达信息和操作信息有关。语言虽然也有维持社会关系的功能，但是可以通过其他更简单的方式解决，例如千言万语的安慰不如一个拥抱有效，啰啰嗦嗦的道歉不如简单的鞠躬下跪让人震撼。早期人类语言可能主要传达危险和食物等生存信息。就像灵长类、鸟类等的警告声一样，早期人类也会通过语言传达来自捕食者或同类竞争者的危险信息。随着活动范围的增加，个体间需要通过语言表达食物场所、取得方法和处理手段等取食信息。通过语言还可以了解成熟季节、食物数量等其他重要信息。

通告信息是一种利他行为，常常局限在血缘个体之间。如果血缘个体在一起生活，可能有利于语言的起源。血缘个体间或配偶间一般会小声交流，减少信息传递给其他个体带来的损失。随着不同家庭一起生活，人们不能通过近距离的身体语言或低声哼哼交流，家庭间交流需要更大声音的信息传递。

6. 智能的进化

智能是生物对环境变化刺激准备多项选择，并做出适当反应的能力。猿猴是最聪明的动物，是研究智能进化的最佳物种之一[30]。社会交往方面，猿猴可以相互合作形成联盟，可以相互交流学习，产生和传播文化传统。有些种类甚至可以了解对方的思想。猿猴的社会关系是动物中最复杂和多样的。在智能技术方面，灵长类有逻辑能力、抽象思维能力、自我规范能力、预测能力。他们对新事物充满好奇，有潜在的创造力，可以为达到目标而发展出新的行为；同时也会因为枯燥环境（如在饲养笼舍里）表现出沮丧和抑郁。

目前的灵长类智能研究主要对象是饲养群，猿猴按照实验程序进行操作，展现其智能水平[31]。不过实验研究一般针对少量个体，主要反映猿猴的个体能力，而不是种群的水平。野外研究有利于我们了解灵长类动物的自然行为，例如对取食行为的研究，使我们发现猿猴使用工具的能力、识别食物质量的能力和相互协作的能力等。我们还可以比较不同地方种群的行为差异，了解它们的文化行为。野外研究有利于研究一个种群的自然能力，而实验室研究有利于了解个体学习过程和智能的文化幅度。这两种方式的融合有利于我们全面了解猿猴的智能。此外，仅靠比较心理学是无法全面了解灵长类智能的，学者们需要结合心理学、行为学、生物学、人类学和生态学等理论背景，全面把握灵长类的智能潜力（图 17-6）。

图 17-6　经过训练，黑猩猩可以掌握 300 多个汉字，上千个英文单词，会写出"open bag"等短句，也可以熟练掌握人类的手语，与人类交流

膨胀的脑部是人类最显著的外形特征之一。虽然高智能有利于更方便地生活，但是维持脑运转需要消耗很多能量，占人体体重 2%的脑却消耗着 16%的能量，同时还要求其他生理配套系统为其供给营养。另外，膨大脑部会增加女性难产的危险，增加出产时间，导致母子更容易受到捕食者袭击等问题。如果没有安全的环境，膨胀大脑会给物种带来灭绝的危机。

灵长类学者关于脑进化的理论主要有生态学假说和社会学假说。前者包括① 脑内认知地图假说、② 果食性假说、③ 挖掘采食假说、④ 使用工具假说。脑内认知地图假说[32]认为灵长类的移动范围较广，认知环境地图的过程促进了大脑的进化；果食性假说[33]认为灵长类果食性种类一般比叶食性种类的脑发达，因为果实比叶子更有季节性，资源也相对较少，需要更高的智能；挖掘采食假说[34]在总结黑猩猩和南美卷尾猴取食生态数据后，认为取食树中昆虫，或地下根资源相对比较困难，促进了大脑智能进化；使用工具假说[35]认为使用工具对人类进化影响巨大。社会学假说包括⑤群大小假说、⑥社会联盟假说。群大小假说[36]认为智能与社会群大小呈正相关；社会联盟假说[37]认为个体需要与群内其他个体建立社会联盟，可以在交配、取食等竞争中获得优先权。

在解释人类智能进化方面，生态学假说和社会学假说各有优势，也各有无法解释的方面。灵长类智能研究，可以说明为什么灵长类的脑比例与其他动物的不同、了解人类进化中不同阶段遇到不同的淘汰压力，揭示人类的脑容量从南方古猿到智人发生了急剧的增加等问题。

七、小结

人类是生物进化的产物。我们的身体、行为是对自然环境长期适应进化的结果。人类胎生哺乳的特点是哺乳动物时代的痕迹；发达的视觉、灵活的双手等特点是灵长类时代的痕迹，男女分工劳作和形成家庭是原始狩猎采集民的痕迹。灵长类学鲜明地指出人类不是神灵，应该回归于生物界之中。灵长类学有助于比较分析人类与猿猴的进化特点，探讨人性起源，揭秘“我是谁”的人类谜团。

国际上灵长类学之所以近年来能够快速发展，与其探索人性起源的主题是分不开的。相对于欧美等西方国家，我国不仅有丰富的野生灵长类资源，而且有扎实的人类学底蕴、悠久的民间猿猴文化等诸多发展灵长类学的优势条件。2002 年中国科学院在北京首次承办了“第 19 届国际灵长类学大会”，提出积极建立和发展中国灵长类学的方针。在政府的大力支持下，相信灵长类学会进一步推进人类学与生命科学的跨学科交流，建立与国际接轨的人才培养渠道和学科建制。这样，中国灵长类学的腾飞亦将指日可待。

随着我国的经济发展，人们的眼界和社会交往更加国际化。在与外国人或外地人接触的过程中，人们发现虽然我们无法理解他们的语言和文化，但是一开始就可以理解他们的笑容、忧愁等表情和肢体表达，知道他们也会思念家人，有着稳定的家庭配偶关系和近亲回避禁忌等价值观，有着与我们基本一致的基因序列、身体结构和生理特征等。这些人性和文化共通性是全球各民族、各国人民相互理解的纽带，是维护社会安定团结的基础，也是人类学研究的原点。

致谢

本文受国家自然科学基金（31270442，31470456）、教育部新世纪人才项目（2013）、广东省千百十工程人才培养基金（2013）和深圳市福田-内伶仃国家级自然保护区管理局项目（2014）的资助。中山大学人类学系和生命科学大学院的各位同事为本文提供了跨学科思路。在此，一并深表谢忱。

注释：

[1] 张鹏. 2012. 猴、猿、人——思考人性的起源. 广州：中山大学出版社.

[2] Jerry A. C. 2009. Why evolution is true. Oxford：Oxford University Press.

[3] Flew A. 1997. Darwinian Evolution（2 ed.）. Piscataway，NJ：Transaction.

[4] Dart R.A. 1925：Australopithecus africanus：The Man-Ape of South Africa. Nature，115：195–1999.

[5] Darwin C. R. 1871. The Descent of man and selection in relation to sex. Princeton：Princeton Press.

[6] Ehara A. 1998. Why we are human? Tokyo：Yuzankaku Press.

[7] Morgan L. H. 1877. Ancient Society，Marxist Internet Archive Reference Archive，on line access.

[8] Murdock G. P. 1945. The common denominator of cultures. In：Linton R（ed.），the science of man in the world crisis. New York：Columbia University Press. pp. 123–142.

[9] Haraway D. 1989. Primate visions. New York：Routledge，Chapman & Hall.

[10] Bourne G. H（ed.）1977. Progress in ape research. New York：Academic Press.

[11] Dart R. A，Dennis C. 1959. Adventures with the missing link. New York：Harper & Brothers.

[12] Yerkes R. M，Yerkes AW. 1929. The great apes. New Haven：Yale University Press.

[13] Yerkes R. M. 1943. Chimpanzees：A laboratory colony. New Haven：Yale University Press.

[14] Swindler D. R. 1998. Introduction to the primates. Seattle：University of Washington Press.

[15] Ji W. Z，Jiang X. L. 2004. Primatology in China. International Journal of Primatology 25：1077–1092.

[16] Itani J. 1985. The evolution of primate social structures. Man 20：593–611.

[17] Itani J. 1987. Evolution of primate societies. Tokyo：Heibonsha Press.

[18] 张鹏，渡边邦夫. 2009. 灵长类的社会进化. 广州：中山大学出版社.

[19] Yamagiwa J. 1994. Origins of the family: establishment of paternity. Tokyo：University of Tokyo Press.

[20] Lee R. B. 1979. The !Kung San. Cambridge：Cambridge Press.

[21] de Waal F. B. M. 1982. Chimpanzee politics：power and sex among apes. New York：Harper and Row Publishers.

[22] Irimoto T. 1996. The natural history of culture. Tokyo：Tokyo University Press.

[23] Whiten A，Goodall J，McGrew W. C，Nishida T，Reynolds V，Sugiyama Y. Tuting C. E. G. Wrangham W. Boesch C. 1999. Cultures in chimpanzees. Nature 399：682–685.

[24] Nishida T. 1987. Local tradition and cultural transmission. In Smuts B. B，Cheney D. L，Seyfarth R. M，Wrangham R. W，Struhsaker T. T（eds）. Primate societies. Chicago：University of Chicago Press. pp. 462–474.

[25] McGrew W. C. 1992. Chimpanzee material culture：implications for human evolution. Cambridge：Cambridge University Press.

[26] Savage-Rumbaugh S，Shanker S. G，Taylor T. J. 1998. Apes language and human mind. New York：Oxford University Press.

［27］Bradshaw J，Rogers L. 1993. The evolution of lateral asymmetries，language，tool use and intellect. San Diego：Academic Press.

［28］Miles H. L. 1983. Apes and language：the search for communicative competence. In：Luce JDE，Wilder HT（eds.）Language in primates. New York：Springer-Verlag.

［29］Dunbar R. 1996. Grooming，gossip and the evolution of language. Cambridge，Mass：Harvard University Press.

［30］Fujita K. 1998. Introduction of comparative cognition. Tokyo：Nakanisiya Press.

［31］Tomasello M，Call J. 1997. Primate Cognition. New York：Oxford University Press.

［32］Clutton-Brock T. H，Harvey P. H. 1977. Primates，brain and ecology. J. Zool 190：309–323.

［33］Milton K. 1988. Foraging behavior and the evolution of primate intelligence. In：Byne R. W，Whiten A（ed）. Machiavellian Intelligence. Oxford：Oxford University Press. pp. 285–305.

［34］Gibson K. R. 1986. Congnition，brain size and the extraction of embedded food resources. In Else J，Lee P. G（eds）. Primate ontogeny，cognition and social behavior. Cambridge：Cambridge University Press. pp. 93–104.

［35］Washburn S. L. 1960. Tools and human evolution. Sci Amer 203：3–15.

［36］Dunbar R. 1997. the social brain hypothesis. Evolutionary Anthropology 6：178–190.

［37］Humphrey N. K. 1976. The social function of the intellect. In L Bateson P. P. G，Hinde R. A（eds）. Crowing points in Ethology. Cambridge：Cambridge University Press. pp. 303–321.

18 中国人口复合生态位势的时空变化与调控路径分析*

王志理[1] 王如松[2]

1. 中国人口与发展研究中心调查评估数据部

2. 中国科学院生态环境研究中心城市与区域生态国家重点实验室

一、引言

改革开放以来，城乡之间和区域之间生活条件和收入水平的巨大差异推动了从农村到城市的流动人口的涌现，当前流动人口已经占总人口的 1/6，使得城镇常住人口已经超过 50%。这对中国人口再分布产生了重要的影响，也使得人口自身以及人口与经济社会资源环境之间的矛盾加深，给局部和区域生态系统造成巨大压力[1–4]。

人口与一定的社会、经济、自然条件相作用或者人口作为特定经济社会的生产、生存的基本条件和能动因素，影响着区域乃至全球的可持续发展，因而引起生态学家的广泛关注[5–9]。局部的、区域的、洲际的和世界范围的人类与自然系统的人类活动研究已经成为全球环境变化和可持续发展研究的基础问题[10–12]。刘建国等[1]通过比较五大洲 6 个案例，测量生态环境变量和人类变量，以及连接自然和人类的变量，在人类—自然耦合系统的复杂性方面进行了探索研究并取得了积极进展。

实际上，人口复合生态系统是一类以人的行为为主导、自然环境为依托、资源流动为命脉、社会体制为经络的复杂巨系统。人口变动的机制倚赖于人

* 本研究得到国家科技支撑计划课题“人口与发展数学模型与综合决策支持系统”（课题号：2012BA140B00）支持。

与自然间的促进、抑制、适应、改造关系，依赖于人对资源的开发、利用、储存、扬弃关系，以及人类生产和生活活动中形成的竞争、共生、隶属、乘补关系。如何辨识人口复合生态系统中这些关系的科学机理，认识自然、经济、社会三个子系统间在时间、空间、数量、结构、序理范畴的耦合规律，不仅是对复合生态系统理论研究的深化，而且对促进人口在区域、城乡、社会与经济、人与自然以及系统内外的协调发展有重要意义[3]（王如松、欧阳志云，1996）。

为了测量人口、经济、社会、资源、环境变量之间的耦合关系，人口复合生态位的构成因素之间内在作用和方向，本文尝试提出人口复合生态位势的概念，并综合指标体系构造方法与线性模拟方法，使用结构方程模型对人口复合生态系统的结构、关系、变化进行定量分析和模拟，希望借助人口复合生态位势把握影响人口分布的生态动力学因素和调控机制。

二、人口复合生态位势与生态动力学

1. 人口复合生态位势

（1）人口复合生态位的定义

在理论上可以较好的定义生态位，然而对于具体问题的生态位分析无论是从理论上分析还是从现实角度解释都存在问题[13, 14]。生态位的概念模型到生态位势的量化测度在概念、技术和数据方面都存在着很多困难（Guisan et al.，2005）。针对复合生态位势的评价，通常的方法有指标体系构造方法（赵景柱，1995）和广义线性模型（Austin et al.，1984）。我们综合指标体系构造方法和广义线性模型来构造人口复合生态位。

人口在特定空间下的环境中生存和发展可以认为其据有某个生态位。特定人口在多维生态空间中都有其理想的生态位，而每一种环境因素都给这一人口提供了现实生态位，理想生态位与现实生态位之差就产生了生态位势。在生态位势作用下一方面使人口去寻求、获得和竞争良好的生态位，能动地去改造环境，另一方面也迫使人口不断地适应环境，调节自己的理想生态位，并通过自然选择，实现人口和外部环境关系的平衡，使现实生态位与理想生态位之差最小（王如松，1988）。

我们用向量或向量组 ξ 表示外部环境的状态，包括自然状态、经济状态和社会状态等，自然状态、经济状态和社会状态之间存在相互联系。自然状态、经济状态和社会状态又由相应的自然指标构成；向量或向量组 η 表示人口自身的状态，包括数量、素质和结构等内容，人口的数量、素质和结构之间相互作用，且数量、素质和结构又由对应的指标表征。对应外部环境状态 ξ，有着与之相应的人口状态 η。基于这种复杂对应关系的生态位就是人口复合生态位。

外部环境的自然状态、经济状态和社会状态变量以及人口状态的数量、素质和结构并不总能直接测量，当其不能直接测量时称为潜变量（latent variables），而那些观测的指标——可观察的变量（observed variables）作为这些潜变量的“标识”（indicators）。人口复合生态位反映了人口状态与所处生境条件之间的复杂关系。人口复合生态位可以用图 18-1 示意。

人口复合生态位势强调人口在适应与选择外部环境中的复杂关系，既表达了各种外部环境对人口各个方面的影响，又反映了外部环境之间、人口各要素之间的相互作用，在理论上较好地拟合复合生态系统理论思想。

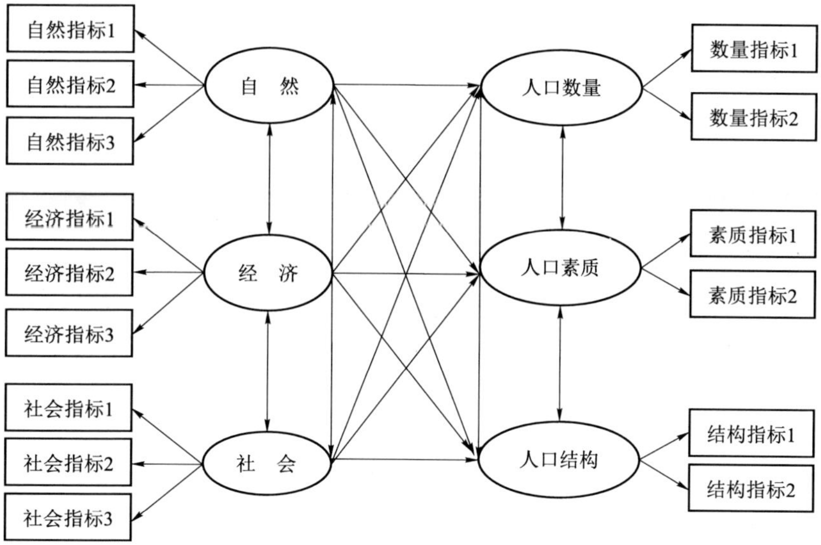

图 18-1　人口复合生态位势示意图

（2）指标选择

在外部环境自然、经济、社会状态的具体指标选择上，主要从三个方面考虑：一是指标的合理性，具体指标能够从不同方面较为稳定地反映客观状态；二是指标的可得性，指标对应数据可以从统计年鉴、公开发布或其他正式出版渠道获得；三是指标的动态性，经济、社会指标对应数据年度之间有较为显著变化，自然、人口状态指标5～10年之间会发生较为显著变化。

通过专家咨询，我们选择的自然状态的指标包括6项，其中2项为反映气候条件的，2项为反映自然资源的，1项为自然资源利用，1项为环境污染；经济状态的指标包括5项，分别反映经济总量、经济活动能够提供的公共产品和市场服务、产业发展、外向经济、投资拉动等；社会状态的指标包括5项，分别反映城镇化、居民收入、城乡收入差距、失业率、卫生设施等；人口数量指标包括2项，人口密度和净迁移率；人口素质指标包括2项，反映健康素质的平均预期寿命和反映文化素质的接受高等教育人口比重；人口结构指标包括2项，反映劳动力丰富程度的劳动年龄人口比重和反映老龄化程度的老年人口比重（见表1）。

表18-1　人口复合生态位势的指标体系

类型	潜变量	指标	指标说明
外部环境	自然	自然指标1（x_{i1}）	主要城市年平均气温
		自然指标2（x_{i2}）	主要城市年平均降水
		自然指标3（x_{i3}）	乡村人口人均播种面积
		自然指标4（x_{i4}）	森林覆盖率
		自然指标5（x_{i5}）	水资源压力
		自然指标6（x_{i6}）	烟尘排放达标率
	经济	经济指标1（x_{j1}）	人均GDP
		经济指标2（x_{j2}）	人均财政支出
		经济指标3（x_{j3}）	第三产业产值比重
		经济指标4（x_{j4}）	新增固定资产投资
		经济指标5（x_{j5}）	进出口商品总额
外部环境	社会	社会指标1（x_{k1}）	城镇化率
		社会指标2（x_{k2}）	城镇居民家庭年人均可支配收入

续表

类型	潜变量	指标	指标说明
外部环境	社会	社会指标 3（x_{k3}）	农村居民家庭年人均纯收入
		社会指标 4（x_{k4}）	每千人私营个体从业人数
		社会指标 5（x_{k5}）	每千人医院卫生院床位数
人口	数量	数量指标 1（y_{l1}）	自然增长率
		数量指标 2（y_{l2}）	跨省流入人口比例
	素质	素质指标 1（y_{m1}）	预期寿命
		素质指标 2（y_{m2}）	受过高等教育人口比重
	结构	结构指标 1（y_{n1}）	15～59 岁劳动年龄人口比重
		结构指标 2（y_{n2}）	60 岁及以上年龄人口比重

表中一些指标为单一指标，即指标本身可以直接从相关统计资料获得，一些指标为复合指标，需要根据统计资料进行简单计算，例如水资源压力=人均用水量/人均水资源总量。具体指标的应用可以根据数据的可得性进行适当调整。

2. 评价人口复合生态位势的动力学方程

（1）结构方程简介

结构方程模型（structural equation modeling，SEM）出现于 20 世纪 60 年代，随着计算技术的发展，已经成为一种非常通用的、主要的线性统计建模技术，广泛应用于心理学、经济学、社会科学、行为科学等领域的研究。

结构方程模型利用联立方程组求解，但它没有很严格的假定限制条件，同时允许自变量和因变量存在测量误差（measurement errors）。我们研究中涉及的表示自然、经济、社会等外部环境变量和表示人口数量、素质、结构等人口状态变量是为了理解人口复合生态位势而建立的假设概念，对于它们不存在直接测量的操作方法，需要可观察的变量（observed variables）作为这些潜变量（latent variable）的标识（indicators）。使用这些外显指标去间接测量潜变量时，常常存在测量误差，多数传统的统计方法不能妥善地处理这些潜变量和自变量的误差，而结构方程模型能够同时处理测量误差，又可以分析潜变量之间的结构关系。

在SEM中，ξ变量代表外生潜变量（exogenous latent variable），η变量代表内生潜变量（endogenous latent variable）。外生潜变量的标识称为外生标识（exogenous indicator），内生潜变量的标识称为内生标识（endogenous indicator）。外生标识的测量误差记为δ，内生标识的测量误差记为ε。

结构方程模型由三个矩阵方程式（矩阵用大写希腊字母表示，向量用小写希腊字母或英文字母表示。矩阵和向量的元素一般用相应的小写字母表示，具体元素加下标表示）所表示[15]：

$$\eta=\boldsymbol{B}\boldsymbol{\eta}+\boldsymbol{\Gamma}\xi+\zeta \quad ①$$

$$y=\boldsymbol{\Lambda y}\eta+\varepsilon \quad ②$$

$$x=\boldsymbol{\Lambda x}\xi+\delta \quad ③$$

$\boldsymbol{B}$ 是内生变量间通径系数组成的矩阵，$\boldsymbol{\Gamma}$ 是内生变量和外生变量间的通径系数矩阵；$\boldsymbol{\Lambda y}$ 和 $\boldsymbol{\Lambda x}$ 为内生标识和外生标识的负载系数矩阵。

模型假设：

① 测量方程误差项ε、δ的均值为0；

② 结构方程残差项ζ的均值为0；

③ 误差项ε、δ与因子η、ξ之间不相关，ε与δ不相关；

④ 残差项ζ与ξ、ε、δ之间不相关。

模型评价的原理是，用样本数据对所设定的模型参数进行估计，再根据这些参数估计来重建（reproduce）方差协方差，然后尽可能地将重建的方差协方差矩阵与观测的方差协方差矩阵相匹配，它们的匹配程度就决定了模型拟合数据的程度。常用的拟合指数主要有：绝对拟合指数、相对拟合指数和简约拟合指数。

（2）用SEM评价人口复合生态位势的方法

在复合生态系统理论中，由于生态系统的复杂性、有机体的能动性和动力学机制的模糊性，特别是研究对象之间的关系不再是简单的二维链式，而是较为复杂的网状关系[16]。研究这一复杂系统各个要素之间相互作用的关系，即要辨识各个要素的作用方向和作用程度。SEM从形式上较好地拟合了复合生态系统理论中要素之间相互作用动力学机制，其实际效果需要从拟合参数来判断。

通过参数拟合，量化可观察外生标识与内生标识之间的关系。外生变量与内生变量之间的通径系数表示复合生态位与人口要素之间的联系，具体外生标识与内生标识之间的关系则用因子负载表示。由外部环境的可观察变量决定的人口复合生态位为实际生态位，而人口状态要求的外部环境决定的人口复合生态位为理想生态位。同理，通过实际生态位、通径系数、载荷系数可以求得环境的可载人口。可载人口可以是一个范围。可载人口与现实人口之间一般存在差值，且在一定的区间之内。

三、10 年来中国人口复合生态位势的时空变化

1. 2000 年和 2010 年中国复合人口生态位势

由于样本数量仅有 31 个，通过结构方程模型试验，我们将人口复合生态位关系简化为如图 18-2 所示的结构。人口结构由老年负担比和少儿负担比构成，人口数量用年自然增长率和迁入率表示。

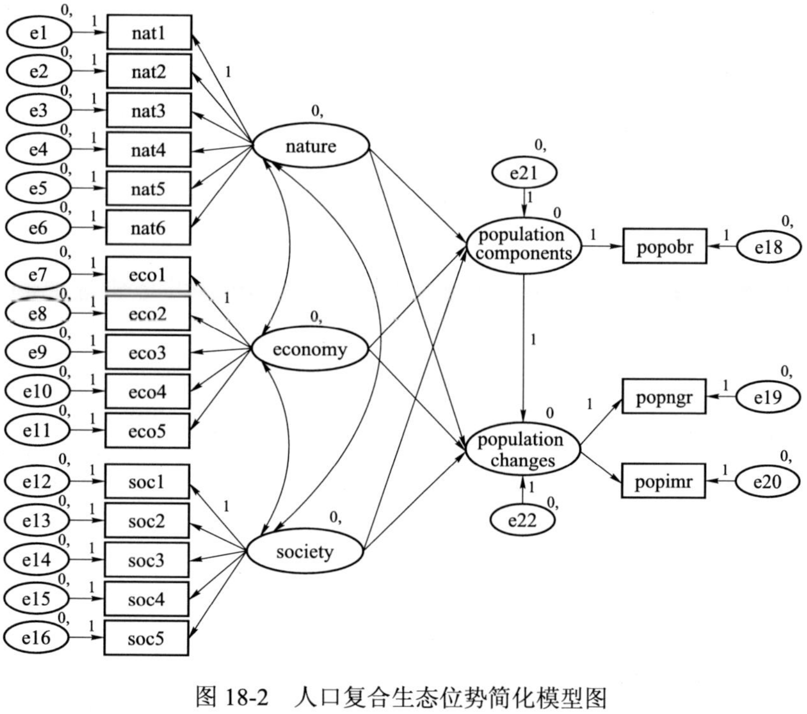

图 18-2　人口复合生态位势简化模型图

用固定方差法，根据2000年和2010年自然、经济、社会因子的有关变量，我们得到的相关负载因子和通径系数的值如表18-2和表18-3所示。

表18-2 2000年人口复合生态位对应关系及参数估计结果

关系			非标准化结果				标准化结果
			系数/载荷	p	截距	p	系数/载荷
pop1	←	nature	0.20	*			0.611
pop1	←	economy	0.00	***			−0.065
pop1	←	society	0.08	0.2865			0.728
pop2	←	nature	−0.19	*			−1.953
pop2	←	economy	0.00	**			0.698
pop2	←	society	−0.07	*			−2.152
nat1	←	nature	1.00		14.93	***	0.952
nat2	←	nature	67.69	***	787.80	***	0.869
nat3	←	nature	−0.01	**	0.21	***	−0.474
nat4	←	nature	2.05	***	26.18	***	0.558
nat5	←	nature	−2.63	0.7143	78.76	**	−0.080
nat6	←	nature	0.40	0.2961	84.79	***	0.192
eco1	←	economy	1.00		8044.57	***	0.953
eco2	←	economy	0.11	***	1075.42	***	0.734
eco3	←	economy	0.00	***	38.42	***	0.634
eco4	←	economy	0.02	***	317.02	***	0.572
eco5	←	economy	406.88	***	1 529 988.00	**	0.608
soc1	←	society	1.00		39.41	***	0.877
soc2	←	society	113.02	***	6305.71	***	0.910
soc3	←	society	64.99	***	2400.60	***	0.904
soc4	←	society	1.69	*	77.63	***	0.315
soc5	←	society	0.04	***	2.59	***	0.671
pop2	←	pop1	1.00			***	3.321
popobr	←	pop1	1.00	0.1277		***	0.760
popngr	←	pop2	1.00		1.23	***	0.671
popimr	←	pop2	134.22	***	40.92	***	0.315

注：*表示 $p < 0.05$，**表示 $p < 0.01$，***表示 $p < 0.001$。

从表 18-2 可见，2000 年时自然生态位和经济生态位对人口结构有显著影响，自然生态位高的地方，老年抚养比相对较高；而经济生态位与自然生态位的表现相反，经济生态高的地方，老年抚养比相对较低。自然生态位、经济生态位和社会生态位对人口变动都有显著影响，自然生态位和社会生态位对人口自然增长率、人口迁入率的影响均为负向，即生态位越高人口自然增长率和人口迁入率越低；经济生态位对人口自然增长率、人口迁入率的影响均为正向。在自然生态位中，年平均气温、年降水量、森林覆盖率、烟尘排放达标率的影响为正向且影响程度递减，而农业人口人均耕地面积、水资源压力对自然生态位的影响为负向且影响程度递减。经济生态位的 5 个可观察变量的影响均为正向，影响程度大小依次为人均地区生产总值、人均地方财政支出、第三产业产值比重、进出口商品总额和新增固定资产投资。社会生态位的 5 个可观察变量的影响均为正向，城镇化率与城乡居民家庭年人均收入的影响较大。人口内部关系来看，人口结构对人口增长产生显著影响，人口老化程度越高，自然增长率越高，迁入率越低。

表 18-3　2010 年人口复合生态位对应关系及参数估计结果

关系			非标准化结果				标准化结果
			系数/载荷	p	截距	p	系数/载荷
pop1	←	nature	0.27	**			1.145
pop1	←	economy	0.00	0.5429			0.586
pop1	←	society	−0.07	0.4523			−0.813
pop2	←	nature	−0.26	**			−2.803
pop2	←	economy	0.00	0.4734			−1.697
pop2	←	society	0.04	0.6317			1.274
nat1	←	nature	1.00		15	***	0.922
nat2	←	nature	72.62	***	788	***	0.903
nat3	←	nature	−0.02	***	0.209	***	−0.640
nat4	←	nature	2.15	***	26	***	0.568
nat5	←	nature	−7.44	0.2262	79	**	−0.225
nat6	←	nature	0.76	0.1182	90	***	0.286
eco1	←	economy	1.00		33 427	***	0.934
eco2	←	economy	0.09	**	6959	***	0.423
eco3	←	economy	0.00	***	40	***	0.626

续表

关 系			非标准化结果				标准化结果
			系数/载荷	p	截距	p	系数/载荷
eco4	←	economy	0.01	0.6974	4339	***	0.067
eco5	←	economy	725.67	***	9 593 543	**	0.675
soc1	←	society	1.00		51	***	0.901
soc2	←	society	353.56	***	18 068	***	0.982
soc3	←	society	242.86	***	12 768	***	0.975
soc4	←	society	15.07	**	530	***	0.443
soc5	←	society	0.05	***	4	***	0.645
pop2	←	pop1	1.00		23	***	2.549
popobr	←	pop1	1.00		11	***	0.517
popngr	←	pop2	1.00		6	***	0.639
popimr	←	pop2	–226.91	***	76	***	–0.958

注：*表示 $p<0.05$，**表示 $p<0.01$，***表示 $p<0.001$。

从表 18-3 可见，2010 年时自然生态位、经济生态位和社会生态位中仅有自然生态位对人口结构和人口变动的影响在统计上有显著影响。从生态位的内部构成来看，在自然生态位中，可观察变量的影响作用方向和顺序与 2000 年相同，影响程度略有变化。经济生态位的 5 个可观察变量的影响仍均为正向，影响程度大小依次为人均地区生产总值、第三产业产值比重、进出口商品总额、人均地方财政支出和新增固定资产投资。社会生态位中，城镇化率、城镇居民家庭人均可支配收入和农村居民家庭人均纯收入的影响较大。与 2000 年相比，人口内部的相互关系作用方面没有变化，人口结构对人口变动产生正向影响，而人口老化对人口迁入的影响仍然表现为负向，而人口老化较为严重地区人口自然增长率相对较高。

总的来看，2000—2010 年十年的中国人口复合生态系统的内部构成和相互作用上保持较为稳定的关系，而复合生态位与人口的作用关系则有较为明显变化。

2. 中国复合人口生态位势变化及原因分析

（1）中国各地区复合生态位势及其变化

综合上文，我们可以得出 2000 年和 2010 年中国各省（自治区、直辖市）的自然生态位、经济生态位、社会生态位和人口复合生态位的评价（见表 18-4）。

表 18-4 2000 年和 2010 年中国各省（区、市）的生态位评价

地区	2000 年				2010 年			
	自然生态位	经济生态位	社会生态位	人口复合生态位	自然生态位	经济生态位	社会生态位	人口复合生态位
北　京	0.22	0.29	0.78	0.77	0.22	0.38	0.81	0.22
天　津	0.14	0.10	0.49	0.48	0.17	0.10	0.55	0.17
河　北	0.17	0.03	0.17	0.16	0.17	0.05	0.11	0.17
山　西	0.23	0.01	0.03	0.03	0.24	0.02	0.08	0.24
内蒙古	0.00	0.01	0.08	0.07	0.00	0.01	0.27	0.00
辽　宁	0.35	0.11	0.13	0.13	0.34	0.10	0.25	0.34
吉　林	0.23	0.01	0.05	0.05	0.22	0.02	0.13	0.22
黑龙江	0.15	0.02	0.07	0.07	0.15	0.03	0.05	0.15
上　海	1.00	0.32	1.00	1.00	0.96	0.47	1.00	0.96
江　苏	0.69	0.27	0.37	0.38	0.72	0.59	0.47	0.72
浙　江	0.94	0.16	0.66	0.67	0.94	0.32	0.70	0.94
安　徽	0.56	0.02	0.08	0.09	0.57	0.03	0.14	0.57
福　建	0.72	0.12	0.39	0.40	0.71	0.14	0.42	0.71
江　西	0.72	0.01	0.08	0.09	0.72	0.03	0.10	0.72
山　东	0.46	0.15	0.26	0.26	0.47	0.24	0.32	0.47
河　南	0.29	0.01	0.04	0.04	0.29	0.02	0.12	0.29
湖　北	0.64	0.02	0.13	0.14	0.65	0.03	0.14	0.65
湖　南	0.57	0.01	0.19	0.19	0.57	0.02	0.17	0.57
广　东	0.94	1.00	0.65	0.65	0.94	1.00	0.62	0.94
广　西	0.63	0.01	0.12	0.13	0.63	0.02	0.17	0.63
海　南	0.98	0.01	0.11	0.13	0.98	0.01	0.11	0.98
重　庆	0.99	0.01	0.17	0.18	1.00	0.01	0.24	1.00
四　川	0.31	0.01	0.13	0.13	0.30	0.04	0.15	0.30
贵　州	0.52	0.00	0.01	0.02	0.52	0.00	0.03	0.52
云　南	0.56	0.01	0.13	0.14	0.56	0.02	0.13	0.56
西　藏	0.18	0.00	0.22	0.21	0.17	0.00	0.05	0.17

续表

地区	2000年				2010年			
	自然生态位	经济生态位	社会生态位	人口复合生态位	自然生态位	经济生态位	社会生态位	人口复合生态位
陕　西	0.37	0.01	0.02	0.03	0.37	0.01	0.14	0.37
甘　肃	0.13	0.00	0.00	0.00	0.13	0.01	0.00	0.13
青　海	0.21	0.00	0.03	0.03	0.21	0.00	0.01	0.21
宁　夏	0.05	0.00	0.03	0.02	0.16	0.00	0.11	0.16
新　疆	0.14	0.01	0.08	0.08	0.14	0.02	0.02	0.14

整体来看，2010年全国各地的自然生态位、经济生态位和社会生态位较2000年的都有所提高，然而2010年的人口复合生态位与2000年的相比则出现较大的变化。

从地区的情况来看，2000年人口复合生态位前五位的有上海、北京、浙江、广东、天津，综合生态位较低的地区集中在西部地区和中部地区个别省份；2010年位居人口复合生态位前列的是中国长江以南的省（区、市），北方省（区、市）的人口复合生态位普遍偏低。

（2）人口复合生态位势变化的原因分析

从人口复合生态位构成、生态位与人口要素的作用来看，自然生态位对人口要素的影响更多地体现为外部环境的作用。经济生态位和社会生态位对人口要素的影响是以自然生态位为基础的，然而在特定经济社会发展时期，三者之间并不一致。

从人口复合生态位的作用机制来看，2000年人口复合生态位主要是由社会生态位产生，2010年的人口复合生态位则主要受自然生态位影响，尽管2010年自然生态位、经济生态位和社会生态位普遍有所提高。

进一步分析10年来人口要素的变动可以发现：在人口老化不断加剧的趋势下，由于大规模的人口流动迁移，在中国东部沿海地区人口自然增长速度已经落后于人口机械增长速度，而中西部的部分省（区、市）人口自然增长已经无法弥补人口流出、迁出的影响。生态位与人口要素之间的作用关系更为复杂，甚至超出简单模型可以模拟的结果。

四、中国人口流动的复合生态位势调控对策

近十年中国生态位势格局的显著变化与人口大规模流动密不可分。一方面，人口流出地区的环境压力较小，同时经济收入水平提高，自然和人文生态位势都有所上升；另一方面，东部省（市）的人口机械快速增长，改变了自然状态下的人口结构，缓解人口老化压力，创造了巨大的经济效益，同时对流入地区的自然环境、基础设施和社会服务带来了压力。基于强化基础设施建设，促进产业升级换代，开展生态工程技术创新，提高市民生活质量，提高区域生态位水平，我们提出以下建议。

（1）按照自然、经济、社会及综合生态位指数并遵循地域关系、优势互补原则，建立人口复合生态协作区域。全国可划分为 5 个生态协作区：

东北华北人口生态协作区：辽、吉、黑、京、津、冀、内蒙古七省区；

黄河流域人口生态协作区：鲁、豫、晋、陕、甘、宁六省区；

长江流域人口生态协作区：苏、皖、鄂、湘、川、渝六省市；

泛珠江流域人口生态协作区：粤、闽、赣、桂、琼、黔、滇七省区；

东海西疆人口生态协作区：沪、浙、新、青、藏五省区市。

通过建立生态协作区，可以降低自然生态位约束，提高经济生态和社会生态位。

（2）根据区域自然生态位、经济生态位和社会生态位，实施立业战略和联姻战略。立业战略就是按规模型企业 GDP 总量或利税总量确定规模型企业的“带眷”系数和应吸纳职工数，鼓励企业为外来人口及本地失业、待业人口创造更多的就业机会，发展跨地区的一、二、三产业联营的循环经济产业；联姻战略则是利用东南沿海地区自然生态位相对较高，而北部特别是华北和西北沿边地区经济技术力量薄弱，促使两区各省市联姻发展，互通有无，协同共生。

注释：

［1］Liu Jianguo，Thomas Dietz，Stephen R. Carpenter，Marina Alberti，Carl Folke，Emilio Moran，Alice N. Pell，Peter Deadman，Timothy Kratz，Jane

Lubchenco，Elinor Ostrom，Zhiyun Ouyang，William Provencher，Charles L. Redman，Stephen H. Schneider，William W. Taylor. 2007. Complexity of coupled human and natural systems. Science 317：1513–1516.

［2］Heilig，Gerhard H. 2006. Many Chinas? The economic diversity of China's provinces. Population and Development Review 32（1）：147–161.

［3］Wang Rusong，Li Feng，Hu Dan，B. Larry Li. 2011. Understanding eco-complexity：Social–Economic–Natural complex ecosystem approach. Ecological Complexity 8：15–29.

［4］Zhang，Li. 2012. Economic migration and urban citizenship in China：The role of points systems. Population and Development Review 38（3）：503–533.

［5］马世骏，王如松. 1984. 社会—经济—自然复合生态系统. 生态学报，1：1–9.

［6］McNeill，J. R. 2006. Population and the natural environment：Trends and challenges. Population and Development Review 32（s）：183–201.

［7］Intergovernmental Panel on Climate Change .2008. Climate Change 2007：Synthesis Report.

［8］Elinor Ostrom. 2009. A general framework for analyzing sustainability of Social-Ecological Systems. Science 325：419–422.

［9］The United Nations. 2011. Millennium Development Goals Report 2011.

［10］Nordhaus，William D. 2006. Geography and Macroeconomics：New data and new findings. Proc Natl Acad Sci USA 103：3510–3517.

［11］Turner，B.L.II，Eric F. Lambin，Anette Reenberg. 2007. The Emergence of land change science for global environmental change and sustainability. Proc Natl Acad Sci USA 104：20666–20671.

［12］Liu Jianguo，Thomas Dietz，Stephen R. Carpenter，Carl Folke，Marina Alberti，Charles L. Redman，Stephen H. Schneider，Elinor Ostrom，Alice N. Pell，Jane Lubchenco，William W. Taylor，Zhiyu Ouyang，Peter Deadman，Timothy Kratz，and William Provencher.2009. Coupled human and natural systems. AMBIO 36（8）：639–649.

[13] May，R. M. 1974.Stability and Complexity in Model eco-systems. Princeton University Press，Princeton，New Jersey，USA.

[14] Austin，M. P.，A. O. Nicholls，C. R. Margules .1990. Measurement of the realized qualitative niche：environmental niches of five eucalyptus species. Ecological Monographs 60（2）：161–177.

[15] Joreskog，K. G. 1967. Some contributions to maximum likelihood factor analysis. Psychometrika 32：443–477.

[16] 薛元立，陈玉平. 1991. 生态学研究中的数学方法浅议//中国生态学会. 生态学研究进展. 北京：中国科学技术出版社.

19　从西南8个民族村寨调查看人口流动对民族地区社会经济的影响

陈长平

中央民族大学

按民族自治地方计算，我国民族地区的面积为613万平方千米，占全国面积的63.9%；2010年年末人口18 531.02万，占全国人口的13.82%；其中少数民族人口8813.76万，占自治地方人口的47.6%。[1]

民族地区90%分布在我国西部。西部大开发为少数民族和民族地区的发展注入了强大动力。未来10年，该地区将迎来前所未有的人口流动高潮。这是城市化、现代化发展的必然进程，其影响和意义难以估量。民族地区地域辽阔、生态环境复杂；民族众多、语言文化迥异。与汉族地区相比，这里的人口流动具有自己的特点与规律。

本文以8个少数民族村寨的实地调查为基础，结合“2012年三类地区人口流动及其影响因素监测调查”（以下简称三类地区调查）和“2012年全国流动人口动态监测调查”（以下简称全国流动人口调查）数据，分析和探讨人口流动对民族区社会经济的影响。条件所限，调查地点均选在西南地区，研究重点为少数民族，而影响所涉及的范围主要是农村地区。

质性的村寨个案调查，也能反映某些带有普遍性的问题。最后，本文将就其中一些值得关注的问题加以总结，并提出相应的对策与建议。

一、村寨及人口流动概况

自2011年开始，我们采用民族学的参与观察法，分别选取贵州（5个）、广西（2个）和云南（1个）的8个少数民族村寨进行田野调查，8个民族村寨的分布见表19-1。调查期间居住在村民家中，实地调查15～20天。在熟悉和了解村寨基本情况之后，重点调查了流动人口、留守家庭以及人口外流后对当地的影响。

表19-1　8个民族村寨分布表

省、自治区	县	乡（镇）、村寨
贵州（5个）	荔波县	瑶山乡拉片村（瑶族）
	荔波县	方村乡红坭村（布依族）
	黄平县	重安镇白岩山村（苗族）
	黄平县	重兴乡望坝村（僅家人）
	关岭县	上关镇向阳村（苗族）
广西（2个）	隆林县	猪场乡洞沟屯（苗族）
	隆林县	德峨乡下冲屯（仡佬族）
云南（1个）	陇川县	陇把镇户岛村（景颇族）

1. 村寨概况

从民族构成看，8个村寨中3个为苗寨，其余瑶族、布依族、仡佬族、景颇族和“僅家”人（革字应有人字傍，是一个待识别的族群）村寨各1个。除景颇寨外，其余各寨的少数民族人口都在90%以上。

从自然条件和经济发展程度看，这些村寨大致可分为三类：

第一类包括洞沟屯、白岩山村、向阳村3座苗寨，拉片村瑶寨和望坝村僅家寨。这5个村寨位于海拔500～1500米的山区，交通不便、环境恶劣，灾害频发，经济落后，属于典型的生态脆弱地区。这里耕地少而贫瘠，但人口增殖很快，人均耕地只有几分，主要种植水稻、玉米、洋芋、少量蔬菜等，产量低且没有保障。村民生活困难，受教育程度低，但民族传统文化保持较好。有些民族特色还是地方旅游开发的资源。

第二类包括下冲屯仡佬寨、红坭村布依寨。这两个寨子也地处山区，与第一类村寨的自然环境相似或略好一点。人均耕地不足1亩，人口控制较好，生活水平和受教育程度稍高于上述村寨，但与坝区村寨还有相当差距。由于受汉族影响较深，民族传统文化流失很快。

第三类是地处西南边陲的户岛村景颇寨。村寨西邻缅甸，距镇政府 1.5 千米，交通便利。村民大体景颇族、汉族各半，分组而居。该村位于山边坝区，田地山林丰富，人均耕地 2.29 亩。气候适宜种植水稻、甘蔗、玉米、油菜等，近几年又引进了枇杷和金桔。农林业发展较好，吸引不少季节工来此谋生。村内社会复杂，贫富分化明显。

这些村寨的人口流动规模大都在 20%～40%之间。外流原因占第一位的是务工经商，其次是婚姻和上学。

2. 人口流动状况

（1）流动人口特征

① 性别年龄。根据全国流动人口调查数据分析，少数民族流动人口劳动年龄组的平均年龄为 31.1 岁，比汉族低 1.2 岁；年龄集中于 20～44 岁，占该组人口的 84.4%；性别比为 108.5，男多于女。

村寨调查的情况与此基本一致。例如，拉片村瑶寨外出务工人员中 20～44 岁的占 87.7%，性别比为 148；白岩山村苗寨 20～44 岁的占 77.7%；性别比 164。

少数民族劳动力年龄组的平均年龄较低，与以下情况有关：一是很多少男少女初中毕业后即外出打工；二是由于早婚早育，40 多岁的中年人便成为爷爷奶奶，他们大都留在家中种地喂猪，照看孙儿。

② 受教育状况。根据全国流动人口调查数据分析，少数民族流动人口的平均受教育年限为 8.8 年，比汉族低 1 年。但与民族地区的少数民族相比，他们的受教育程度要高许多。

表 19-2　16～59 岁少数民族流动人口与民族类型区少数民族人口受教育程度比较（单位：%）

	小学及以下	初中	高中及以上	合计
少数民族流动人口	27.4	49.3	23.3	100
民族类型区少数民族	52.6	36.1	11.3	100

数据来源：根据全国流动人口调查及三类地区调查数据整理。

从表 19-2 可以明显看出，少数民族流动人口的主体受教育程度是初中程度（49.3%），民族地区少数民族的主体为小学及以下程度（52.6%），两者相差一个档次。而高中及以上程度，少数民族流动人口比民族地区少数民族高 12 个百分点。

各个村寨的调查都印证了这一点。村中受过高中教育的人很少，大部分青年人初中毕业就外出打工，留守在家的老年人和妇女多半只读过小学，有些至今不识字。

需要指出的是，在所调查的村寨中，男性与女性受教育程度差别相当大。拉片村女性的文盲率为 14.3%，男性为 5.2%；女性初中程度的为 13.1%，男性为 19%。

（2）外出流动原因

三类地区调查表明，民族类型区外出的第一位原因是务工经商，占 79.6%；第二位原因随同迁移仅占 6.8%。

村寨中外出务工经商人员分为两种类型：一种是生存型；一种是发展型。

① 生存型。第一二类村寨大都处于生态脆弱的贫困山区，人多地少，就业空间有限，人们为了维持基本生存，不得不外出谋生。

这些人外出都有明确的目标，从未奢望留在城市中发展。他们外出只是为了解决温饱，盖房娶妻，供孩子读高中上大学，或还清因种种原因欠下的债务。与汉族相比，他们即使在外打拼多年，也大都重返家园。这既有语言习俗的差异，也有文化素质的影响。

② 发展型。这些人外出并非家庭生活所迫，而是为了个人和事业的发展。例如，户岛村有人在陇川开建材市场，有人在瑞丽开酒店，有人在腾冲经营珠宝等，他们在村中建起漂亮的住宅，被当地人称为“大户”。

还有一类年轻人，家境尚可，没有养家糊口的压力。他们大部分是初中毕业生，还没结婚，希望出去见见世面，谋求自身的发展。

（3）外出方式

在所调查的村寨中，绝大多数为自己外出；其次是由同乡带领或亲朋介绍；政府劳务部门输出和外地单位招工的很少。不过，近几年受“民工荒”的影响，开始有老板亲自下村招工。

表 19-3　社区人口外出的主要方式

	第一位外出主要方式		第二位外出主要方式		第三位外出主要方式	
	频率	百分比	频率	百分比	频率	百分比
同乡带领	32	34.8	9	12.2	12	19.4
政府劳务部门输送	7	7.6	10	13.5	3	4.8
外地单位招工	6	6.5	7	9.5	3	4.8
亲朋介绍	5	5.4	34	45.9	9	14.5
自己外出	33	35.9	14	18.9	32	51.6
其他	9	9.8			3	4.8
合计	92	100	74	100	62	100
系统缺失			18		30	
合计			92		92	

数据来源：三类地区调查数据。

说明：根据问卷，每个社区（共 92 个）在“同乡带领”等外出方式中依重要性次序分别选出三种，即第一、第二与第三位外出主要方式。第二位与第三位外出主要方式有部分社区未选，故出现缺失值。

从表 19-3 可以看出，在第一位外出主要方式中，70.7%的社区为“自己外出”和“同乡带领”；第二位外出主要方式中，45.9%的社区为“亲朋介绍”，仅 13.5%的社区为“政府劳务部门输送”；第三位外出主要方式中，仍有 51.6%的社区选择“自己外出”。这表明民族地区人口外流主要依靠亲属关系、同乡之谊等社会关系，政府组织和外地单位在这方面发挥的作用不大。

（4）流动范围

贵州、广西几个村寨基本上以跨省流动为主，其次是省内跨市县流动。如关岭向阳村苗寨外出流动人口 54%为跨省流动（浙江、广东、云南），46%为省内跨市县流动（遵义、毕节、贵阳）。陇川县户岛村因地理位置关系，以省内跨市县流动为主（芒市、瑞丽），占 54%；其次是到广东（23.8%），还有一部分去缅甸（11.4%）。

全国流动人口调查数据表明，少数民族流动人口中 57.3%为跨省流动，16.8%为省内跨市流动，其余则较少。这与上述结果一致。

（5）人口流入

在第一、二类村寨中，除婚姻迁入外，几乎没有什么人口流入。但户岛村比较特殊，有较为稳定的流入人口。每年 12 月甘蔗收获期间，该村有三四十名来自施甸县和缅甸的季节性农工，分组承包砍收甘蔗的工作。其他季节，一些承包山林做木材生意的本地人，会雇用外县（梁河、腾冲）或缅甸的季节工，主要工作是种树和砍树。此外，目前村中还有 12 名来自缅甸的新娘，她们都嫁给了景颇族人。

二、人口流动的影响

1. 经济方面

（1）迅速提高了村民们的生活水平

在所调查的村寨中，到处都能见到新建或正在建设中的新房。以前，这种现象在温饱尚未解决的贫困山区是难以想象的。外出打工使村民在较短时间内便挣到在当地许多年都无法挣到的钱。彩色电视机和手机已经普及，不少家庭还购买了洗衣机、电冰箱、DVD 等，许多年轻人出行都骑摩托车……寨中房屋破旧、生活仍十分困难的家庭，多半都因各种原因无法外出，仅靠种田度日。向阳村苗寨 2002 年的人均年收入只有 800～1000 元，随着人口开始大规模外流，人均年收入也逐渐提高到 2011 年的 2530 元，其中外出务工收入占 60%。

2011 年贵州 40 个民族类型社区（村）农民年人均纯收入村平均为 2811.03 元。其中农业收入所占比重平均为 34.25%，外出务工收入比重平均为 41.75%（见表 19-4）。这说明在以上这些低收入的贫困社区，外出务工已成为农民最主要的收入来源。

表 19-4　2011 年 40 个民族村寨（社区）

本村农民务工收入与农业收入占总收入来源比重对比表

外出务工收入占总收入来源比重	村（社区）个数	比例（%）	农业收入占总收入来源比重	村（社区）个数	比例（%）
30%≤	9	22.5	30%≤	19	47.5
30%～60%	27	67.5	30%～60%	17	42.5
60%～100%	4	10	60%～100%	4	10
合计	40	100	合计	40	100

数据来源：三类地区调查数据。

说明：根据问卷，每个社区（共 40 个）在“农业”、“养殖业”、“畜牧业”、“外出务工”等本村农民主要收入来源中填入相应的比例。因各村情况差异较大，故按照“30%以下”、“30%～60%”和“60%～100%”三个档次，对“外出务工收入”与“农业收入”所占比重进行对比分析。

各村农民“外出务工收入”与“农业收入”所占比重的平均值，以各档次的组中值按社区数加权平均计算。

（2）打破了农村原来比较单一的生产经营模式

所调查村寨原来的生产经营方式比较单一，基本都以种植水稻、玉米、洋芋、油菜等为主。人口流动后，这种情况发生了改变。一方面由于劳动力不足，有些家庭开始减少粮食生产转而种植经济效益更高的作物，或经营养殖业和林业，如种植太子参、养殖瑶山鸡、扩种经济林等，以求得总收入的提高。另一方面，一些内地企业家深入民族地区扩展事业，促进了地方的多种经营，如2004年福建果商到户岛村所在的陇川地区推广枇杷种植。还有些人在外面学到技术返乡创业，在当地从事非农经营，如承包建筑，跑运输，修理汽车、摩托车，维修电器等。

（3）土地流转更加普遍

民族地区大量青壮年劳动力外流后，家中耕地主要有4种处置方法：留守在家的妇女老人耕种，亲友代耕，租给他人，或撂荒。所调查村寨地处山区人均耕地仅有几分地，除退耕还林外，很少有撂荒的。主要劳力外出后，大部分家庭的田地由妇女和老人耕种；其次是出租或转让给亲友代耕。请亲友代耕通常收取一定口粮或无偿使用。出租田地如何分成由双方协商。拉片村瑶寨"九山一土"，耕地稀少，没有外出的家庭除租种本村田地外，还有租种附近布依族田地的，分成五五开、三七开或二八开不等。由于布依族村寨外出务工较早，有大量闲置田地可供出租。

土地流转不仅避免了宝贵的土地资源闲置或撂荒，还能缓解人地矛盾，使耕地向种田能手集中，从而提高农业生产率。

对贵州40个民族类型社区调查表明，撂荒现象尚不严重，田地以妇女老人耕种为主。20.5%的村子转租土地比例在40%～60%之间，30.8%的村子在20%～40%之间，说明土地流转已比较普遍。

（4）从换工制到雇佣制

很多少数民族都有传统的换工制度，如盖房时帮工，农忙季节相互换工，以集中使用劳力，不误农时。这种制度在人口外流、劳动力不足的情况下，起到了很好的作用。如洞沟屯苗寨在收获茶果时，便利用这种制度解决了临时性劳力不足的问题。不过，随着外流人口的增多，以及农村多种经营的发展，这种很难做到对等和公平的粗糙制度，就难以适应各种复杂情况了。户岛村原来也有换工制度，后来便逐渐被雇佣制度替代了。目前，该村雇佣季节性农工十分普遍。这实际上是市场经济的渗入，其意义十分深刻。

2. 社会文化方面

（1）农村基层干部老化

在那些人口外流很多的贫困村寨，村干部普遍老化，而且有文化的年轻人也不愿意接任。望坝村僅家寨干部的平均年龄50多岁，会计已62岁。村中曾有一名年轻人当了一年村主任便辞职不干了，认为这职务“又累又不讨好，而且没多少钱”。白岩山村苗寨党支书57岁，主任60岁，而会计已经66岁了。

民族地区需要一批有文化的年富力强的农村基层干部，这是民族地区发展和西部大开发的骨干力量。

（2）养老问题

农村留守人员问题早已引起各方关注。这里只是强调一下，比起首先富裕起来的大部分汉族地区，那些生活在民族地区的各族留守群体，更需要关爱和帮助。

据三类地区调查数据，民族类型区的少数民族中，60岁及以上的人口占10.8%。白岩山村苗寨的这一比例是11.9%（如果扣除外流人口，老年人口比重还会增加），而望坝村僅家寨便高达20%。这说明少数民族村寨人口也大都进入老年型人口。生活在民族地区的老人大都只能依靠家庭养老。然而，非但指望不上儿女，还得照看众多孙儿。他们劳动强度大，收入低，生活条件艰苦，医疗条件差，保险意识全无，其养老问题确实堪忧。

（3）对婚姻的影响

三类地区调查数据表明，民族类型区已迁出人口中婚姻嫁娶的比例最高，占62%。许多学者早已注意到少数民族妇女婚姻迁移问题。根据段成荣对2005年全国1%抽样调查数据的分析，少数民族流动原因中婚姻嫁娶占13.3%，而汉族只占7.41%。[2]

在民族地区的贫困山区，女性通过婚姻改变自己境遇的现象十分常见。随着人口流动日益频繁，少数民族的通婚范围也迅速扩大，与其他民族，特别是汉族通婚的现象日益增多。拉片村瑶族2007—2010年便有19名女子外嫁，出嫁地区远至江苏、江西、重庆等地。大量女性外嫁，使一些民族地区出现了所谓的“光棍村”，由于环境艰苦、生活条件差，收入低，大龄男青年娶妻成家十分困难。在白岩村、向阳村都能看到许多这样的苗族男性。

在陇川县户岛村，一些家境贫困在当地娶不上媳妇的景颇男青年讨“缅甸老婆”，则从另一方面说明人口流动对民族地区婚姻的影响。

（4）对基础教育的影响

人口流动对民族地区基础教育的影响十分复杂，既有积极的一面也有消极的一面。

外出打工后，年轻父母们从自身经历中意识到知识的重要性，十分重视孩子的教育问题。一旦条件许可，他们通常把孩子接到身边，以便能在城市中接受更好的学校教育。有些父母出来打工，就是为了供孩子读高中、上大学。

但那些留在村中的孩子，由于父母不在身边，爷爷奶奶又大都识字不多，因此学习受到很大影响。在所调查的村寨中，受冲击最大的是初中教育。瑶山乡民族中学初中有60名瑶族学生，初一40人，初二、初三便只各剩10人了。向阳村苗寨小学辍学率为5%，初中则高达60%。好多学生小学升初中后，读到第一年结束便不再读了。他们往往在家待上一两年便随父母外出打工。这一方面是由于生活贫困、家庭教育缺失，另一方面也与学校条件简陋、师资力量薄弱有关。

（5）传统文化流失

随着大量人口外出务工经商，少数民族村寨中的传统文化流失严重。新盖的房屋大都是两三层的钢筋混凝土小楼，独具特色的干栏式木结构老屋越来越少。青少年对本民族语言日渐生疏；除中老年妇女外，人们在日常生活中已很少穿传统民族服装；女孩子不再学习传统的手工织布或刺绣技艺。荔波县布依族的土布十分有名，但在红堀布依村寨中，织土布的家庭越来越少。

据三类地区调查，民族类型地区中少数民族已有接近一半（41.8%）日常生活中不穿民族服饰；有44.3%只在重大节日穿民族服饰；仅13.7%日常生活中仍穿民族服饰。

旅游业是民族地区的支柱产业，各种民族村寨旅游、民族风情表演方兴未艾。但这种文化资源的开发，更多是出于商业动机，遵循的是市场原则。这种脱离了原生状态的文化展演，对传统民族文化究竟是保护还是伤害，饱受争议。如何处理好开发和保护的关系，使市场原则与文化规律并行不悖，仍需在实践中不断探索。

三、值得关注的问题与建议

根据以上分析，提出如下一些值得关注的问题和建议。

1. 建立和完善政府主导下的劳动力流动服务中介机构

目前，民族地区劳动力输出的主要方式是自己外出，其次是由同乡带领或亲友介绍。民族地区的信息流通不畅，劳动力供需双方基本处于盲目无序的状态。建议在民族地区建立一些县乡政府主导下的劳动力流动服务中介机构，为供需双方见面、沟通并最终达成劳务协议服务。它可以按市场原则运行，并收取合理的服务费用。

2. 土地流转问题

青壮年劳动力外流后，土地转租已成为民族地区仅次于妇女老人耕种的一种方式。贵州 40 个民族类型社区（村）中，有一半社区（51.3%）土地转租比例在 20%～60%之间。这说明土地流转已相当普遍。这种现象不仅发生在村内，而且发生在村与村之间、民族与民族之间。土地流转涉及土地管理制度、土地经营方式等一系列深层次的问题，应引起有关部门的关注。

3. 加强基础教育，特别是初中阶段的教育

在民族地区，许多少数民族生活在贫困山区。大批人员外流后，这里的基础教育，特别是初中阶段教育，受到很大影响。不少学生初中便辍学在家，不久就随父母外出打工。孩子是父母的希望，民族的未来，也是民族地区腾飞的后备力量，他们应受到更好的教育，有更大的发展。希望有关部门重视这一现象，加强学校的投入和管理，改善办学条件，使所有的孩子都能受到完整的义务教育。

4. 少数民族传统文化的保护与传承

发生在民族地区的大规模人口流动，不仅是一种经济运动、社会运动，

也是一种文化运动。学者和有关部门早已注意到民族传统文化的流失现象，并积极呼吁对此加以保护和抢救，但收效甚微。如何在保护的前提下开发民族文化资源，仍需不断探索。就像自然界需要生物多样性一样，人类世界也需要文化多样性。少数民族传统文化中的精华，是祖先智慧的结晶，是人类共同的精神财富。保护好这些文化，也就是保护了全人类的文化，它使我们在面对充满不确定因素的未来时，多了一种选择。

注释：

[1] 国家民族事务委员会经济发展司，国家统计局国民经济统计司. 2012. 中国民族统计年鉴（2011）. 北京：中国统计出版社.

[2] 段成荣，迟松剑. 2011. 我国少数民族流动人口状况研究. 人口学刊，3.

20　体质、文化与历史

——中国现代体质人类学研究中的观念问题

杜　靖

青岛大学

体质人类学或生物人类学（physical or biological anthropology）应该是以生物性单位来开展研究的，但最近30年来，中国现代体质人类学界却主要以文化的和政治的单位——“民族”——进行的。这样的研究主要是配合国家的民族管理与发展事业，但这不利于科学认知，应该回归到以“生物性单位”为理解的立场上来，并重新绘制一张不同于现有56个民族的“中国地图”。

一、研究状况

《人类学学报》创办于1982年，是我国现代体质人类学家发表科研成果的最重要的阵地或交流平台。虽然《解剖学报》、《遗传学报》等学术杂志也刊登一些这方面的文章，但毕竟为数较少且零星。

这里所说的现代体质人类学（含分子人类学）是以研究中国现代活体为己任的人类学分支学科。

对《人类学学报》创刊以来所刊载的这方面文章进行统计（截至2013年第2期）共获得330篇。下面分单一民族体质研究、两民族体质对比研究、三个民族的对比研究、四个民族的对比研究、多民族体质研究和民族身份识别不清楚的人群研究6个类别进行统计，结果如下（具体见文后附表20F1-5）。

表 20-1 《人类学学报》文章统计

类别	篇数	比例数	类别	篇数	比例数
单一民族	216	65.5%	四个民族	10	3%
两个民族	38	11.5%	五个以上民族	34	10.3%
三个民族	21	6.4%	未识别人群	11	3.3%

以上330篇文章中能够明确以官方划定的“民族”为单位开展研究的凡319篇，以待识别人群为研究单位的计11篇，前者占到总数的96.7%。以民族为单位进行研究的主要目的是：①试图弄清楚各民族的体质特征；②尝试建立各民族之间的生物性关联并探索来源问题。11篇有关待识别人群的研究，同样是在试图弄清其生物性特征基础上去探明其族别归属和来源问题。也就是说，研究者试图把这些人群通过生物性指标的测量或观察，将其归入现有国家的民族管理框架内来理解。有的文章甚至干脆声明其研究目的是为各民族提供“她的生物基础”。[1]

吴汝康说：“人种也称种族，是根据能遗传的体质特征而区分的”，“人种或种族与民族有着不同的含义，这是两个不同的概念，但经常发生混淆。民族与种族不同，它不是根据体质特征来区分的，而是根据语言、生活的地域、经济生活和心理素质等共同特征而划分的。民族是由具有这些共同特征在历史上组成的人的共同体，而种族则是具有区别于其他人群的共同的遗传体质特征的人群。因而一个种族可以包括一个或几个民族，……”[2]

据此判断，根据官方划定和颁布的民族框架来开展体质人类学研究并不合适。那么，这些“民族”是怎么来的呢？

二、“民族”的来源

近代以前、从近代至民国时期和社会主义中国以来这三个历史时段的“民族”概念具有不同内涵。

1. 56个民族的形成问题

50年代的民族识别工作是根据斯大林的民族定义，即“民族是人们在历史上形成的一个具有共同语言、共同的地域、共同的经济生活及表现于共同文化上的共同心理素质的稳定共同体”，加上本土民族学家所追加的一条“名从主人”的原则（完全根据当事人自己意愿填报民族称谓）来完成的。当然，也有人强调“语言”因素在民族识别工作中所发挥的作用。[3] 这些均主要强调民族是一个文化性的人群单位。

1953 年开始大规模的民族识别工作。全国第一次人口普查中自报的民族名称中、经过识别和归并，确认了蒙古族、回族、藏族等 38 个少数民族。到 1954 年普选时，汇总登记的民族名称达到 400 多个，仅云南就有 260 多个民族名称。这在一定程度上与国家的民族政策“鼓励”有关。1964 年第二次全国人口普查时，新确认了土家族、畲族、达斡尔族等 15 个少数民族，将 74 种不同族群的名称归并到各少数民族中。此后，1965 年，珞巴被确认为单独民族；1979 年基诺人被确定为单独民族。[4] 这就是中国境内现有民族结构状况的大致来源。

国家的民族框架建构的过程中，有的把自称不同的人群合并成一个民族，有的把原来属于一个大类的人群拆分成不同的民族，还有些这两种情况兼有。

2. 近代以前的民族情况

从历史过程来看，今日中国大部分“民族”也充满了高度的异质性，包括那些在中国历史发展过程中边界较为清晰、自近代以来被公认为少数民族的民族。下面举几个例子加以说明。

畲是一个生活于华南山地的族群，主要分布在广东、江西和福建相交的地方。12 世纪时，地方志文献里还没有出现叫“畲”的人群。13 世纪早期，《舆地纪胜》里才出现“山客畲”的名称。到了 13 世纪末，畲作为一个人群的叫法正式出现，然而人口规模仍旧很少。他们说客家话，实行内婚制，追认盘瓠为他们的祖先并举行相关仪式。但是，这些往往并不能构成他们的族群标签，而盘瓠神话有助于他们跟瑶人等群体结成更大的联盟。流民、抢劫、好战、野蛮、来源复杂、跟当地的土著拥有者争夺土地，游离于地方社会之外，等等，这些因素合成了畲的面孔。也就是说，一个“匪类”（bandits）的形象成为他们的标识。然而，畲真正意义上构成一个完备的族群，恐怕要得力于明代的王阳明。由于畲跟地方土著（他们拥有大量土地）争夺生存资源，搅起地方社会的混乱，王阳明出面镇压。为了永久地控制这一地区的社会秩序，王请示明中央政府新建制了很多县，并对投降归顺的流民以“畲”的身份登记入户籍，结构（structuring）进地方社会之中。[5]

类似的故事发生在蒙古草原（蒙古族）、海南高地（黎族）、西南苗疆（苗族）、珠江水上疍民和两广地区的大藤峡一带（瑶族）等地。

关于民国期间的民族观念的形成将在下一小节分析。

再说说以“语系”为研究单位的体质人类学研究。索绪尔是世界现代语言学最重要奠基人，他认为语言与人类学之间相互阐明很大一部分是一个幻想。在谈到种族与语言的关系时指出，“认为语言相同可以断定血统相同，语言的系属同人类学的系属相吻合，那是错误的。实际上没有这么简单”，因为说同一种语言的人群不一定体质相同，说不同语言的人未必体质不相同。所以，“血统相同和语言相同似乎并没有必然的关系，我们不能拿它们来互相推断。在许多情况下，人类学的证据和语言的证据是不相符的，我们没有必要把它们树立起来，也不必从中作出选择，它们各有各的价值”。[6]

民族既然是一个文化单位，是一个政治管理单位，以文化单位和政治单位来置换或替代生物性单位，中国体质人类学不易惑乎？

三、作为一种研究单位的“民族”的由来

在清代，不同的人群并不以今日“民族”为单位相区隔或标示，多用“某某民”或“某某人”来表达，如，“藏民”、“回民”、“疍民”、“汉人”、“苗人”等称谓。19世纪最后十年始有“民族”的说法出现。梁启超在1899年《东籍月旦》中首次使用“民族”概念，在1901年《中国史叙论》首次提出“中国民族”概念，在此基础上于1902年正式首次使用“中华民族”概念，1905年《历史上中国民族之观察》数个概念并用。刘申叔在《中国民族志》（1903）也使用了“民族”这样的概念，鼓吹民族革命论。1905年同盟会成立，是年冬天在《民报》发刊词中，孙中山提出“民族、民权、民生”三大主义。1912年在《临时大总统就职宣言》中提出“五族共和”观念，论述民族统一问题。1921年在一次演讲中孙中山提出“中华民族”概念，并对其内涵予以系统阐述，告别了“五族共和”概念。之后出现了王桐龄、张其昀、吕思勉、宋文

炳、林惠祥、廖凤林、刘掞藜、罗香林、吕振羽、杨向奎等《中国民族史》或《中国民族志》之类的大量专著。

中国近代至民国时期民族概念的形成与外在压力有关。中国知识界最初之所以有“民族”一说，当来自日本。晚清中国处处落后，被动挨打，中国社会全面遭遇了西方文化，并处于劣势而面临被西方改写的话语困境。在“救亡图存”的历史使命面前，中国人走上了一条探索“民族—国家”建构的现代化之路。他们觉得日本通过明治维新改革获得了成功。因此我们最初是学习东洋的。1904—1905 年日俄战争爆发时，至少有 8000 名中国学生在日本留学。留学最重要的后果就是对中国民族主义的形成产生了重要的影响。起初，在东京的留学生是根据省籍组织起来，并因此而形成认同（许多人由各自省政府提供奖学金留学）。在日本的中国留学生立即被日本普遍存在的民族主义情绪所震惊。东京的留学生常因自己的服装、辫子和中国的羸弱而成为日本人表示优越感和嘲弄的对象。于是，他们形成了一种反应性的团结，从而感到国家、民族要比其省籍和宗族更加重要。[7] 金天明、王庆仁从另一个角度考察了“民族”一词通过留学生传输进中国的情况。[8]

又，蒋介石国民革命的最初目的也是消除国内地方军阀林立以建立一个统一的“民族—国家”。

先看外国人在中国开展体质研究所使用的操作单位。

日本人类学创始人鸟居龙藏把一生的精力都用于研究中国境内的各个民族。早在 1895 年就到辽东半岛进行考察，1895 年到 1900 年 4 次对我国台湾高山族进行实地调查。1902 年 7 月到 1903 年 3 月深入我国西南对湘、黔、滇、川等地的苗、瑶、彝、布依等族进行调研。1906—1908 年，他又对内蒙古进行调查。1919 年、1920 年、1928 年三度对西伯利亚东部和中国东北进行调查。这些考察除了研究诸民族的服饰、居住、语言、习俗等文化内容外，还对他们的分布和地理环境的关系、各民族的体质进行了记录，并进行了一定程度的考古。[9] 鸟居龙藏一生著有《中国西南部人类学问题》、《苗族调查报告》、《蒙古及满洲》和《黑龙江和北桦太》等著作。尽管在大正二年（1913 年）他发表了《把人类学和人种学（民族学）分开》，但他的体质人类学研究的操作单位依附在民族学架构下，试图弄清文化性的“民族”的生物性问题。

俄国人类学家史禄国（Sergei Mikhailovich Shirokgoroff）早年留学德国，

接受了民族学与人类学训练。他于 1912—1913 年率领“沙皇中国东北考察团”，对通古斯和满族进行了人类学调查，这次调查除了民族学、语言人类学方面的内容外，还包括大量的体质人类学的内容。[10] 1913 年到 1918 年，他又多次对西伯利亚和中国东北的通古斯人进行调查。这一阶段其体质人类学的操作单位主要是“人”或“民”（汉人、古亚细亚人、通古斯人、突厥人、蒙古人、南方当地居民），尽管其著作中也偶尔使用“民族”这一说法。

然而十月革命后，史禄国的学术研究在本国却渐渐失去宠爱，被迫流落到中国。[11] 来华后，他最初的一段时间是在华东、华南区域开展调查。他利用在华北、华南和华东搜集到的大量体质人类学资料，先后于 1923 年和 1925 年出版了两本关于中国体质人类学研究的著作——《中国北方人类学》（*Anthropology of Northen China，North China of Roral Asiatic Society，Shanghai*，1923）和《华东和广东人类学》（*Anthropology of Eastern China and Kwangtung Province*，1925）。在这两书中史禄国通过对不同体质人类学指数的统计和比较，就中国各民族的构成、中华民族的迁徙和各族群之间的差异进行了研究。[12] 史禄国后期的研究专注于体质人类学，虽然“民族”是一个重要的分类框架，但地区性差异与关联也同样突出。

下面来看我们中国人主导和自己开展研究时所使用的操作单位。

丁文江于 1914 年就对云南和四川的少数民族进行调查和体质测量，撰写且发表过《云南的土著人种》和《四川会理的土著人种》等作品。从抗战开始到 1944 年 4 月，中央研究院史语所体质人类学组对丁文江遗著进行整理（中华民族体质之研究）。[13]

李济于 1923 年在哈佛大学完成博士论文 *The formutin of the Chinese people*[14]（《中国人的构成》）。吴金鼎是“龙山文化”的发现人，著有《山东人体质之研究》[15]。

1926 年 12 月，蔡元培发表对我国现代民族学和人类学影响深远的《说民族学》一文（他留学过德国，在那里学习过民族学）。他在论析“民族学与人类学的关系”时指出：“人类学是以动物学的眼光观察人类全体，求他的生理上、心理上与其他运动的异同。势不能不对于人类各族互有异同的要点加以注意。似乎人类学有可以包含民族学的倾向，所以从前学者，也或使用 Anthropology（人类学）作民族学的名称。然现今民族学注重于各民族文化的异同，头绪繁纷。绝不是人类学所能包容，久已离人类学而独立。但是民族学中对于各民族生理上的特征，如身体的短长、头骨的尺度、肤色的明暗等，仍用人类学的方法，这是民族学包含人类学分子的。”[16] 在谈到“民族学与人种学的关系”时，蔡元培又说：“人种学是研究人类种族的差别、分布与混杂的情形，德文上有 Rassenkunde 专名，而他国多用 Ethnologie 一字，所以词典中往往用人种学来注视这个字。但是人种学虽也要考求各民族的文化，却不过借以证明他们的种系的异同，对于文化本体不是主要目的物，而所详求的还是偏于种系方面。民族学因为要明了文化上互相传演的机会，自然也不能不注意于种系的相关；而对于种系的异同，却不是主要的目的物；而所详求的，还是偏于文化方面。这是两方互相交错，而各有领域的缘故。”[16]

蔡元培的看法对于中央研究院乃至全国的体质人类学实践具有重要影响。因为作为中央研究院院长的蔡元培提出这一观念，并在中央研究院社会科学研究所设民族学组、历史语言研究所内设人类学和民物学组[17]，这实际上是以国家科学院的名义规定了体质人类学的研究框架，将体质人类学委身于民族学架构下来开展，由此引导和奠定了日后的一种学术传统和惯习。

中央研究院社会科学研究所民族学组于 1931—1932 年聘请德国人类学家史图博（H.Stubel）为特约研究员（早在 1929 年，史图博和李化民就深入浙南、闽北地区的畲族进行调查）。1931 年 7 月，德国学者史图博对海南黎族和苗族等族群进行调查；次年，他第二次前往海南进行调查。虽然史图博的研究以文化为主，但也包括极为丰富的体质人类学内容。调查的结果写成《海南岛民族志》（德文版）。1932 年春天，由中央研究院聘请、燕京大学国学研究所派遣、中山大学协助，北平协和医学院的许文生（Paul H.Stevenson）博士和罗香林一起到广州北部进行体质人类学的调查，从事广州人体测量。接下来，许文生到海南岛对黎族进行体质测量。他所涉及的族群有福建的畲族、客家族和广东的疍民族与黎族。[18] 抗战时期，德国人类学家布克莱在贵州调查时，测量了安顺地区的仡佬族体质。

1934 年 10 月，中央研究院历史语言研究所研究员凌纯声、编辑陶云逵等对云南进行民族调查。陶云逵一路调查区域主要为东南至麻栗坡、河口，南至普洱、澜沧，西至腾冲、泸水，北至兰坪、丽江、维西，调查人种和语言。陶云逵一组携带了人体、面部、头部测量尺，眼色表、皮色表、发色表，照相机等先进设备。陶云逵对云南倮倮族的文化和傣族的体质、生育婚丧等方面进行了研究[19]。

另外，大量专门的文化人类学调查，也兼顾了体质调查，把体质调查和文化调查结合起来进行，目的是想搞清中国境内各民族的体质特点，发现他们体质的同构性和差异性。在中央研究院的历次调查中体质调查都占有相当份额，陶云逵的上述调查就是以体质人类学为主，凌纯声的1929年4月到7月间的东北赫哲族调查和1933年的湘西苗人调查都有体质项目。费孝通1935年的瑶族调查，也进行了体质人类学方面的测量。费孝通在“研究计划书”中说：“人种研究之目的，除以正确数量规定人种体型类别外，尚可借以明了中国民族扩张、迁移之大势，及各族分布交融同化之概况。其方法则赖人体测量，遍量人体各部之长宽、周围、色彩、形状，然后用统计方法加以分析，以获结论”[20]。

抗战期间，为了解决战争的人力资源等问题，中央研究院体质人类学相关部分对西南地区开展了大量研究。吴定良、吴汝康及张洪夔等人于1941年8月开始到该年年底，对贵州“青苗、坝苗、水苗、补龙苗、仲家、打牙仡佬与披袍仡佬”等民族和族群进行调查。该组在调查中得到体质测量材料两千余份，并取得民族文化和人口统计资料。1942年，吴定良又和张洪夔到贵州的大定（今大方）、毕节、威宁、纳雍等地，再次对苗族支系中的大花苗、小花苗及彝族的不同支系等族群的文化与体质进行调查。他们对于贵州苗、彝、仡佬、布依、汉等民族的调查，是将体质调查、测量和文化调查结合起来。其研究主题是“贵州苗夷体质与文化之调查”，主要研究题目有“安顺坝苗之体质”、“西黔小花苗之体质”、“西黔水西苗之体质”、“贵州仡佬之体质”、“贵州仲家之体质”、“贵州倮倮体质调查报告”、“倮倮之体质”、“华族血型分析”等。[21]从抗战开始到1944年4月，中央研究院体质人类学组有“中国人颅骨研究”、“丁文江遗著整理（中华民族体质之研究）”、“罗罗体质之研究”、“殷墟颅骨研究”、“中国人趾骨与跗骨之比较研究”、“中国人发旋之统计”、“各族下额骨颏孔位置之比较”、“云南头骨研究”、“贵州苗夷血液型研究”、“国族体质分类”、“摆夷体质研究”、“昆明锁骨之研究”等重要研究成果。[22]

民国二十七年（1938年），第一期《人类学集刊》出版，其中载有吴定良的《汉族锁骨之研究》等体质人类学文章。民国三十年（1941年）第二期出版，上面登载了吴定良的《中国人额骨中缝及与颅骨测量之关系》、G.W.Lasker 的《论中国人体质生长之程序》、颜訚的《中国人鼻骨之初步研究》。

颜訚还在《中国文化研究所集刊》第二卷上发表了《大花苗体质测量及观察之初步报告》和《推测中国人颅骨颅容量之公式》两篇文章。另外，还有些作品当时没有发表出来，如《中国人颅骨顶部形态之观察》（与吴定良博士合作）、《十民族体质测量之分析》、《联合双生畸形之报告》、《中国人趾骨之测量及观察》、《中国人颅骨之观察》等文。[23]

1947 年 4 月，国民政府教育部拨给吴定良 500 万元，以资助“浙江畲族生活与体质调查”项目[24]。1948 年秋季，吴定良主持的“浙东成人体质研究”、“杭州市儿童体质发育程序”、“近代华族颅骨研究”，张宗汉教授负责的“浙江人血型研究”等项目展开。[25]

新中国成立以后的五六十年代，吴定良在复旦大学曾带领教研室课题组成员（主要由董悌忱、吴融酉等具体来做）对汉、壮、蒙、回、维吾尔等民族之血型做了大量调查，血型种类包括 ABO、MN、RH 和 P 等，其目的是为阐明我国各民族的族源、变迁和相互关系提供依据，也为临床医学提供相关数据。这个时期的“民族”概念已大不同于民国时期的框架，而体质人类学家又未作深刻反思（迄今没有发现相关资料），这奠定了中华人民共和国体质人类学研究的思路。

这个考察过程告诉我们：现代中国人体质的研究与民族和国家的命运息息相关，这应该是造成以民族为单位进行体质研究的重要原因。在具体的学术理路上，我们主要受日本、德国、苏联、美国等影响，在这些国家里民族学和体质人类学是纠缠在一起的。就具体的历史情形来看，中央研究院的学术体制和蔡元培的学术思想起到了关键作用。尽管如此，在 20 世纪前半期，我们仍有大量以地方不同人群或今日各“民族”概念下的地方亚群体为考察单位的研究活动。但到了社会主义时期，随着民族—国家（nation-state）框架的形成，以“民族”为体质人类学学术思考单位的路数基本定局。但有一点必须清楚，即 1940 年代以前体质人类学界的“民族”概念均不是新中国成立及其民族识别以后的“民族”概念。

四、结语

上述的考察并不是要完全否定以“民族”为研究单位的中国现代体质人类学，事实上，以“民族”为单位的研究路径自有其实用价值。当社会主义中国把“民族”提升为国家级管理单位的时候，她是要促进各项民族事业的发展。其中自然包括民族医疗卫生事业、民族体育事业、民族人口素质及健康问题，甚至工业经济的发展等。在这种体制下，体质人类学以“民族”为研究单位，自然有利于“党和国家的事业”。许多类似的话语充斥在多篇文章里，如“对群体大学生的体质状况做出综合评价，分析其发展变化趋势，是评价现行高校教育体制科学性、合理性的一个重要手段，对有关部门制定决策也将提供重要的参考依据”[26]、“本研究为评估中国不同民族对 HIV 1 的易感性及艾滋病的流行病学研究提供了基本数据”[27]、“结果可为人类学、法医学鉴定及疾病的关联研究提供遗传学数据”[28]、“以便为维族的机械装备和手套设计提供资料”[29]、“可为遗传学、人类学及法医学的研究提供有效的工具和基础资料”[30]等，便是明证。

但是笔者以为，中国现代体质人类学还是要回归到以“种族”（race）为考察单位的立足点上来，只有回归到以“种族”为考察单位的立场才能更好地排查出各生物人群的遗传距离和相关的聚类关系，也才能更迅速地探明一些人群的族属或族源问题。请注意，“种族”不等于“种族主义”。既然我们已经知道了“民族”是如何被归并出来的，我们同样也已意识到，各民族在历史上是如何“文化”地形成的，如果再按照“民族”为思考单位的老路走下去，那么，多少有一些类似“缘木求鱼”。如果我们能以种族为单位去重新绘制一张中国地图，那显然会不同于目前官方绘制的“五十六个民族”分布的地理图。体质人类学研究不仅仅是在学科内部对话，也要与民族学家、文化人类学家与历史学家等进行讨论。

在今后的研究中，我们应该积极邀请民族学家、文化人类学家、历史学家等配合进行。研究中国境内人群的生物问题绝不是靠我们体质人类学家就可以完成的工作。就《人类学学报》所发表文章总体状况来看，虽然许多文章注意到各个民族不同地区间的群体研究，但研究者对这些“不同地区间的群体”与历史过程中构成该民族的诸“亚群体”进行历史性关联，至多提一句而已。某些研究人员在选取样本时很随意，现代城市人群、学校学生的民族身份许多是很不可靠的。将不同民族的地区性亚群体与另外其他民族整体进行比对或聚类分析，在逻辑上说不通。再加上，所取标本具有较低的可信度，导致了现有研究“一锅粥”现象，在聚类分析后根本无法揭示彼此间的遗传距离或各自起源问题。

注释：

[1] 赵桐茂，张工梁，朱永明，等. 1987. 免疫球蛋白同种异型 Gm 因子在四十个中国人群中的分布. 人类学学报，(1).

[2] 吴汝康. 1991. 今人类学. 合肥：安徽科学技术出版社，90.

[3] Thomas S.Mullaney，Coming to Terms with the Nation：Ethnic Classification in Modern China，Berkeley：University of California Press，2011.

[4] 王建民，张海洋，胡鸿堡. 1998. 中国民族学史（下卷）. 昆明：云南教育出版社，106–129.

[5] Wing-hoi Chan. 2006. Ethnic Labels in a Mountainous Region：The Case of She “Bandits”，Pamela Kyle Crosley，Helen F.Siu，Donald S.Sutton ed.，Empire at the Margins：Culture，Ethnicity，and Frontier in Early Modern China，Berkely Los London：University of California Press.

[6] 费尔迪南·德·索绪尔. 2004. 普通语言学教程. 高名凯，译. 北京：商务印书馆，310–311.

[7] 吉尔伯特·罗兹曼. 2003. 中国的现代化. 国家社会科学基金“比较现代化”课题组，译. 南京：江苏人民出版社，201.

[8] 金天明，王庆仁. 1981.“民族”一词在我国的出现及其使用问题. 社会科学辑刊，(4)：87–92.

[9] 王建民. 1997. 中国民族学史（上卷）. 昆明：云南教育出版社，61–62.

[10] 顾定国（Gregory E.Guldin）. 2000. 中国人类学轶史——从马凌诺斯基到莫斯科到毛泽东（The Sage of Anthropology in China：from Malinowski to Moscow to Mao）. 胡鸿保，周燕，译. 北京：社会科学文献出版社，58–60.

［11］张冠生.1998. 青山踏遍・费孝通. 济南：山东画报出版社，23、18–25.
［12］王建民. 1997. 中国民族学史（上卷）. 昆明：云南教育出版社，88.
［13］中央研究院历史语言研究所. 1944. 致总办事处呈《历史语言研究所二十九年度至三十年度报告》，《历史语言研究所三十一年度工作报告》. 中国第二历史档案馆藏，档案编号：393—1373.
［14］胡鸿保、张海洋等译成《中华民族的形成》，非也.
［15］吴金鼎. 1931. 山东人体质之研究（国立中央研究院历史语言研究所单刊甲种之七）. 中央研究院历史语言研究所，1931 年版.
［16］蔡元培. 1996. 说民族学//刘梦溪. 中国现代学术经典・蔡元培卷. 欧阳哲生，编校. 石家庄：河北教育出版社，390–399.
［17］杜靖. 2008. 1895—1950 年间的中国体质人类学研究与教学活动述略.人类学学报，（2）.
［18］罗香林. 1939. 海南黎人源出越族考. 青年中国季刊，（创刊号）.
［19］中央研究院历史语言研究所. 1934. 历史语言研究所工作报告. 中国第二历史档案馆藏，档案编号：393—1373.
［20］张冠生. 1998. 青山踏遍・费孝通. 济南：山东画报出版社，29–30.
［21］中央研究院体质人类学研究所筹备处. 1942. 体质人类学研究所筹备处计划书. 中国第二历史档案馆藏，档案编号：393–2505.
［22］中央研究院历史语言研究所. 1944. 致总办事处呈《历史语言研究所二十九年度至三十年度报告》，《历史语言研究所三十一年度工作报告》. 中国第二历史档案馆藏，档案编号：393–1373.
［23］“中央研究院体质人类学研究所人事、办公费、生活费等文书”. 1945. 中国第二历史档案馆藏，档案编号：393–0–2503.
［24］浙江大学. 致教育部代电. 1947 年 5 月 19 日，浙江大学档案藏，档案年号：53–1–239.
［25］浙江大学. 人类学系研究工作积极进行. 国立浙江大学日刊（复刊新 1 号，1948 年 10 月 1 日.
［26］张迎修. 2004. 中国 27 省市汉族大学生的体质综合评价.人类学学报，（4）.
［27］张春玉，薛雅丽，黄小义，等. 2002. 中国 4 个少数民族中 SDF1 多态性

研究. 人类学学报，（4）.
［28］乔艳辉，马合木提・哈力克，左宏莉，等. 2007. 新疆维、哈、蒙古族5-HTT 基因启动子区多态性的研究. 人类学学报，（3）.
［29］王衡，关华忠，龚鹏鸣. 1985. 维吾尔族手的测量与指型观察. 人类学学报，（1）.
［30］黄艳梅，伍新尧，蔡贵庆，等. 2004. 云南白族人群 Y 染色体 DYF155S1 基因座多态性研究.人类学学报，（3）.

附录

表 20F-1　单一民族体质研究

族称	篇数	族称	篇数	族称	篇数
汉族	68	水族	4	保安族	1
蒙古族	13	布依族	4	傈僳族	1
藏族	10	赫哲族	3	东乡族	1
壮族	9	裕固族	3	纳西族	1
达斡尔族	9	乌孜别克族	3	撒拉族	1
侗族	7	白族	3	普米族	1
回族	6	彝族	2	鄂伦春族	1
哈萨克族	6	土族	2	鄂温克族	1
满族	6	土家族	2	拉祜族	1
苗族	6	克尔克孜族	2	塔塔尔族	1
畲族	6	佤族	2	俄罗斯族	1
瑶族	5	阿昌族	2	毛南族	1
仫佬族	5	黎族	1	怒族	1
维吾尔族	5	景颇族	1	珞巴族	1
朝鲜族	5	塔吉克族	1	门巴族	1

说明：① 以单一民族为调查对象的凡 216 篇，几乎每一篇又都作了与其他民族的比较研究。② 把一些民族内部的不同亚群体也计算在各自民族总体称谓之内，如布里亚特之于蒙古族、白马藏族之于藏族、黑衣壮之于壮族、客家（或水上疍民）之于汉族、王姓宗族之于汉族等。

表 20F-2　两民族体质对比研究

族称	篇数	族称	篇数	族称	篇数
蒙古族与汉族	6	鄂温克族与达斡尔族	1	锡伯族与蒙古族	1
朝鲜族与汉族	4	土家族与瑶族	1	满族与汉族	1
回族与汉族	5	东乡族与汉族	1	壮族与汉族	1
维吾尔族与哈萨克族	3	汉族与藏族	1	独龙族与莽人	1
鄂温克族与鄂伦春族	2	苗族与侗族	1	水族与汉族	1
哈萨克族与汉族	2	苗族与水族	1	门巴族与珞巴族	1
布依族与仫佬族	1	白族与维吾尔族	1		
黎族与汉族	1	苗族与彝族	1		

说明：以两个民族为对照组的调查研究凡 38 篇（“独龙族与莽人”一篇计算其中）。其中绝大多数篇章也与其他民族作了比较。

表 20F-3　三至四个民族的对比研究

族　　称	篇数	族　　称	篇数
维吾尔族、哈萨克族、蒙古族	3	布依族、苗族、水族	1
彝族、藏族、满族	2	布依族、仡佬族、毛南族	1
达斡尔族、鄂温克族、鄂伦春族	2	蒙古族、汉族、回族、朝鲜族	2
黎族、仲家人、傣族	1	汉族、鄂温克族、鄂伦春族、达斡尔族	2
东乡族、保安族、裕固族	1	黎族、临高人、汉族、壮族	1
蒙古族、朝鲜族、壮族	1	白族、苗族、土家族、彝族	1
汉族、维吾尔族、哈萨克族	1	汉族、布依族、瑶族、哈萨克族	1
鄂伦春族、锡伯族、汉族	1	维吾尔族、苗族、瑶族、壮族	1
仡佬族、水族、壮族	1	回族、鄂伦春族、蒙古族、锡伯族	1
维吾尔族、哈萨克族、汉族	1	侗族、仡佬族、土家族、彝族	1
基诺族、布依族、拉祜族	1	蒙古族、汉族、回族、朝鲜族	1
汉族、蒙古族、朝鲜族	1		
兴安盟三个民族	1		
藏族、畲族、朝鲜族	1		

说明：以三个民族为对照开展研究的 21 篇，以四个民族为对照研究单位的凡 10 篇。其中绝大多数篇章也与其他民族作了比较。

表 20F-4 五个以上的多民族对照研究

族 称	民族数	篇数
维吾尔族、哈萨克族、回族、锡伯族、蒙古族	5	1
瑶族、汉族、壮族、苗族、维吾尔族	5	1
汉族、哈尼族、瑶族、布依族、羌族	5	1
汉族、鄂伦春族、鄂温克族、达斡尔族、壮族	5	1
苗族、布朗族、哈尼族、佤族、傣族	5	1
哈萨克族、维吾尔族、锡伯族、回族、蒙古族、汉族	6	1
汉族、朝鲜族、满族、蒙古族、达斡尔族、鄂温克族	6	1
汉族、鄂温克族、达斡尔族、蒙古族、鄂伦春族、锡伯族	6	1
汉族、苗族、土家族、撒拉族、土族、达斡尔族、赫哲族	7	1
汉族、蒙古族、朝鲜族、满族、达斡尔族、鄂温克族、鄂伦春族	7	1
独龙族、怒族、傈僳族、阿昌族、景颇族、德昂族、傣族	7	1
汉族、彝族、壮族、满族、朝鲜族、维吾尔族、蒙古族	7	1
哈尼族、傣族、景颇族、德昂族、阿昌族、蒙古族、布依族	7	1
汉族、回族、蒙古族、维吾尔族、侗族、高山族、朝鲜族、壮族	8	1
汉族、满族、蒙古族、回族、藏族、布依族、苗族、维吾尔族	8	1
汉族、回族、达斡尔族、蒙古族、鄂温克族、朝鲜族、满族、俄罗斯族、鄂伦春族	9	1
白族、土家族、维吾尔族、彝族、回族、藏族、满族、侗族、苗族	9	1
傣族、哈尼族、彝族、布朗族、基诺族、拉祜族、苦聪（人）、回族、汉族	9	1
汉族、瑶族、维吾尔族、回族、满族、土家族、藏族、壮族、彝族	9	1
侗族、满族、藏族、维吾尔族、彝族、回族、瑶族、白族、土家族、哈尼族	10	1
汉族、回族、东乡族、保安族、藏族、裕固族、蒙古族、撒拉族、土族、哈萨克族	10	1
鄂温克族、鄂伦春族、维吾尔族、蒙古族、达斡尔族、汉族、满族、朝鲜族、藏族、回族	10	1
回族、黎族、苗族、羌族、彝族、藏族、东乡族、保安族、朝鲜族、鄂伦春族、鄂温克族	11	3
维吾尔族、哈萨克族、回族、蒙古族、朝鲜族、藏族、鄂伦春族、壮族、侗族、白族、汉族	11	1
独龙族、普米族、哈尼族、布朗族、苦聪人、拉祜族、纳西族、白族、怒族、基诺族、阿昌族、德昂族	12	1
回族、汉族、壮族、蒙古族、柯尔克孜族、维吾尔族、藏族、普米族、纳西族、裕固族、东乡族、保安族	12	1
回族、苗族、蒙古族、哈萨克族、塔吉克族、保安族、撒拉族、东乡族、仡佬族、彝族、侗族、水族、锡伯族、柯尔克孜族、赫哲族、纳西族、黎族、崩龙族、阿昌族、达斡尔族	20	1

续表

族　　称	民族数	篇数
维吾尔族、朝鲜族、满族、蒙古族、彝族、回族、藏族、苗族、土家族、白族、哈尼族、侗族、壮族、布依族、黎族、瑶族、汉族	17	1
汉族、黎族、壮族、布依族、彝族、朝鲜族、蒙古族、藏族、回族、维吾尔族、哈萨克族、锡伯族、达斡尔族、赫哲族、鄂温克族、鄂伦春族、基诺族、布朗族、哈尼族、傣族、白族、瑶族、土家族、苗族	24	1
蒙古族、回族、藏族、维吾尔族、壮族、苗族、彝族、布依族、朝鲜族、侗族、瑶族、白族、土家族、哈萨克族、傣族、黎族、傈僳族、佤族、畲族、拉祜族、东乡族、纳西族、柯尔克孜族、土族、羌族、撒拉族	26	1
赫哲族、鄂伦春族、保安族、基诺族、崩龙族、鄂温克族、毛南族、仡佬族、仫佬族、景颇族、羌族、东乡族、水族、畲族、傈僳族、黎族、哈萨克族、瑶族、侗族、朝鲜族、布依族、藏族、苗族、彝族、维吾尔族、回族、壮族、汉族	28	1
藏族、保安族、羌族、纳西族、维吾尔族、彝族、白族、傣族、景颇族、傈僳族、苗族、侗族、壮族、土家族、黎族、崩龙族、哈尼族、布朗族、基诺族、瑶族、塔吉克族、朝鲜族、赫哲族、鄂温克族、鄂伦春族、达斡尔族、柯尔克孜族、锡伯族、裕固族	29	1

说明：五个以上的多民族研究凡34篇，均以民族为研究单位。

表20F-5　待识别人群的研究

人群称谓	篇数	人群称谓	篇数	人群称谓	篇数
俫人	2	瓦乡人	1	布里亚特人	1
莽人	1	克木人	1	太鲁阁人	1
本人	1	僜人	1	图瓦人	1
京人	1				

说明：待识别人群的研究凡11篇，全部标示为“××人”。

后　　记

当前，社会正发生巨大的变化，人类学从全球到家庭，从生产到生活，从群体到个体，已经深入各个层面和各个角落。21 世纪，人类学将成为世界性的学科。在这样的学术背景下，中国的人类学如何发展？中国的人类学如何创新？如何发挥我国人类学资源丰富的优势，开创中国人类学的新局面？这是摆在全国人类学工作者面前需要回答的极其重要的问题。为此，在吴新智院士的支持和帮助下，在中国科学技术协会的资助下，由中国解剖学会人类学专业委员会牵头，同中国科学院古脊椎动物和古人类研究所、辽宁医学院和中央民族大学在北京组织了“21 世纪中国人类学发展高峰论坛”，为学者搭建了一个学术交流的平台，以加强学科交叉与融合，拓宽研究领域，展望人类学未来发展前景。本书收录了高峰论坛中的主旨发言、主题发言和专题发言。这些发言者多来自著名大学和中国科学院，是该领域顶尖级专家，或老一辈资深的人类学家，或留学国外回来的后起之秀。除此之外，哈尔滨医科大学武丽杰教授、中山大学张鹏博士、厦门大学胡荣博士的书面报告也一起编入其中。特别值得提出的是，复旦大学金力院士、吉林大学朱泓教授和美国亚利桑那大学 Zhao Chen 教授、中国科学院动物研究所李明教授在高峰论坛上的精彩报告因故未能收录。尽管他们给读者留下一点遗憾，但是他们对高峰论坛的贡献不可磨灭，借此机会向他们表示敬意和感谢。

本书的前言由吴新智院士的主旨报告代替。全书共 6 章，20 篇文章，充分体现了百花齐放、百家争鸣的精神和学术民主，不同观点的文章并存。从理论到方法，从综述到专题研究，从国内到国外，从体质人类学到文化人类学，从宏观到微观，内容十分广泛，几乎涉猎人类学的各个领域，为人类学工作者呈现了丰盛的美味大餐，对推动我国人类学的研究具有重要的作用。

本书的出版一直得到吴新智院士的帮助和指点，他亲自修改确定全书结构及目录；王如松院士给予很大的支持；在本书的收集与整理过程中，各位作者从百忙之中整理报告稿；中国科学院古脊椎动物与古人类研究所、辽宁医学院、中央民族大学给予很多帮助和支持；知识产权出版社的纪萍萍编辑自始至终帮助，在此一并表示感谢。

由于我们的水平有限，时间紧迫，本书的错误在所难免，敬请读者批评指正。此外，一些领域的内容未能包括其中，国外的介绍因故未能涵盖，某些专家的文章阙如，因篇幅限制参考文献并未全部列出，这些遗憾留待下一次修正。

席焕久

2013年12月于锦州